工业和信息化高职高专
"十二五"规划教材立项项目

高等职业院校
机电类"十二五"规划教材

数控机床故障诊断与维修

（第2版）

U0311485

Fault Diagnosis and
Repair of CNC Machine Tools (2nd Edition)

◎ 朱强　赵宏立　编著

人民邮电出版社
北京

精品系列

图书在版编目（CIP）数据

数控机床故障诊断与维修 / 朱强，赵宏立编著. --
2版. -- 北京 ：人民邮电出版社，2014.7（2017.1重印）
高等职业院校机电类"十二五"规划教材
ISBN 978-7-115-35039-8

Ⅰ. ①数… Ⅱ. ①朱… ②赵… Ⅲ. ①数控机床－故
障诊断－高等职业教育－教材②数控机床－维修－高等职
业教育－教材 Ⅳ. ①TG659

中国版本图书馆CIP数据核字(2014)第077779号

内 容 提 要

本书结合数控机床的生产管理、维修维护、改造等方面的生产实践而编写，共设计了 11 个以工作过程为导向的任务，围绕如何快速诊断与排除数控机床故障这一主题，介绍了数控机床常见电气元件、数控机床装配与调试、数控系统、伺服系统、主轴系统、可编程机床控制器（PMC）、串行通信电缆焊接与数据传输、I/O 模块、机械硬件等机构部件的故障诊断与维修。书中内容采用数控机床厂家的维修实例为任务导向，力求实践动手操作为目标，充分体现了理论知识与实践技能的结合及应用。

本书可作为企业从事数控机床维修、操作的各类技术人员和中高级技术工人的参考书，也可供相关院校数控技术各专业的职业教育、技术培训及有关工程技术人员学习之用。

◆ 编　著　朱　强　赵宏立
　责任编辑　李育民
　责任印制　焦志炜

◆ 人民邮电出版社出版发行　　北京市丰台区成寿寺路 11 号
　邮编　100164　电子邮件　315@ptpress.com.cn
　网址　http://www.ptpress.com.cn
　北京艺辉印刷有限公司印刷

◆ 开本：787×1092　1/16
　印张：19.25　　　　　　　2014年7月第2版
　字数：453千字　　　　　　2017年1月北京第5次印刷

定价：42.00 元

读者服务热线：(010)81055256　印装质量热线：(010)81055316
反盗版热线：(010)81055315

Forward
第 2 版
前 言

　　数控机床故障诊断与维修是数控技术高技能人才必须掌握的技能，也是高职数控类、机电类专业的一门重要的专业核心课程。

　　作者于2011年所编写的《数控机床故障诊断与维修》一书自出版以来，受到了众多高职高专院校的欢迎。为了更好地满足广大高职高专院校的学生对数控机床故障诊断与维修知识学习的需要，作者结合近几年的教学改革实践和广大读者的反馈意见，在保留原书特色的基础上，对教材进行了全面的修订，这次修订的主要内容如下。

- 对本书第1版中部分任务所存在的一些问题进行了校正和修改。
- 结合企业工作现场实际和近3年全国职业院校技能大赛的要求，增加了任务二"数控机床安装调试与验收"内容，为职业院校教师和学生学习提供参考。
- 进一步贴近企业现状，将本书第1版中所选用的FANUC 0i C/Mate C数控系统全部升级为FANUC 0i D/Mate D数控系统。

　　在本书的修订过程中，作者始终贯彻以来源于企业的典型案例为载体，采用任务教学的方式组织内容的思想。通过11个具体任务，将数控机床故障诊断与维修融为一体，突出解决问题能力的培养。修订后的教材，内容比以前更具针对性和实用性，内容的叙述更加准确、通俗易懂和简明扼要，这样更有利于教师的教学和读者的自学。为了让读者能够在较短的时间内掌握教材的内容，及时地检查自己的学习效果，巩固和加深对所学知识的理解，每个任务后还附有自测题。

　　本书由朱强、赵宏立编著，其中绪论及任务三、任务七、任务八、任务十一和附录A、C、D以及全书数控系统的升级与文字描述由朱强编著并完成全书统稿；任务一、任务二、任务四、任务五、任务六、任务九、任务十和附录B、E由赵宏立编著。沈阳重工集团崔忱、奇瑞汽车许斌、南京日上有限公司陆江、沈阳机床集团薛飞提供了大量的资料，沈阳职业技术学院周玮、关颖、王素艳，芜湖职业技术学院戴晓东、江荧及北京FANUC公司孙立提出了很多宝贵的修改意见，在此一并表示诚挚的感谢！

由于编者水平有限，书中疏漏在所难免，恳请广大读者批评指正。

编　者

2014年4月

目录

绪论 1

一、数控机床工作原理及组成 1

二、数控机床故障诊断及维护的内容 3

（一）数控机床故障来源及分类 3

（二）数控机床预防性维护内容 5

三、数控机床故障诊断及维护的特点 7

四、数控机床的故障诊断方法 8

五、数控机床维护、维修工作的安全规范 11

小结 12

自测题 12

任务一　数控机床常用电气元件
认知及检测 13

一、任务导入 13

二、相关知识 14

（一）万用表的使用 14

（二）示波器的使用 17

（三）数控电气元件认知与检测 18

三、任务实施 23

（一）用万用表测量电路中的电压、电流、
电阻 23

（二）用示波器检测电路信号 24

（三）数控电气元件的检测 24

（四）数控机床电气线路的拆装 25

四、技能拓展 25

（一）用万用表测量三极管和电容 25

（二）强电回路故障诊断与维修方法 27

小结 28

自测题 28

任务二　数控机床安装调试与验收 29

一、任务导入 29

二、相关知识 31

（一）数控机床的安装 31

（二）数控机床的调试 33

（三）数控机床的验收 34

（四）几何精度的检测与验收 36

三、任务实施 49

（一）定位精度和重复定位精度检测 49

（二）反向间隙检测 51

四、技能拓展 53

（一）螺距误差的检测与分析 53

（二）螺距误差补偿的测定和计算 54

（三）螺距误差补偿应用与分析 56

小结 58

自测题 58

任务三　数控机床硬件接口连接 59

一、任务导入 59

二、相关知识 60

（一）CNC 系统模块及接口作用 60

（二）伺服系统模块及接口作用 65

（三）主轴模块及接口作用 67

（四）I/O Link 模块及接口作用 ············· 67

三、任务实施 ······················· 68

（一）CNC 系统与伺服系统模块接口连接 ···· 68

（二）CNC 系统与主轴模块接口连接 ······ 71

（三）CNC 系统与 I/O Link 模块接口连接 ····· 71

四、技能拓展 ······················· 74

（一）手轮接口及连接 ······· 74

（二）CNC 控制单元电源的连接 ······· 75

小结 ····························· 76

自测题 ··························· 76

任务四　数控机床参数设定 ······· 77

一、任务导入 ······················· 77

二、相关知识 ······················· 78

（一）数控机床参数及作用 ······· 78

（二）数控系统参数显示与修改 ······· 79

（三）伺服参数的初始化与故障诊断 ······· 80

（四）常见数控系统参数设定 ······· 86

三、任务实施 ······················· 88

（一）伺服参数初始化与设置 ······· 88

（二）软限位参数诊断与设定 ······· 90

（三）刀架换刀故障诊断与参数设定 ······· 90

四、技能拓展 ······················· 92

（一）CNC 系统显示语言参数修改 ······· 92

（二）参数全清后的报警解除与

基本参数设置 ······· 93

小结 ····························· 93

自测题 ··························· 94

任务五　数控机床 PMC 控制与应用 ······· 95

一、任务导入 ······················· 95

二、相关知识 ······················· 96

（一）PMC 在数控机床中的作用 ······· 96

（二）PMC 与 CNC、MT 之间的接口地址 ··· 97

（三）PMC 语言及编程 ······· 99

（四）PMC 显示操作与故障诊断方法 ······· 105

三、任务实施 ······················· 110

（一）PMC 基本操作与调试 ······· 110

（二）PMC 控制主轴正反转实训 ······· 112

（三）PMC 实现刀架换刀诊断实训 ······· 114

四、技能拓展 ······················· 115

（一）设定跟踪参数 ······· 115

（二）跟踪参数界面操作 ······· 116

小结 ····························· 117

自测题 ··························· 117

任务六　数控机床数据的传输与备份 ···· 118

一、任务导入 ······················· 118

二、相关知识 ······················· 119

（一）使用存储卡进行数据备份和恢复 ······· 119

（二）使用计算机 RS-232-C 串口进行

数据备份和恢复 ······· 128

（三）RS-232-C 串行接口通信故障与排除 ··· 134

三、任务实施 ······················· 136

（一）焊接 RS-232-C 电缆 ······· 136

（二）数控程序的上传与下载 ······· 136

（三）PMC 梯形图的备份与恢复 ······· 137

（四）CNC 系统参数的备份与恢复 ······· 138

四、技能拓展 ······················· 139

（一）螺距误差补偿量的备份与恢复 ······· 139

（二）利用 Windows 超级终端传输数据 ······· 140

小结 ····························· 142

自测题 ··························· 142

任务七　CNC 系统的故障诊断与维修 ···· 143

一、任务导入 ······················· 143

二、相关知识 ······················· 144

（一）CNC 系统故障报警类型 ······· 144

（二）CNC 系统软件故障检测与维修 ······· 145

（三）CNC 系统硬件故障诊断与维修 ······· 150

三、任务实施 ······················· 153

（一）P/S 程序报警诊断与恢复 ······· 153

（二）系统黑屏诊断与维修 ······· 154

四、技能拓展 ······················· 155

（一）系统开机急停诊断与维修…………155

（二）系统死机故障诊断与维修………157

小结……………………………………157

自测题…………………………………157

任务八　伺服系统的故障诊断与维修…159

一、任务导入……………………………159

二、相关知识……………………………160

（一）伺服系统的常见报警与处理方法……160

（二）伺服位置反馈装置故障诊断方法……169

（三）伺服进给装置故障诊断方法………170

三、任务实施……………………………172

（一）伺服轴跟踪误差过大报警及排除……172

（二）伺服轴进给抖动、爬行故障诊断与

排除………………………………174

（三）光栅尺的拆装与调试实训………176

四、技能拓展……………………………179

（一）伺服电动机过载或过热报警故障

诊断与排除………………………179

（二）伺服轴进给失控故障诊断与排除…181

小结……………………………………182

自测题…………………………………182

任务九　主轴系统的故障诊断与维修…184

一、任务导入……………………………184

二、相关知识……………………………185

（一）伺服主轴与变频主轴的区别………186

（二）机床主轴部件的拆装与调整………187

（三）主轴变频器的调试…………………188

（四）主轴伺服系统的故障形式与诊断……192

三、任务实施……………………………195

（一）主轴电动机正反转互换实训………195

（二）变频器常见故障及排除…………195

四、技能拓展……………………………197

（一）车螺纹乱牙、节距不准故障与维修…197

（二）主轴不准停故障与排除…………199

（三）主轴震动和噪声异常的故障与排除…200

（四）主轴转速不正常的故障与排除………201

小结……………………………………202

自测题…………………………………202

任务十　系统与I/O模块的故障

诊断与维修……………………204

一、任务导入……………………………204

二、相关知识……………………………205

（一）系统主板与I/O Link模块…………205

（二）系统与I/O Link模块故障的

诊断方法…………………………207

三、任务实施……………………………214

（一）将系统上电启动和关闭按钮

功能调换实训……………………214

（二）回零故障诊断……………………216

（三）手轮无动作故障与维修…………217

四、技能拓展……………………………218

（一）加工中出现自动复位故障与排除…218

（二）系统死机的故障与排除…………218

小结……………………………………219

自测题…………………………………219

任务十一　数控机床机械故障

诊断与维修……………………220

一、任务导入……………………………220

二、相关知识……………………………221

（一）数控机床常见机械故障的类型………221

（二）机床参考点与返回参考点的

故障与维修………………………222

（三）刀架故障诊断方法………………225

（四）进给传动系统的维护与故障诊断……226

（五）加工中心换刀装置维护与故障诊断…231

三、任务实施……………………………232

（一）数控车床Z轴拆装与精度检测………232

（二）主轴或进给轴噪声大、加工精度差的

故障与排除………………………235

四、技能拓展……………………………236

（一）急停功能及其故障排除……………236

（二）刀库或机械手换刀时与主轴碰撞

　　　故障与排除……………239

小结 ……………239

自测题 ……………240

附录 ……………241

附录 A　FANUC 16/18/21/0i 系统 PMC

　　　信号地址表……………241

附录 B　FANUC 0i Mate TD 系统梯形

　　　图详解……………244

附录 C　FANUC 0 系统常见报警表………259

附录 D　FANUC 16/18/21/0i/0i Mate 系统

　　　参数表……………266

附录 E　FANUC 0i Mate 数控机床电路图……273

参考文献……………299

绪 论

【学习目标】

- 能够识记数控机床的工作原理及其组成。
- 了解数控机床故障诊断及维修的内容与特点。
- 对数控机床常见故障及其诊断方法有初步的认识。
- 重点掌握数控机床维护、维修工作的安全规范。

数控机床工作原理及组成

1. 数控机床工作原理

数控机床是采用了数控技术的机床，它用数字信号控制机床运动及其加工过程。具体地说，是将刀具移动轨迹等加工信息用数字化的代码记录在程序介质上，然后输入数控装置，经过译码、运算，发出指令，经伺服放大、伺服驱动和反馈，自动控制机床上的刀具与工件之间的相对运动，从而加工出形状、尺寸与精度符合要求的零件。

2. 数控机床的组成

数控机床一般由输入/输出设备、数控装置（CNC）、可编程逻辑控制器（PLC）、伺服单元、驱动装置（或称执行机构）、电气控制装置、辅助装置、机床本体及测量装置组成。图 0-1 所示为数控机床的构成。

（1）输入/输出设备。输入/输出设备是机床数控系统和操作人员进行信息交流、实现人机对话的交互设备。

图 0-1　数控机床的构成

　　输入设备的作用是将程序载体上的数控代码变成相应的电脉冲信号，传送并存入数控装置内。目前，数控机床的输入设备有键盘、磁盘驱动器、光电阅读机等。

　　输出设备是显示器，有 CRT 显示器和彩色液晶显示器两种。它为操作人员提供加工程序、坐标值以及报警信号等必要的信息。

　　（2）数控装置（CNC 装置）。数控装置是计算机数控系统的核心，它是由硬件和软件两部分组成的。硬件主要包括微处理器（CPU）、存储器、局部总线、外围逻辑电路以及与 CNC 系统其他组成部分联系的接口等，软件包括管理软件和控制软件。

　　CNC 装置的作用：它接收的是输入装置送来的脉冲信号，信号经过数控装置的系统软件或逻辑电路进行编译、运算和逻辑处理后，输出各种信号和指令，控制机床的各个部分，使其进行规定的、有序的动作。通过 CNC 装置内硬件和软件的合理组织与协调配合，实现各种数控功能，使数控机床按照操作者的要求，有条不紊地进行加工。

　　（3）可编程逻辑控制器（PLC）。数控机床通过 CNC 和 PLC 共同完成控制功能。CNC 主要完成与数字运算和管理等有关的功能，如零件程序的编辑、插补运算、译码、刀具运动位置的伺服控制等。PLC 主要完成与逻辑运算有关的一些动作，它接收 CNC 的控制代码 M（辅助功能）、S（主轴转速）、T（选刀、换刀）等开关量动作信息，然后进行译码，转换成对应的控制信号，控制辅助装置完成机床相应的开关动作，如工件的装夹、刀具的更换、切削液的开关等一些辅助动作；它还接收机床操作面板的指令，一方面直接控制机床的动作（如手动操作机床），另一方面将一部分指令送往数控装置用于加工过程的控制。

　　（4）伺服单元。伺服单元的作用是将来自数控装置的速度和位移指令，经伺服单元变换和放大后，通过驱动装置转变成机床进给运动的速度、方向和位移。因此，伺服单元是数控装置与机床本体的联系环节，它把来自数控装置的微弱指令信号放大成控制驱动装置的大功率信号。伺服单元分为主轴单元和进给单元等，伺服单元就其反馈装置和反馈信号而言又有开环系统、半闭环系统和闭环系统之分。

开环系统没有检测反馈装置，其机床移动部件的定位精度主要由步进电动机制造精度和机床丝杠制造精度来保证。

（5）驱动装置。驱动装置把经过伺服单元放大的指令信号变为机械运动。目前，常用的驱动装置有直流伺服电动机和交流伺服电动机，且交流伺服电动机正逐渐取代直流伺服电动机。

伺服单元和驱动装置合称为伺服驱动系统，它是机床工作的动力装置，计算机数控装置的指令要靠伺服驱动系统付诸实施，伺服驱动装置包括主轴驱动单元（主要控制主轴的速度）和进给驱动单元（主要是进给系统的速度控制和位置控制）。伺服驱动系统是数控机床的重要组成部分，从某种意义上说，数控机床的功能主要取决于数控装置，而数控机床的性能主要取决于伺服驱动系统。伺服驱动系统性能的好坏直接影响数控机床的加工精度和生产效率，因此要求伺服驱动系统具有良好的快速响应性能，能准确而迅速地跟踪数控装置的数字指令信号。

（6）机床本体。机床本体即数控机床的机械部件，包括主运动部件、进给运动部件、执行部件和基础部件，如底座、立柱、工作台（刀架）、床鞍、导轨等。为了保证数控机床的快速响应特性，数控机床上普遍采用精密滚珠丝杠和直线运动导轨副。为了保证数控机床的高精度、高效率和高自动化加工，要求其机械结构具有较高的动态特性、动态刚度、阻尼精度、耐磨性和抗热变形等性能。

数控机床故障诊断及维护的内容

（一）数控机床故障来源及分类

1. 故障衡量标准

数控机床是机电一体化在机械加工领域中的典型产品，它是将机械、电气、自动化控制、电动机、检测、计算机、机床、液压、气动等技术集中于一体的自动化设备，具有高精度、高效率和高适应性的特点。

衡量数控机床稳定性和可靠性的指标是平均无故障时间（Mean Time Between Failures，MTBF）t_{MTBF}，即两次故障间隔的时间；同时，当设备出现故障后，要求排除故障的修理时间（Mean Time To Repair，MTTR）t_{MTTR}越短越好，所以衡量上述要求的另一个指标是平均有效度A：

$$A = \frac{t_{MTBF}}{t_{MTBF} + t_{MTTR}}$$

为了提高 t_{MTBF}，降低 t_{MTTR}，一方面要加强机床的日常维护，延长无故障时间；另一方面当出现故障后，要尽快诊断出原因并加以修复，提高维修效率。

2. 故障分类与来源

（1）机械故障与电气故障。数控机床由机床本体和电气控制系统两大部分组成。就其故障分类来说，数控机床的故障可以分为机械故障和电气故障两大类。

机械类故障常发生在主轴箱的冷却和润滑、导轨副和丝杠螺母副的间隙调整、润滑及支撑的预紧、液压与气动装置的压力和流量调整等方面。

数控机床从电气角度看，最明显的特征就是用电气驱动替代了普通机床的机械传动，因此，电气系统的故障诊断及维护内容多、涉及面广，如伺服系统、强电柜及操作面板，另外还包含数控系统与机床及机床电气设备之间的接口电路，如驱动电路、位置反馈电路、电源及保护电路和开/关信号连接电路等。电气系统是数控机床维护与故障诊断的重点。

实践证明，数控机床操作、保养和调整不当占整个故障的57%，伺服系统、电源及电气控制部分的故障占整个故障的37.5%，而数控系统的故障只占5.5%，如图0-2所示。

图 0-2　数控机床故障来源
1—数控机床操作和保养不当占57%
2—电气系统点37.5%　3—数控系统点5.5%

（2）系统性故障和随机性故障。

① 系统性故障。系统性故障指只要满足一定的条件或超过某一设定的限度，工作中的数控机床必然会发生的故障。这一类故障现象极为常见。例如，液压系统的压力值随着液压回路过滤器的阻塞而降到设定参数时，必然会发生液压系统故障报警，使系统断电停机。又如，润滑、冷却或液压等系统由于管路泄漏引起油标降到使用极限值，必然会发生液位报警，使机床停机。再如，机床加工过程中切削量过大，达到某一限值时必然会发生过载或超温报警，致使系统迅速停机。对数控机床的正确使用与维护可以避免这类系统性故障发生。

② 随机性故障。随机性故障指数控机床工作时只是偶然发生的一次或两次故障。此类故障具有偶然性，因此，其原因分析与故障诊断较其他故障困难。这类故障的发生与安装质量、组件排列、参数设定、元器件品质、操作失误以及工作环境影响等诸因素有关。例如，接插件与连接组件因疏忽未加锁定，印制电路板上的元器件松动变形或焊点虚脱，继电器触点、各类开关触头因污染锈蚀以及直流电动机电刷不良等所造成的接触不可靠等。工作环境温度过高或过低、湿度过大、电源波动与机械震动、有害粉尘与气体污染等原因均可引发此类偶然性故障。因此，加强数控系统的维护检查，确保电气箱门的密封，严防工业粉尘及有害气体的侵袭等，均可避免此类故障的发生。

（3）硬件故障、软件故障和干扰故障。

① 硬件故障。硬件故障是指数控装置的印制电路板上的集成电路芯片、独立元件、接插件以及

外部连接组件等发生的故障。这类故障也称"死故障"，只有更换已损坏的器件才能排除，比较常见的是输入/输出接口损坏，电动机、刀架损坏等。

② 软件故障。软件故障指数控系统加工程序错误，系统程序和参数的设定不正确或丢失，计算机的运算出错等。通过认真检查程序和修改参数可以解决这类故障。但是，参数的修改要慎重，一定要搞清参数的含义以及与其相关的其他参数方可修改，否则顾此失彼还会产生新的故障，甚至导致机床动作失控。

③ 干扰故障。干扰故障指由于内部或外部干扰引发的故障。例如，由于系统线路分布不合理、电源地线配置不当、接地不良、工作环境恶劣等引发的故障。

（二）数控机床预防性维护内容

1. 预防性维护的重要性

数控机床运行一段时间后，某些元器件或机械部件难免有损坏或故障现象。对于这种高精度、高效益且又昂贵的设备，如何延长元器件的寿命和零部件的磨损周期，预防各种故障，特别是将恶性事故消灭在萌芽状态，从而提高系统的平均无故障工作时间和使用寿命，一个很重要的方面是要做好预防性维护。

2. 预防性维护工作的主要内容

（1）严格遵循操作规程。数控系统编程、操作和维修人员必须经过专门的技术培训，熟悉所用数控机床的机械、数控系统、强电设备、液压、气源等部分，以及使用环境、加工条件等；能按机床和系统使用说明书的要求正确、合理地使用，尽量避免因操作不当引起的故障。通常数控机床在使用的第一年内，有1/3以上的系统故障是由于操作不当引起的。应按操作规程要求进行日常维护工作。

（2）防止数控装置过热。定期清理数控装置的散热通风系统，经常检查数控装置上各冷却风扇工作是否正常。应视车间环境状况，每半年或一个季度检查清扫过滤器一次。当环境温度过高，造成数控装置内温度达到55℃以上时，应及时加装空调装置。

（3）经常监视数控系统的电网电压。数控系统允许的电网电压范围是额定值的85%～110%，如果超出此范围，轻则使数控系统不能稳定工作，重则会造成重要电子部件损坏。因此，要经常注意电网电压的波动。对于电网质量比较恶劣的地区，应及时配置数控系统专用的交流稳压电源，这将使故障率有明显的降低。

（4）定期检查和更换直流电动机电刷。目前一些老的数控机床上大部分使用的是直流电动机，这种电动机电刷的过度磨损会影响其性能甚至损坏，所以必须定期检查电刷。数控车床、数控铣床、加工中心等，应每年检查一次；频繁加速机床（如冲床等），应每两个月检查一次。检查步骤如下。

① 要在数控系统处于断电状态，且电动机已经完全冷却的情况下进行检查。

② 取下橡胶刷帽，用旋具拧下刷盖，取出电刷。

③ 测量电刷长度，如磨损到原长的一半左右时，必须更换同型号的新电刷。

④ 仔细检查电刷的弧形接触面是否有深沟或裂缝，以及电刷弹簧上有无打火痕迹。如有上述

现象，必须换上新电刷，并在一个月后再次检查。如还发生上述现象，则应考虑电动机的工作条件是否过分恶劣或电动机本身是否有问题。

⑤ 用不含金属粉末及水分的压缩空气导入电刷孔，吹净粘在刷孔壁上的电刷粉末。如果难以吹净，可用旋具尖轻轻清理，直至孔壁全部干净为止。清理时注意不要碰到换向器表面。

⑥ 重新装上电刷，拧紧刷盖。更换了电刷后，要使电动机空运行跑合一段时间，以使电刷表面与换向器表面吻合良好。

（5）防止尘埃进入数控装置内。日常除了进行检修外，应尽量少开电气柜门。因为车间内空气中飘浮的灰尘和金属粉末落在印制电路板和电气接插件上，容易造成元件间绝缘性能下降，从而出现故障甚至使元件损坏。有些数控机床的主轴控制系统安置在强电柜中，强电柜门关得不严，是使电气元件损坏、主轴控制失灵的一个原因。当夏天气温过高时，有些使用者干脆打开数控柜门，用电风扇往数控柜内吹风，以降低机内温度，使机床勉强工作。这种办法最终会导致系统加速损坏。

（6）存储器用电池要定期检查和更换。数控系统中 CMOS 存储器中的存储内容在断电时靠电池供电保持，一般采用锂电池或可充电的镍镉电池，当电池电压下降至一定值时就会造成参数丢失。因此，要定期检查电池电压，当该电压下降至限定值或出现电池电压报警时，应及时更换电池。更换电池时，要在数控系统通电状态下进行，避免存储参数丢失。一旦参数丢失，在换上新电池后，应重新将参数输入。

（7）数控系统长期不用时的维护。当数控机床长期闲置不用时，也应定期对数控系统进行维护保养。首先，应经常给数控系统通电，在机床锁住不动的情况下，让其空运行；其次，在空气湿度较大的梅雨季节应该天天通电，利用电气元件本身发热驱走数控柜内的潮气，以保证电子部件的性能稳定可靠。

（8）数控机床日常保养。为了更具体地说明数控机床日常保养的周期、检查部位和要求，这里附上某数控机床日常保养一览表，如表 0-1 所示，以供参考。

表 0-1　　　　　　　　　　　数控机床定期保养表

序号	检查周期	检查部位	检查要求
1	每天	导轨润滑	检查润滑油的油面、油量，及时添加润滑油。检查润滑油泵能否定时启动、泵油及停止，导轨各润滑点在泵油时是否有润滑油流出
2	每天	X、Y、Z 导轨	清除导轨面上的切屑、脏物、冷却水，检查导轨润滑油是否充分，导轨面上有无划伤损坏及锈斑，导轨防尘刮板上有无夹带铁屑，如果是安装滚动滑块的导轨，当导轨上出现划伤时应检查滚动滑块
3	每天	压缩空气气源	检查气源供气压力是否正常，含水量是否过大
4	每天	机床液压系统	油箱、液压泵无异常噪声，压力表指示正常工作压力，油箱工作油面在允许范围内，各管路接头无泄漏和明显震动

续表

序号	检查周期	检查部位	检查要求
5	每天	主轴箱液压平衡系统	平衡油路无泄漏，平衡压力表指示正常，主轴箱在上下快速移动时压力表波动不大，油路补油机构动作正常
6	每天	各种电气装置及散热、通风装置	数控柜及机床电气柜进、排风扇工作正常，风道过滤网无堵塞，主轴电动机、伺服电动机、冷却风道正常，恒温油箱、液压油箱的冷却散热片通风正常
7	每天	各种防护装置	导轨、机床防护罩动作灵活而无漏水，刀库防护栏杆、机床工作区防护栏检查门开关动作正常，在机床四周各防护装置上的操作按钮、开关、急停按钮工作正常
8	每周	过滤网	清洗各电柜进气过滤网
9	半年	滚珠丝杠螺母副	清洗丝杠上旧的润滑脂，涂上新油脂，清洗螺母两端的防尘圈
10	半年	液压油路	清洗溢流阀、减压阀、滤油器、油箱油底，更换或过滤液压油，注意在向油箱加入新油时必须经过过滤和去水分
11	半年	主轴润滑恒温油箱	清洗过滤器，更换润滑油，检查主轴箱各润滑点是否正常供油
12	每年	直流伺服电动机电刷	从电刷窝内取出电刷，用酒精棉清除电刷窝内和换向器上的碳粉；当发现换向器表面被电弧烧伤时，抛光表面、去除毛刺；更换长度过短的电刷，并跑合后才能正常使用
13	每年	润滑油泵、滤油器等	清理润滑油箱池底，清洗更换滤油器
14	不定期	各轴导轨上镶条，压紧滚轮，丝杠，主轴传动带	按机床说明书的规定调整间隙或预紧
15	不定期	冷却水箱	检查水箱液面高度，冷却液各级过滤装置是否工作正常，冷却液是否变质，经常清洗过滤器，疏通防护罩和床身上各回水通道
16	不定期	清理废油池	及时取走废油池中废油，以免外溢，当发现油池中突然油量增多时，应检查液压管路中漏油点

数控机床故障诊断及维护的特点

按照数控机床故障频率的高低，整个使用寿命周期大致可分为 3 个阶段，即初始使用期、相对稳定期以及寿命终了期，如图 0-3 所示。

1. 初始使用期

从整机安装调试后，开始运行半年至一年期间，故障频率较高，一般无规律可循。在这个时期，电气、液压和气动系统故障频率约占 90%。数控机床使用初期之所以故障频繁，原因大致如下。

图 0-3　设备使用寿命-故障频率曲线

（1）机械部分。由于机床在出厂前磨合时间较短和部件装配可能存在的误差，所以在机床使用初期会产生较大的磨合磨损，使设备相对运动部件之间产生较大的间隙，导致故障的发生。

（2）电气部分。数控机床运行时，由于电路的发热，交变负荷、浪涌电流及反电动势的冲击，性能较差的元器件因电流冲击或电压击穿而失效，或特性曲线发生变化，会导致系统不能正常工作。

（3）液压部分。新安装的油缸或汽缸里面可能产生锈蚀，或空气管道没清理干净，一些杂物和水分也可能进入，会造成液压、气动部分的初期故障。

除此之外，还有元件、材料本身性能等原因会造成早期故障，这个时期一般在保修期以内。因此，数控机床购回后，应尽快使用，使早期故障尽量地出现在保修期内。

2. 相对稳定期

数控机床在经历了初期的磨合和调整后，开始进入相对稳定的正常运行期。此时各类元器件本身的故障较为少见，但不排除偶发故障的产生，所以，在这个时期内要坚持做好设备运行记录，以备排除故障时参考。相对稳定期一般为 7～10 年。

3. 寿命终了期

寿命终了期出现在数控机床使用的后期，其特点是故障率随着运行时间的增加而升高。出现这种现象的基本原因是数控机床的零部件及电子元器件经过长时间的运行，由于疲劳、磨损、老化等原因，使用寿命已接近完结，从而处于故障频发状态。

数控机床故障率曲线变化的 3 个阶段，真实地反映了从磨合、调试、正常工作到大修或报废的故障率变化规律，加强日常管理与维护保养，可以延长相对稳定期，以获得最佳投资效益。

 数控机床的故障诊断方法

由于数控机床属于机电一体化设备，因此，对它的维护和故障诊断，既有常规的方法，又有专门的技术和检测手段。

【例 0-1】　某数控机床的坐标轴在正、反向进给时产生震动。故障产生的因素有以下几个。

① 导轨副和滚珠丝杠螺母副的配合间隙过大。

② 伺服电动机和丝杠的联轴器松动。

③ 电气参数（如加减速度时间）设定过小，使伺服系统在换向时超调，从而引起机床震动。

【例 0-2】　某数控铣床 $X-Y$ 两轴联动加工平面轮廓时，零件表面出现条纹。故障产生的因素有以下几个。

① X 轴进给速度控制信号波动较大。

② Y 轴进给速度控制信号波动较大。

③ X 或 Y 轴在进给运动时有爬行现象。

④ X 或 Y 轴导轨副预紧过大及导轨防护板摩擦力较大。

⑤ 检测装置有故障，使速度或位置信号反馈不稳定。

⑥ 伺服电动机运行不正常。

⑦ 伺服电动机和丝杠的联轴器有松动，传动忽紧忽松。

⑧ 系统参数（如位置增益）设置不当等。

由此可见，数控机床故障具有综合性和复杂性的特点，引起数控机床故障的因素是多方面的，有时故障现象是电气方面的，但引起的原因是机械方面的，或者两者皆有。所以，要根据故障的现象和原因，采用合适的诊断方法和诊断设备，做出正确的判断。

数控机床故障诊断分为故障检测、故障判断与隔离、故障定位 3 个阶段。第一阶段故障检测就是对数控系统进行测试，判断是否存在故障；第二阶段故障判断与隔离是正确把握所发生故障的类型，分离出故障的可能部位；第三阶段故障定位是将故障定位到可以更换的模块或印制电路板，从而及时修复数控机床故障。数控机床故障诊断的基本方法如下。

1. 直观法

直观法是一种最基本的方法，也是一种最简单的方法。维修人员根据故障发生时产生的各种光、声、味等异常现象，认真检查系统的每一处，观察是否有烧毁和损伤痕迹，往往可将故障范围缩小到一个模块，甚至一块印制电路板，但这要求维修人员具有丰富的实践经验以及综合判断的能力。

2. 自诊断功能法

数控装置自诊断系统的运行机制：一般系统开机后，自动诊断整个硬件系统，为系统的正常工作做好准备，另外就是在运行或输入加工程序过程中，一旦发生错误，则数控系统自动进入自诊断状态，通过故障检测，定位并发出故障报警信息。

（1）启动诊断。启动诊断指 CNC 每次从通电开始到进入正常的运行准备状态为止，系统内部诊断程序自动执行的诊断。利用启动诊断，可以测出系统的大部分硬件故障。

（2）在线诊断。在线诊断指 CNC 系统的内部诊断程序，在系统处于正常运行状态时，实时自动对数控装置、伺服系统、外部的 I/O 及其他外部装置进行自动测试，并显示有关状态信息和故障。系统不仅能在屏幕上显示报警符号及报警内容，而且还能实时显示 CNC 内部关键标志寄存器及 PLC 内操作单元的状态，为故障诊断提供了极大方便。在线诊断对 CNC 系统的操作者和维修人员分析系统故障的原因、确定故障部位都有很大的帮助。

（3）离线诊断。当 CNC 系统出现故障或要判断系统是否真有故障时，往往要停止加工和停机进行检查，这就是离线诊断（或称脱机诊断）。离线诊断的主要目的是修复系统和故障定位，力求把故障定位在尽可能小的范围内。

3. 参数（机床数据）检查法

在数控系统中有许多参数（机床数据）地址，其中存入的参数值是机床出厂时通过调整确定的，它们直接影响着数控机床的性能。通常这些参数不允许修改。如果参数设置不正确或因干扰使得参数丢失，机床就不能正常运行。因此，参数检查是一项重要的诊断。

4. PLC 检查法

（1）利用 PLC 的状态信息诊断故障。PLC 检测故障的机理是通过机床厂家编制的 PLC 梯形图的各种逻辑状态，对 PLC 产生报警的故障或没有报警的故障进行分析和诊断，从而提高诊断故障的速度和准确性。

（2）利用 PLC 梯形图跟踪法诊断故障。数控机床出现的绝大部分故障都是通过 PLC 程序检查出来的。有些故障可在屏幕上直接显示出报警原因和报警信息，还有些故障不产生报警信息，只是有些动作不执行。遇到后一种情况，跟踪 PLC 梯形图的运行是确诊故障很有效的方法，特别是复杂的故障必须使用编程器来跟踪梯形图进行诊断。

5. 功能程序测试法

功能程序测试法是将数控系统的功能（如直接定位、圆弧插补、螺纹切削、固定循环、用户宏程序等）用编制的程序进行测试。用它来检查机床执行这些功能的准确性和可靠性，从而快速判断系统哪个功能不良，进而判断出故障发生的原因。本方法对于长期闲置的数控机床或机床第一次开机自检，以及机床加工超差（无报警），难以确定是编程或操作的错误，还是机床故障所致，是一种较好的方法。

6. 交换法

交换法是一种简单易行的方法，也是现场判断时最常用的方法。所谓交换法，就是在分析出故障大致起因的情况下，维修人员利用备用的印制电路板、模板、集成电路芯片或元器件替换有疑点的部分，从而把故障范围缩小到印制电路板或芯片一级。这实际上也是在验证分析的正确性。

7. 单步执行程序确定故障点

数控系统一般都具有程序单步执行功能，这个功能常用于调试加工程序。当执行加工程序出现故障时，采用单步执行程序可快速确认故障点，从而排除故障。

8. 测量比较法

测量比较法是诊断机床故障的基本方法，利用万用表、相序表、示波器、震动检测仪等仪器，对故障疑点进行电流、电压和波形测量，将测量值与正常值进行比较，分析故障所在的位置。

9. 敲击法

如果数控系统的故障若有若无，可用敲击法检查出故障的部位所在。CNC 系统是由多块电路板组成的，板上有许多焊点，板与板之间或模块与模块之间又通过插件或电缆相连。所以，任何一处的虚焊或接触不良，就会成为产生故障的主要原因。检查时，用绝缘物轻轻敲打可疑部位，如果确实是因虚焊或接触不良而引起的故障，则该故障会重复出现。

10. 原理分析法

根据数控系统的组成原理，可从逻辑上分析出各点的逻辑电平和特征参数（如电压值或波形等），然后用万用表、逻辑笔、示波器等对其进行测量、分析和比较，从而对故障进行定位。

此外，还有局部升温法以及多种新出现和应用的方法。总之，按照不同的故障现象，同时选用几种方法灵活应用、综合分析，才能逐步缩小故障范围，较快地排除故障。

五、 数控机床维护、维修工作的安全规范

数控机床维修工作必须遵守有关的安全规范，避免发生安全事故或由于操作不当造成设备损坏。只能由经过技术培训的人员来进行数控机床的维修工作，在检查机床操作之前要熟悉机床厂家提供的机床说明书。维修时安全注意事项如下。

（1）打开机床防护罩后，衣服和头发可能会卷到主轴或其他部件中，因此检查机床运转时要站在离机床远点、衣服不被主轴等卷到的地方，女生一定要戴帽子。

（2）打开电柜门检查维修时，因高压部分会带来电击的危险，所以切勿触碰高压部分。在检查操作之前，要先检查高压部分安装的防护罩。

（3）在运行机床之前，要充分检查所输入的数据是否正确。使用者若不小心用错误的数据操作了机床，会使机床动作不正常，而引起工件或机床损坏，甚至伤及使用者。

（4）更换元件时必须关闭 CNC 装置的电源和强电部分的主电源。如果只关闭 CNC 的电源，主电源仍会继续向伺服部分供电，这种情况下更换元件时，元件会损坏，也有可能被电击。

（5）关闭电源后，伺服放大器和主轴放大器的电压会保留一会儿，因此，触摸会被电击。所以至少要在关闭电源20min 后，再更换放大器。

（6）在更换单元时，要确保新单元的参数和其他设置都与旧的相同，如果不在同样的状态下运行机床，会损坏工件或机床，并造成人身伤害。

（7）更换或拆装元件后，一定要经确认后方可上电。

（8）CNC 和 PLC 的参数在出厂时被设定在最佳值，所以通常不需要修改其参数。由于某些原因必须修改其参数时，在修改之前要完全了解其功能，如果错误地设定了参数值，机床可能会出现意外的运动，可能造成事故。

本绪论主要介绍了数控机床的工作原理及组成，数控机床故障的来源和数控机床故障预防的重要性，数控机床故障诊断、维护和预防措施的主要内容，数控机床故障诊断的常用方法，数控机床维护、维修工作的安全规范和操作规程。

简答题

1. 数控机床的工作原理是什么？

2. 数控机床常见的故障有哪些？

3. 设备使用寿命与故障频率曲线图表达了什么含义？

4. 数控机床维修维护的安全规范有哪些内容？

5. 常用的数控机床故障诊断方法有哪些？

任务一

数控机床常用电气元件认知及检测

【学习目标】

- 能够识记数控机床常用电气元件、导线的电路标识和实体形状，理解其工作原理和在电路中的作用。
- 掌握万用表、示波器等检测工具的使用。
- 根据数控机床电路图会拆装电气元件和接线，能够分析、判断和排除强电、弱电电路故障，熟悉数控机床弱电控制强电的工作过程。

一、 **任务导入**

通过拆装附录 E 数控机床电路图中电气元件和电路接线，使用万用表、示波器等检测工具分析和诊断如图 1-1 所示电路的工作状态，判断出当前数控机床的电路故障并予以排除，恢复数控机床正常使用和功能。

图 1-1　数控机床强电电路图

相关知识

（一）万用表的使用

　　数控机床维修涉及弱电和强电领域，最好配备指针式万用表和数字式万用表各一块，如图 1-2 所示。指针式万用表的最大好处是反应速度快，可以很方便地用于监视电压和电流的瞬间变化及电容器的充放电过程等。数字式万用表可以快速测量电压、电流、电阻值，还可以测量晶体管的放大倍数和电容值等。两种表的短路测量蜂鸣器可方便测量电路通断，也可以利用其精确的显示测量电动机三相绕组阻值的差异，从而判断电动机的好坏，在数控机床维修中经常使用。

图 1-2　数字式和指针式万用表

1. 用万用表测量直流电压

（1）测量电路如图 1-3 所示。

（2）测量直流电压时，红表笔接高电位，黑表笔接低电位。

（3）将万用表与被测电路并联连接。

2. 用万用表测量交流电压

（1）测量电路如图1-4所示。

（2）测量时两表笔可任意接入。

（3）万用表与被测电路并联连接。

（a）原理　　　　　（b）接法　　　　　　　　　（a）原理　　　　　（b）接法

图1-3　万用表测量直流电压　　　　　　　图1-4　万用表测量交流电压

3. 用万用表测量直流电流

（1）测量电路如图1-5所示。应将电路相应部分断开后，将万用表两表笔接在断点的两端。

（2）测量时红表笔接高电位，黑表笔接低电位。

（3）万用表与被测电路串联连接。

4. 用万用表测量交流电流

（1）测量电路如图1-6所示。应将电路相应部分断开后，将万用表两表笔接在断点的两端。

（a）原理　　　　　（b）接法　　　　　　　　　（a）原理　　　　　（b）接法

图1-5　万用表测量直流电流　　　　　　　图1-6　万用表测量交流电流

（2）测量时两表笔可任意接入。

（3）万用表与被测电路串联连接。

> 用指针式万用表测量未知电压或电流时，万用表的量程应由大向小过渡，还要注意红、黑表笔的高、低电位，避免打表针。

5. 用万用表测量电阻

（1）万用表欧姆调零。即把红、黑表笔短接，同时调节欧姆调零旋钮，使表针对准电阻刻度线零位置，如图1-7（a）所示。

（2）测量倍率 $R \times 1$、$R \times 10$、$R \times 100$、$R \times 1k$ 挡由1.5V电池供电，测量倍率 $R \times 10k$ 挡由9V电池供电。黑表笔接的是万用表内电池正极。红表笔接的是万用表内电池负极。

（3）用 $R \times 1k$ 挡测量 $R=1k\Omega$ 的电阻器阻值，如图1-7（b）所示，指针指在1格处；用 $R \times 100$ 挡则指针指在10格处；用 $R \times 10$ 挡则指针指在100格处；用 $R \times 1$ 挡则指针指在1k格处，由此确定电阻值读数。选择合适的挡位，使指针尽量处于右顶端偏左1/3处。

（a）调零　　　（b）测量电阻

图1-7　万用表测量电阻

　不能带电测量，尽量不要在电路中测量电阻，保证电阻不和其他导电体连接，最好将电阻拆卸下来测量，避免出现并联。不要用双手接触电阻，避免将人体电阻与被测电阻并联。

6. 用万用表测量二极管（用 $R \times 1k$ 挡）

二极管具有单向导电特性，在数控机床中应用较多，特别是发光二极管，其是重要的输出状态显示元件，可以根据它快速判断出电气线路的通断和输出信号是否达到等。

（1）当万用表内电池正极即黑表笔加在二极管阴极（负极），内电池负极即红表笔加在二极管阳极（正极）时，如图1-8（a）所示，这时反向电阻很大，二极管没有导通。

（a）　　　　　　　（b）

图1-8　万用表测量二极管

（2）当万用表内电池正极即黑表笔加在二极管的阳极（正极）上，内电池负极即红表笔加在二极管的阴极（负极）上时，如图1-8（b）所示，此时二极管的正向电阻较小（5kΩ左右），二极管导通；若是发光二极管，则会发光。

（二）示波器的使用

示波器主要用于模拟电路的信号测量，双频示波器还可以比较信号的相位关系，可以测量测速发电机的输出信号，调整光栅编码器的前置信号处理电路，进行 CRT 显示器电路的维修。数控系统修理通常使用频带为 10～100MHz 范围内的双通道示波器，它不仅可以测量电平、脉冲上下沿、脉宽、周期、频率等参数，还可以进行两信号的相位和电平幅度的比较，常用来观察主开关电源的振荡波形，直流电源的波动，测速发电机输出的波形，伺服系统的超调、振荡波形，编码器和光栅尺的脉冲等。示波器的面板如图 1-9 所示。

1. 分辨率的调整

当示波器已经选定时，尽量减小光点的直径是提高分辨率的主要途径。在使用示波器时，应尽量将亮度调暗一些，再调节"聚焦"旋钮，使光点成为一直径不大于 1mm 的小圆点，配合调节"辅助调焦"旋钮，使图像清晰，亮度适宜。

2. 探头的使用

在观测电平幅度和脉冲的相位、频率等参数及波形时，合理使用探头可以减小示波器输入阻抗对被测电路的影响。因此必须根据测试的要求选用探头。

图 1-9　示波器的面板

3. 避免波形失真

由于示波器的偏转灵敏度有一定的限制，在使用过程中荧光屏上双颤幅度不得大于 8cm，以免波形失真。为此，在使用前应将"Y 轴衰减"置为最大，然后视显示的波形和观测需要，适当调节衰减挡。如果信号不需要增幅，可将信号由后插孔直接输入，但应在其间加隔离电容。

注意

在电压、相位、频率的测量中，要注意探头的选择，防止探头带电触电，采用合理的测量方法和正确调节示波器。使用中也要注意示波器的维护和保养，以防损坏。

（三）数控电气元件认知与检测

1. 低压断路器

低压断路器过去叫做自动空气开关，现采用 IEC 标准称为低压断路器。它是将控制电器和保护电器的功能合为一体的电器，有效地保护串接在它后面的电气设备。电气元件符号有"QF"、"QM"和"QS"，分别指断路器、电动机保护开关和隔离开关。数控机床中常用的是小型低压断路器。

（1）小型断路器。小型断路器（以下简称断路器）适用于交流 50Hz 或 60Hz、额定电压 230～380V 的线路中做过载、短路保护，同时也可以在正常情况下作为线路的不频繁转换之用，尤其适用于工业和商业的照明配电系统。数控机床中断电器常用于过载、短路保护，同时也可以在正常情况下不频繁地通断电器装置和照明线路，如图 1-10 所示。

(a) 1匹或单匹　　　　(b) 3匹

图 1-10　小型断路器

（2）断路器型号及分类。目前家庭使用 DZ 系列的断路器，下面以 DZ47-60 系列为例说明小型断路器的型号意义，如图 1-11 所示。

① 按额定电流分有 1A、2A、3A、4A、5（6）A、10A、15（16）A、20A、25A、32A、40A、50A、60A。

② 按极数分有单极、二极、三极、四极或叫 1 匹、2 匹、3 匹、4 匹等。

DZ 47-60
└─ 壳架等级额定电流
　└─ 设计序号
　　└─ 塑料外壳式断路器

图 1-11　小型断路器的型号意义

1 匹=735W≈750W，2 匹=2×750W=1 500W，此计算法依此类推。

【例 1-1】　3 匹空调，应选择多少安的断路器？（220V 电压）

750W×3（匹）×3 倍（冲击电流）=6 750W

6 750W÷220V≈30.68A（功率÷电压=电流）

故应选择 32A 的断路器。

【例 1-2】　5 匹空调，应选择多少安的断路器？（380V 电压）

750W×5（匹）×3 倍（冲击电流）=11 250W

11 250W÷380V≈29.61A

故应选择 32A 的断路器。

③ 按断路器瞬时脱扣器的型式分为 C 型和 D 型。C 型常见的型号/规格有 C16、C25、C32、C40、C60、C80、C100、C120 等，其中 C 表示脱扣电流，即起跳电流，如 C32 表示起跳电流为 32A。

注意　　断路器的额定电流和额定电压应大于或等于线路、设备的正常工作电流和工作电压。断路器在额定负载时平均操作使用寿命为 20 000 次。机床首次上电调试时应先将所有断路器断开，然后依次闭合，观察断路器的工作状态。

2. 接触器

接触器主要用于频繁接通或分断交、直流电路，其控制容量大，可远距离操作，配合继电器可以实现定时操作、联锁控制、各种定量控制和失（电）压及欠（电）压保护，广泛应用于自动控制电路。其主要控制对象是电动机，也可用于控制其他电力负载，如电热器、照明、电焊机、电容器组等。

（1）组成。接触器由电磁机构、触点系统、灭弧装置及其他部件组成。

（2）工作原理。当线圈通电后，静铁芯产生电磁吸力将动铁芯衔铁吸合。由于触点系统是与动铁芯联动的，因此动铁芯带动三条动触片同时运行，使常闭触点断开，常开触点闭合。当线圈断电时，电磁吸力消失，动铁芯衔铁在反作用弹簧力的作用下分离释放，触点系统随之复位。

数控机床上应用最多的自动控制元件是交流接触器。交流接触器外形及文字符号如图 1-12 所示。接触器常利用主触点来开闭电路，用辅助触点来执行控制指令。主触点一般只有常开触点，而辅助触点常有两对具有常开 NO 和常闭 NC（可用万用表检测）功能的触点。小型的接触器也经常作为中间继电器配合主电路使用。接触器的电气元件符号为 KM。

图 1-12 交流接触器及符号表示

（3）分类。按其主触点通过电流的种类不同，分为直流、交流接触器两种。电磁式交流接触器型号为 CJ，真空式交流接触器型号为 CZ。

（4）交流接触器的选择。

① 主触点的额定电压和额定电流、辅助触点的数量与种类、吸引线圈的电压等级、操作频率等符合数控机床的需要，交流接触器的额定电压（指触点的额定电压）应大于或等于负载回路的电压。

② 接触器线圈的电流种类（交流和直流两种）和电压等级应与控制电路相同。

③ 触点数量和种类应满足主电路和控制线路的要求。

3. 继电器

继电器是具有隔离功能的自动开关元件。继电器一般都有能反映一定输入变量（如电流、电压、功率、阻抗、频率、温度、压力、速度、光等）的感应机构（输入部分）；有能对被控电路实现"通"、"断"控制的执行机构（输出部分）；在继电器的输入部分和输出部分之间，还有对输入量进行耦合隔离、功能处理和对输出部分进行驱动的中间机构（驱动部分）。

（1）组成。继电器由电磁机构、触点系统和释放弹簧等部分组成。

（2）工作原理。根据外来信号（电压或电流），利用电磁原理使衔铁产生闭合动作，从而带动触点动作，使控制电路接通或断开，实现控制电路的状态改变。

继电器的触点不能用来接通和分断负载电路，这也是继电器与接触器作用的区别。

注意

　　（3）中间继电器。中间继电器实质上是电压继电器的一种，电气元件符号为 KA，其外形和触点符号如图 1-13 所示。过电压继电器在电压为额定电压的 110%以上时动作；欠电压继电器在电压为额定电压的 40%～70%时有保护动作。数控机床中使用最多的是小型中间继电器，常用的型号有 J27 系列交流中间继电器和 J28 系列交直流两用中间继电器。其特点是触点多（多至 6 对或更多）、触点电流容量大（额定电流 5～10A）、动作灵敏（动作时间不大于 0.05s）。

图 1-13　中间继电器的外形和电气符号

　　（4）中间继电器的选择。中间继电器主要依据被控制电路的电压等级，触点的数量、种类及容量来选用。要求线圈的电流种类和电压等级应与控制电路一致；按控制电路的要求选择触点的类型（是常开还是常闭，可用万用表检测）；继电器的触点额定电压应大于或等于被控制回路的电压；继电器的触点电流应大于或等于被控制回路的额定电流。

4. 变压器及直流稳压电源

　　（1）机床控制变压器。机床控制变压器适用于交流 50～60Hz、输入电压不超过 660V 的电路，作为各类机床、机械设备等一般电器的控制电源和步进电动机驱动器、局部照明及指示灯的电源，如图 1-14 所示。其电气元件符号为 TC。

图 1-14　机床控制变压器

　　（2）直流稳压电源。直流稳压电源的功能是将非稳定交流电源变成稳定直流电源。数控机床中主要使用开关电源和一体化电源，控制对象为驱动器、控制单元、小直流继电器、信号指示灯等。开关电源被称作高效节能电源，电气元件符号为 VC，如图 1-15 所示。因为其内部电路工作在高频开关状态，所以自身消耗的能量很低，电源效率可达 80%左右，比普通线性稳压电源提高近一倍。数控机床中的开关电源主要用于给 DC 24V 设备供电。

5. 剩余电流动作断路器

剩余电流动作断路器适用于交流 50Hz、额定电压至 400V、额定电流至 32A 的电路中，作剩余电流保护之用。当有人触电或电路泄漏电流超过规定值时，剩余电流动作断路器能在极短的时间内自动切断电源，保障人身安全和防止设备因漏电造成的事故。其外形及电气符号如图 1-16 所示。在数控机床中经常用在外接三相五线电源线的引入端。

图 1-15 开关电源及电气符号

6. 电源切断开关

数控机床中常有 HZ12 系列组合开关，用于交流 50Hz 或 60Hz、额定工作电压至 500V 的电路中做切断和接通电源之用，也可直接开闭电动机及高电感负载。电源切断开关的电气元件符号为 SA，如图 1-17 所示。

7. 行程开关

数控机床行程开关安装在 X、Y、Z 轴机械工作台行程的极限位置处，限制其行程，也称为限位开关或终端开关，如图 1-18（a）所示。

图 1-16 剩余电流动作断路器

图 1-17 电源切断开关

8. 接近开关

接近开关是一种常用传感器件，用在数控雕铣机、数控机床、对刀装置等机械设备上。其重复定位精度很高，稳定性好。接近开关是非接触式的监测装置，当运动着的物体接近它到一定距离范围内时，就能发出信号，以控制运动物体的位置或计数，如图 1-18（b）所示。

（a）行程开关　　　　　　　　（b）接近开关

图 1-18　行程开关和接近开关

9. 熔断器

熔断器是一种广泛应用的简单有效的保护电器。它由熔体和熔座组成，如图 1-19 所示。熔体由熔点低、易于熔断、导电性良好的合金材料制成。选择熔断器主要是选择熔断器的类型、额定电压、额定电流及熔体的额定电流。熔断器的额定电压、电流应大于或等于线路的工作电压、电流。

图 1-19　熔断器

10. 导线和电缆

（1）导线种类。数控机床上主要有 3 种导线：动力线、控制线和信号线。

（2）导线和电缆铺设。所有连接，尤其是保护接地电路的连接应牢固，没有意外松脱的危险。

连接方法应与被连接导线的截面积及导线的性质相适应，铜导线的最小截面积如表 1-1 所示。只有专门设计的端子，才允许一个端子连接两根或多根导线。但一个端子只能连接一根保护接地电路导线。导线和电缆的铺设应使两端子之间无接头或拼接点。为满足连接和拆卸电缆和电缆束的需要，应提供足够的附加长度。

表 1-1　　　　　　　　　　　铜导线的最小截面积　　　　　　　　　　　mm²

位置	用途	电缆种类				
		单芯绞线	单芯硬线	双芯屏蔽线	双芯无屏蔽线	三芯或多芯线
		铜导线的最小截面积				
外壳外部配线	正常配线	1	1.5	0.75	0.75	0.75
	频繁运动机械部件连接	1	—	1	1	1
	小电流（<2A）电路连接	1	1.5	0.3	0.5	0.3
	数据通信配线	—	—	—	—	0.08
外壳内部配线	正常配线	0.75	0.75	0.75	0.75	0.75
	小电流（<2A）电路连接	0.2	0.2	0.2	0.2	0.2
	数据通信配线	—	—	—	—	0.08

（3）导线的标识。数控机床中的导线应在每个端部做出标记。保护导线的标识在导线全长上采用黄/绿双色组合。保护导线的色标是绝对专用的。绝缘单芯导线应使用下列颜色标识。

① 黑色：交流和直流动力线。

② 红色：交流控制线。

③ 蓝色：直流控制线。

④ 黄/绿双色：零线或地线。

任务实施

（一）用万用表测量电路中的电压、电流、电阻

1. 识读电路图

电路图根据生产机械运动形式对电气控制系统的要求，采用国家统一规定的电气图形符号和文字符号，按照电气设备及其工作顺序，详细表示电路、设备或成套装置的基本组成和连接关系。

点动正转控制线路如图 1-20 所示，它由电源电路、主电路和控制电路三部分组成。图中主电路在电源开关 QS 的出线端按相序依次编号为 U11、V11、W11，然后按从上至下、从左到右的顺序递增；控制电路的编号按"等电位"原则从上至下、从左到右的顺序依次从 1 开始递增编号。

图 1-20 点动正转控制线路电路图

2. 检测电路图中的电流、电压、电阻

检测如图 1-21 所示数控机床强电引入部分电路的步骤如下。

（1）启动机床→MDI→M3S500→循环启动，使机床主轴正转，记录电流表、电压表工作状态及数值，用万用表测量电压表所示部位电压并进行比较。

（2）将电流表拆下，万用表两表笔接通，注意万用表打到交流电流挡最大量程；重复第（1）步操作，记录万用表指针变化。

（3）测量剩余电流动作断路器相邻触点电阻，注意将其与主电路断开，判断其好坏。

图 1-21　数控机床强电引入部分电路

（二）用示波器检测电路信号

示波器能检测开关电源的振荡波形，直流电源的波动，伺服系统的超调、振荡波形，编码器和光栅尺的脉冲等。其操作步骤如下。

（1）预置面板各开关、旋钮。亮度、聚焦和辅助聚焦置适中，垂直输入耦合置"AC"，垂直电压量程选择置"5mV/div"，垂直工作方式选择置"CH1"，垂直灵敏度微调校准位置置"CAL"，垂直通道同步源选择置中间位置，垂直位置置中间位置，A 和 B 扫描时间因数一起预置在"0.5ms/div"，A 扫描时间微调置校准位置"CAL"，水平位移置中间位置，扫描工作方式置"A"，触发同步方式置"AUTO"，斜率开关置"＋"，触发耦合开关置"AC"，触发源选择置"INT"。

（2）按下电源开关，电源指示灯点亮。

（3）调节 A 亮度聚焦等有关控制旋钮，可出现纤细明亮的扫描基线，调节基线使其位于屏幕中间，与水平坐标刻度基本重合。调节轨迹平行度控制旋钮使基线与水平坐标平行。

（4）测量信号。将测试线接在"CH1"输入插座，测试探头触及测试点——如图 1-21 所示的电源指示灯端子，即可在示波器上观察到波形。如果波形幅度太大或太小，可调整电压量程旋钮；如果波形周期显示不适合，可调整扫描速度旋钮。

（三）数控电气元件的检测

根据附录 E 数控机床电路图，用万用表检测图中强电部分电气元件的好坏程度，操作步骤如下。

（1）低压断路器 QF 的检测。将低压断路器断开，检测 QF 前后电路的通断。

（2）交流接触器 KM 的检测。检测 KM 前后电路的通断和线圈电阻。手动控制 KM 的通断。

（3）同步骤（2），检测中间继电器 KA、变压器 TC、开关电源 VC。

（四）数控机床电气线路的拆装

1. 拆装机床电气线路

根据附录 E 数控机床电路图，拆装电气柜强电电路。电源经接线端子 OL1、OL2、OL3、ON、PE 接入，过电源切断开关（SA0）后接入漏电保护开关（QF0），再接入各电源回路中，在漏电保护开关后有 7 个小型断路器（QF1、QF2、QF3、QF4、QF5、QF6、QF7）、3 个接触器（KM1、KM2、KM3）、1 个 DC 24V/5A 开关电源、1 个 400W 变压器、1 个 1 000VA 变压器。了解电路中各元件的位置和接线，确保系统各端子正确连接。

2. 拆装后上电

（1）先将电源总开关 SA0 和 QF0 合上，交流 380V 电源接入，电源指示灯点亮，电压表和电流表有显示；变压器得电，插座上有 220V 电压，可供外部通电使用。

（2）将钥匙开关打到 ON，按下启动按钮，电器模块上 KA1 线圈得电，其常开触点闭合；同时 KM1 线圈得电，其常开触点闭合。

（3）将电器模块上的 QF2、QF3、QF4 依次合上，数控系统、伺服驱动器先得电；数控系统得电后，变频器、主轴电动机大约等待 30s，系统自检完毕后得电。

在上电过程中，若发现任何变压器、电动机、断路器等运行异常，应及时断开电源总开关，数控进给出错时及时按下急停按钮，然后排除异常，将急停按钮复位。

四、**技能拓展**

（一）用万用表测量三极管和电容

1. 三极管的测量

用万用表的 $R \times 1k$ 挡，以 NPN 型三极管为例，判断各电极。

（1）判定基极。由 b 到 c、b 到 e 分别是两个 PN 结，它们的正向电阻都很小，如图 1-22（a）、（b）所示；它们的反向电阻都很大，如图 1-22（c）、（d）所示。所以，用万用表测量 NPN 型三极管时满足上述条件的必定是基极。

（2）判定集电极。对 NPN 型三极管集电极接正电压，这时的电流放大倍数 β 才比较大，如果电压极性加反了，β 会很小。测量原理与接法如图 1-23（a）所示。具体方法是基极确定以后，用红、黑两表笔依次放在假定的集电极上，会有如图 1-23（b）、（c）所示两种显示，电阻小的一次（指针摆动较大的一次）黑表笔所接的就是 NPN 型三极管集电极（R_b=100kΩ，如果没有 100kΩ 的电阻，可用潮湿的手指代替 100kΩ 电阻捏住集电极和基极）。

图 1-22　万用表判定三极管基极

2. 用万用表测量电容

（1）测量容量较大（5 000pF 以上）的电容器时，万用表指针将迅速右摆后再逐渐返回左端，指针停止时所指电阻值为此电容的绝缘电阻。绝缘电阻越大越好，一般应接近∞。较小容量（5 000pF 以下）电容测试时表针基本不动。

图 1-23　万用表判定三极管集电极

（2）电解电容器是有极性电容，测试时应用红表笔接电解电容器负极，黑表笔接正极，电容量越大，表针摆动越大，每次测量后应将电容器两端短接，将电容器上所充电荷放掉。测量方法如图 1-24 所示。

图 1-24　万用表测量电容

（二）强电回路故障诊断与维修方法

1. 外观检查

数控机床发生故障后，首先进行外观检查，这是诊断故障最基本的方法。维修人员通过对故障发生时产生的各种光、声、味等异常现象，以及认真检查系统的每一处有无烧毁和损伤痕迹，往往可将故障范围缩小到一个模块，甚至一块印制电路板。主要检查项目：针对性地检查有怀疑部分的元器件，看低压断路器、继电器是否脱扣、继电器是否有跳闸现象，熔丝是否熔断，印制电路板上有无元件破损、断裂、过热，连接导线是否断裂、划伤，插接件是否脱落等；并注意观察故障出现时的噪声、震动、焦煳味、异常发热、冷却风扇是否转动正常等。

【例1-3】 FANUC卧式加工中心Z轴故障。

故障现象： 在运行中Z轴运动偶尔出现报警，经仔细观察Z轴运动实际位置与指令值不一致。

故障分析： 直观发现Z轴编码器外壳被撞变形，所以怀疑该编码器已损坏。

故障处理： 换上一个新的编码器后，故障排除。

利用人的听觉可查寻数控机床因故障而产生的各种异常声响的声源。例如，电气部分常见的异常声响有电源变压器、阻抗变换器与电抗器等因铁芯松动、锈蚀等原因引起的铁片震动的吱吱声；继电器、接触器等磁回路间隙过大，短路环断裂，动静铁芯或衔铁轴线偏差，线圈欠电压运行等原因引起的电磁嗡嗡声或触点接触不好的声响；元器件因过电流或过电压运行异常引起的击穿爆裂声。伺服电动机、气动或液压元器件等发出的异常声响，基本上和机械故障的异常声响相同，主要表现为机械的摩擦声、震动声与撞击声等。

2. 连接电缆、连接线检查

针对故障有关部分，用万用表等维修工具检查各连接线、电缆是否正常。尤其注意检查机械运动部位的接线及电缆，这些部位的接线易因受力、疲劳而断裂；检查接线端子、单元接插件，这些部件容易松动、发热、氧化、电化腐蚀而断线或接触不良。

3. 电源电压检查

电源电压正常是机床控制系统正常工作的必要条件，电源电压不正常，一般会造成故障停机，有时还会造成控制系统动作紊乱。硬件故障出现后，检查电源电压不可忽视！方法是参照附录E电路图，从前向后检查各种电源电压。多数情况下电源故障是由负载引起的，因此更应在仔细检查后继环节后再进行处理。检查电源时，不仅要检查电源自身馈电线路，还应检查由它馈电的无电源部分是否获得了正常的电压；不仅要注意到正常时的供电状态，还要注意到故障发生时电源的瞬时变化。

4. 恶劣环境下电气元件检查

针对故障有关部位，检查在恶劣环境下工作的元器件。这些元器件容易受热、受潮、受震动、粘灰尘或油污而失效或老化。受冷却液及油污染的光栅尺易变脏；直流伺服电动机电枢电刷及换向器、测速发电机电刷及换向器都容易磨损而粘上污物，前者造成转速下降，后者造成转速不稳等。

本任务主要应该识记数控机床电路图，了解电路图中所有电气元件的工作原理和接线方式，根据电路图进行电气柜电气部分的拆装实训，会使用万用表等常用维修工具检测和分析电气故障，知道数控机床的弱电控制强电、强电控制机械运动的原理和过程。

一、简答题

1. 万用表主要用于测量什么，万用表在使用中应注意什么？

2. 怎样用万用表测试电容器，什么样的电容器质量较好？

3. 什么样的二极管质量较好？

4. 万用表电池耗尽，还能工作吗？

5. 交流接触器和中间继电器的区别有哪些？能不能互换？

二、实训题

1. 数控机床常用电气元件变压器、开关电源、变频器、伺服电动机的电压检测并记录。

2. 观察常用电气元件的结构，掌握其工作原理，进行如下实训。

（1）在不通电的情况下，用万用表通断挡检测继电器底座上（1、5）、（1、9）、（4、8）、（4、12）、（13、14）5组触点之间的通断情况，并记录。

（2）用手拨动继电器线圈上的强制开关，重复步骤（1），并记录。

（3）根据记录找出中间继电器的常开、常闭触点。

3. 对应电路图，查找机床电气柜内中间继电器常闭触点及其控制线圈的连接。

4. 对应电路图，查找机床电气柜内交流接触器常闭触点及其控制线圈的连接。

5. 结合附录E数控机床电路图，详细观察和记录数控机床上电的顺序和过程。

任务二

数控机床安装调试与验收

【学习目标】

- 通过对数控机床的安装、调试，认识数控机床的精度要求和工作环境。
- 通过实践精度检测重点掌握数控机床几何精度检测与验收方法。
- 正确应用检具对加工中心各轴进行位置精度检测与单双向螺距补偿。

任务导入

　　以威海天诺数控机械有限公司生产的数控刨台卧式铣镗床 TH6513 为例，该机床能实现任意四轴联动，适合于大中型零件多工作面的铣、钻、镗、攻丝、车螺纹、铣端面、两维和三维曲面等多工序加工。其 X 轴、Y 轴的行程可达 2 000mm 以上，可利用 ML10 激光干涉仪或步矩规对 X 轴进行检测分析。图 2-1 所示为利用步距规进行线性螺距误差检测。图 2-2 所示为利用 ML10 激光干涉仪进行定点补偿检测。根据 GB/T 17421.2—2000《机床检测通则　第 2 部分：数控轴线的定位精度和重复定位精度的确定》，填写机床定位精度、重复定位精度和反向间隙计算表，如表 2-1 所示。

图 2-1　利用步距规进行线性螺距误差检测

图 2-2　利用激光干涉仪进行定点补偿检测

表 2-1　　　　　　　　机床定位精度、重复定位精度和反向间隙计算表

机床型号及名称				测试坐标			轴	检验员			
机床编号				测试温度			℃	检测时间			
目标位置序号 j		1		2		3		4		5	6
目标位置坐标 P_j（mm）											
趋近方向		↑	↓	↑	↓	↑	↓	↑	↓	↑	↓	↑	↓
位置偏差	i=1											
	2											
	3											
	4											
	5											
平均位置偏差 X_j（μm）											
标准偏差 S_j（μm）											
$4S_j$（μm）											
双向重复定位精度 R_i											
X_j+2S_j（μm）											
X_j-2S_j（μm）											
反向值 $B_j=X_j{\uparrow}-X_j{\downarrow}$											

误　差	定位精度 $A=$ max (X_j+2S_j) −min (X_j-S_j) =
	重复定位精度 $R=$ max (R_i) =
	反向值 $B=$ max $($ABS$(B_j))$ =

相关知识

（一）数控机床的安装

1. 数控机床的安装环境

数控机床的安装就是按照机床安装说明书中的技术要求将机床固定在基础上，以获得确定的坐标位置和稳定的运行性能。数控机床的安装质量对其加工精度和使用寿命有着直接影响，机床的安装位置应避开阳光直射或强电、强磁干扰，选择清洁、空气干燥和温差较小的环境。对小型数控机床来说，安装工作相对简单，而大中型数控机床由于运输等多种原因，机床厂家在发货时已将机床解体成几个部分，到用户后要进行重新组装和重新调试，难度比较大，其中数控系统的调试比较复杂。

数控机床安装前应仔细阅读机床安装说明书，按照说明书的机床基础图或《动力机器基础设计规范》做好安装基础。机床安装位置的环境温度范围应在 15℃～25℃ 之内，每天温差不得超过 5℃。当被加工件精度要求低于机床出厂精度时，环境温度范围可放宽至 0℃～35℃。检测环境应符合 GB/T 17421.2—2000 标准的规定，相对湿度小于 75%，空气中粉尘浓度不大于 10mg/m³，不得含酸、盐和腐蚀气体，机床应远离热源和热流。电网供电要满足数控机床正常运行所需总功率的要求，电压波动按我国标准不能超过-15%～+10%，否则易损坏电子元器件。机床安装处应确保有足够的空间以满足装卸的需要，并且能够确保机床的维修区域以及自由搬运机床的通道。

初步确定数控机床的安装位置后，应仔细确定机床的重心和重心位置，与机床连接的电缆、管道的位置及尺寸，地脚螺栓、预埋件的预留位置。中小型机床安装基础处理可按照《工业建筑地面设计规范》执行，重型、精密机床应安装在单独基础上，精密机床还应加防震措施，以保证震动小于 $0.5g$（g 为重力加速度）。

2. 数控机床的吊装

机床就位首先要确定床身位置与机床床身安装孔位置的对应关系。在基础养护期满并完成清理工作后，将调整机床水平用的垫铁、垫板逐一摆放到位，然后吊装机床的基础件（或整机）就位，同时将地脚螺栓放进预留孔内，并通过调整垫铁、地脚螺栓将机床安装在准备好的地基上。机床安装时，先用楔形铁将机床垫起在地基之上，通过楔形铁调节机床水平，然后在地脚预留孔处，进行二次灌浆，固定机床。图 2-3 所示为常见楔形铁调节应用。

机床吊装应使用制造商提供的专用起吊工具，不允许采用其他方法。如不需要专用工具，应采用钢丝绳按照说明书的规定部位吊装。机床吊运时应垂直吊运、摆放，确保平衡，避免受到撞击与震动；在机床吊运所用钢丝绳与零部件之间应放置软质毡垫防止擦伤机床。在任何情况下，机床吊装一定要在专业人员监督指导下进行，以免发生不应有的损失。机床安装后，地基易产生下沉现象。因此，机床验收合格并使用一段时间后，应重新调整机床的安装水平，纵横向水平度误差不超过0.03/1 000mm，并按机床合格证明书的精度项目复检机床的几何精度。

图2-3　楔形铁调节应用

3. 机床部件的组装

机床部件的组装是指将运输时分解的机床部件重新组合成整机的过程。组装前注意做好部件表面的清洁工作，将所有导轨和各滑动面、接触面及定位面上的防锈涂料清洗干净，然后准确可靠地将各部件连接组装成整机。这部分工作由机床生产厂家负责完成。

在完成机床部件的组装之后，根据机床说明书中的电气接线图和气压、液压管路图，将有关电缆和管路按标记一一对号连接。连接时特别要注意可靠地插接和密封连接到位，并防止出现漏油、漏气和漏水问题，特别要避免污染物进入液压、气压管路，以避免造成整个液压、气压系统故障。电缆和管路连接完毕后，做好各管线的固定工作，安装防护罩壳，保证整齐的外观。总之，要力求使机床部件的组装达到定位精度高、连接牢靠、构件布置整齐等良好的安装效果。

4. 数控系统的连接

数控系统的连接包括外部电缆连接、地线连接和电源线连接。

（1）外部电缆的连接。外部电缆连接是指数控装置与外部 MDI/CRT 单元、强电柜、机床操作面板、进给伺服电动机动力线与反馈线、主轴电动机动力线与反馈信号线的连接及与手摇脉冲发生器等的连接。应使这些符合随机提供的连接手册的规定。

（2）地线的连接。地线连接一般采用辐射式接地法，即数控单元中的信号地与强电地、机床地等连接到公共接地点上，公共接地点再与大地相连。数控单元与强电柜之间的接地电缆的截面积一般应大于 5.5mm^2。公共接地点与大地接触要好，接地电阻一般要求小于 4～7Ω。

（3）数控系统电源线的连接。电源线的连接指数控单元电源变压器输入电缆的连接和伺服变压器绕组抽头的连接。应特别注意国外机床生产厂家提供的变压器有多个插头，连接时必须根据我国供电的具体情况正确地连接。应在切断数控柜电源开关的情况下连接数控柜内电源变压器的输入电缆。

（4）输入电源电压、频率及相序的确认。各种数控系统内部都有直流稳压电源，为系统提供所需的+5V、±5V、+24V 等直流电压。因此，在系统通电前，应检查这些电源的负载是否有对地短路现象，可用万用表来确认。

（5）接通数控柜电源，检查各输出电压。在接通电源之前，为了确保安全，可先将电动机动力线断开。接通电源之后，首先检查数控柜中各个风扇是否旋转，就可确认电源是否已接通。

完成上述步骤，可以认为数控系统已经调整完毕，具备了与机床联机通电试车的条件。此时，可切断数控系统的电源，连接电动机的动力线，恢复报警设定。

在完成数控机床的连接之后，进行整机调试之前，应按照要求加装规定的润滑油、液压油、切削液，并接通气源。

（二）数控机床的调试

1. 通电试车

数控机床通电试车调整主要是粗调数控机床的主要几何精度与通电试运转，其目的是检验数控机床的基础及其安装的可靠性；检验数控机床的各机械传动、电气控制、润滑、液压和气动系统是否正常可靠。通电试车前应用干净的棉纱擦除各导轨及滑动面上的防锈油，并涂上润滑油。

数控机床通电试车前应检查以下内容。

（1）检查数控机床与电柜的外观。数控机床与电柜外部是否有明显碰撞痕迹；显示器是否固定如初，有无碰撞；数控机床操作面板是否碰伤；电柜内部各插头是否松脱；紧固螺钉是否松脱；有无悬空未接的线。

（2）粗调数控机床的主要几何精度。

（3）通电调试。

① 检查 380V 主电源进线电压是否符合要求，然后上电。

② 通电检查系统是否正常启动，显示器是否显示正常。将各个轴的伺服电动机不连机械运行，检查其是否运行正常，有无跳动、飞车等异常现象，若无异常，电动机可与机械连接。

③ 检查床身各部分电器开关（包括限位开关、参考点开关、行程开关、无触点开关、油压开关、气压开关、液位开关等）的动作有效性，有无输入信号，输入点是否和原理图一致。

④ 根据丝杠螺距及机械齿轮传动比，设置好相应的轴参数。

松开急停，点动各坐标轴，检查机械运动的方向是否正确，若不正确，应修改轴参数。

以低速点动各坐标轴，使之去压其正、负限位开关，仔细观察是否能压到限位开关，若到位后压不到限位开关，应立即停止点动；若压到，则应观察轴是否立即自动停止移动，屏幕上是否显示正确的报警号，报警号不对应时调换正、负限位的接线。

将工作方式选到"手摇"挡，正向旋转手摇脉冲发生器，观察轴移动方向是否为正向，若不对应，调换 A、B 两相的接线。

将工作方式选到"回零"挡，令所选坐标轴执行回零操作，仔细观察轴是否能压到参考点开关，若到位后压不到开关，立即按下"急停"按钮；若压到，则应观察回零过程是否正确，参考点是否已找到。

找到参考点后再回到手动方式，点动坐标轴去压正、负限位开关，屏幕上显示的正负数值即为此坐标轴的正负行程，以此为基准减微小的裕量，即可作为正负软极限写入轴参数。按上述步骤依次调整各坐标轴。

回参考点后用手动检查正负软限位是否工作正常。

⑤ 用万用表的欧姆挡检查机床的辅助电动机，如冷却、液压、排屑等电动机的三相是否平衡，是否有缺相或短路现象，若正常可逐一控制各辅助电动机运行，确认电动机转向是否正确；若不正确，应调换电动机任意两相的接线。

⑥ 用万用表的欧姆挡检查电磁阀等执行器件的控制线圈是否有断路或短路现象以及控制线是否对地短路，然后依次控制各电磁阀动作，观察电磁阀是否动作正确；若不正确，应检查相应的接线或修改 PLC 程序。启动液压装置，调整压力至正常，依次控制各阀动作，观察数控机床各部分动作是否正确到位，回答信号（通常为开关信号）是否反馈回 PLC。

⑦ 用万用表的欧姆挡检查主轴电动机的三相是否平衡，是否有缺相或短路现象，若正常可控制主轴旋转，检查其转向是否正确。有降压启动的，应检查是否有降压启动过程，星三角切换延时时间是否合适；有主轴调速装置或换挡装置的，应检查速度是否调整有效，各挡速度是否正确。

⑧ 涉及换刀等组合控制的数控机床应进行联调，观察整个控制过程是否正确。

（4）检查有无异常情况。检查数控机床运转时是否有异常声音，主轴是否有跳动、各电动机是否有过热现象。

2. 水平调整

完成数控机床组装之后，需要进行水平调整。一般数控机床的绝对水平度误差控制在 0.04/1 000mm 之内。对于数控车床，除了水平度和不扭曲度需达到要求外，还应进行导轨直线度的调整，确保导轨的直线度为凸的合格水平。对于铣床、加工中心机床，应确保运动水平（工作台导轨不扭曲）也在合格范围内。水平调整合格后，才可以进行机床的试运行。

（三）数控机床的验收

数控机床从订购到正式投入使用，一般要经历机床订购、机床预验收、运抵、最终验收和交付使用等环节。新机床在运输过程中会产生震动和变形，到达用户现场机床精度与出厂精度已产生偏差，在机床安装就位的过程中，以及使用精度检测仪器在相关部件上进行几何精度的调整时也会对数控机床产生一定的影响。因此，必须对机床的几何精度、位置精度及工作精度做全面检验，才能保证机床的工作性能。数控机床的验收主要从以下几个方面来考虑。

1. 开箱检验

开箱检验主要是检查装箱单、合格证、操作维修手册、图样资料、机床参数清单及光盘等资料；对照购置合同及装箱单清点附件、备件、工具的数量、规格及完好状况。验收人员逐项如实填写"设备开箱检验登记卡"并整理归档。

2. 外观检查

检查主机、系统操作面板、机床操作面板、CRT/LCD、位置检测装置、电源、伺服驱动装置等部件是否有破损；检查电缆捆扎处是否有破损，对安装有脉冲编码器的伺服电动机要特别检查电动机外壳的相应部分有无磕碰痕迹。检查各油漆的表面质量，包括油漆有无损伤、油漆色差、流挂及油漆的光泽度等，一般要求反光率不小于72%。启动数控机床，检查其运行的噪声情况，一般不允许超过85dB。数控机床不得有渗油、渗水、漏气现象。检查主轴运行温度稳定后的温升情况，一般其温度最高不超过70℃，温升不超过32℃。

3. 功能检查

数控机床功能检查包括机床性能检查和数控功能检查两个方面。机床性能检查主要是检查主轴系统、进给系统、自动换刀系统以及附属系统的性能；数控功能检查则按照订货合同和说明书的规定，用手动方式或自动方式逐项检查数控系统的主要功能和选择功能。

主轴系统性能检查包括检验主轴动作的灵活性和可靠性；用手动数据输入（MDI）方式使主轴实现从低速到高速旋转的各级转速变换，同时观察机床的震动和主轴的温升；检验主轴准停装置的可靠性和灵活性；对有齿轮挂挡的主轴箱，还应多次检验自动挂挡，其动作应准确可靠。

进给系统性能检查要求分别对各坐标轴进行手动操作，检验正反方向不同进给速度和快速移动的起、停、点动等动作的平衡性和可靠性；用手动数据输入（MDI）方式测定点定位和直线插补下的各种进给速度；用回原点（REF）方式检验各伺服驱动轴的回原点可靠性。

自动换刀系统性能检查主要是检查自动换刀系统的可靠性和灵活性，测定自动交换刀具的时间。除上述的机床性能检查项目外，对润滑装置、安全装置、气液装置和各附属装置也应进行性能检查。

数控功能检查一般应由用户编写一个检验（考机）程序，让机床在空载下自动运行8~16h。检验（考机）程序中要尽可能包括机床应有的全部数控功能、主轴的各种转速、各伺服驱动轴的各种进给速度、换刀装置的每个刀位、台板转换等。对图形显示、自动编程、参数设定、诊断程序、参数编程、通信功能等选择功能则进行专项检查。

4. 精度验收

数控机床的几何精度综合反映了机床各关键部件精度及其装配质量与精度，是数控机床验收的主要依据之一。数控机床的几何精度检查与普通机床基本类似，使用的检测工具和方法也很相似，只是检验要求更高，主要依据与标准是厂家提供的合格证上的各项技术指标。常用的检测工具有平尺、带锥柄的检验棒、顶尖、角尺、精密水平仪、百分表、千分表、杠杆表、磁力表座等。对于其位置精度的检测，主要用的是激光干涉仪及量块；对于其加工精度的检测，主要用的是千分尺及三坐标测量仪等。测试数控机床运行时的噪声可以用噪声仪，测试数控机床的温升可以用点温计或红外热像仪，测试数控机床的外观主要用光电光泽度仪等。

（四）几何精度的检测与验收

数控机床种类繁多，对每一类数控机床都有其精度标准，应按照其精度标准检测验收。现以常用的数控车床、数控铣床为例，说明其几何精度的检测方法。

1. 数控车床几何精度的检测

根据 GB/T 16462.1—2007 数控车床的加工特点及使用范围，要求其加工的零件外圆圆度和圆柱度、加工平面的平面度在要求的公差范围内；对位置精度也要求达到一定的精度等级，以保证被加工零件的尺寸精度和形位公差。因此，数控车床的每个部件均有相应的精度要求，根据 GB/T 16462.1—2007《数控车床和车削中心检验条件 第 1 部分：卧式机床几何精度检验》规定，机床按主参数可分为 3 个尺寸范围，如表 2-2 所示，部分检验项目和标准如表 2-3 所示。

表 2-2　　　　　　　　　　　　　　机床的尺寸范围　　　　　　　　　　　　　单位：mm

主参数	范围 1	范围 2	范围 3
床身上最大回转直径	$D \leqslant 250$	$250 < D \leqslant 500$	$500 < D \leqslant 1000$
公称棒料直径	$D' \leqslant 25$	$25 < D' \leqslant 63$	$D' > 63$
公称卡盘直径	$D \leqslant 125$	$125 < D \leqslant 250$	$D > 250$

2. 加工中心或数控铣床几何精度的检测

检验依据：JB/T 8771.2—1998，针对立式加工中心的几何精度均围绕着"垂直"和"平行"展开，其精度要求如表 2-4 所示。

3. 工作精度的验收

机床质量的好与坏，其最终的考核标准还是要看该机床加工零件的质量如何，一般来讲，对于机床一般项精度与标准存在一定范围的偏差时，以该机床的加工精度为准。一般是对一个综合试件的加工质量进行评价，具体要求如表 2-3、表 2-4 所示。

表 2-3

数控车床几何精度检验项目及方法

序号	简图	检验项目	检验工具	公差范围（mm）		检验方法
G1		主轴端部： （a）定心轴径的径向跳动； （b）周期性轴向窜动 （c）主轴端面跳动	指示器 带钢球检验棒	范围1	（a）0.005 （b）0.005 （c）0.008	轴向力F的大小由供货商（或制造厂）规定，如果使用预加载荷轴承，则不必对主轴施加力。 （a）当表面为圆锥面时，指示器的测头应垂直于圆锥表面。 （b）和（c）主轴均应检验并应在最大直径上检测
				范围2	（a）0.008 （b）0.005 （c）0.010	
				范围3	0.012 0.005 0.015	
G2		主轴孔的径向跳动： （1）测头直接触及 （a）前定锥孔面； （b）后定位面。 （2）使用检验棒检验 （a）靠近主轴端面 （b）距主轴端面300mm处	指示器 检验棒	（1）	（a）和（b）为0.008	对于（2）项检验应在ZX和YZ平面内进行。检验时将主轴缓慢旋转，在每个检验位置至少转动两转进行检验。 拔出检验棒，使其相对主轴旋转90°重新插入，偏差以少重复检验4次，测量结果的平均值计。 测量时，应减少切向力对测头的影响。 每个主轴箱主轴均应检验
				（2）	在300mm测量长度上或全行程上	
				范围1	（a）0.010 （b）0.015	
				范围2	（a）0.015 （b）0.020	
				范围3	（a）0.020 （b）0.025	

续表

序号	简图	检验项目	检验工具	公差范围（mm）	检验方法
G3		Z轴运动（床鞍运动）对主轴轴线的平行度：（a）在 ZX 平面内；（b）在 YZ 平面内	指示器 带钢球检验棒	在300测量长度上或全行程上 范围1 （a）0.010 （b）0.015 范围2 （a）0.015 （b）0.020 范围3 （a）0.020 （b）0.025	旋转主轴至径向跳动的平均位置，然后在 Z 轴方向上移动床鞍检验，偏差以指示器读数的最大差值计。每个主轴均应检验。
G4		主轴（C轴）轴线对：（a）X 轴线在 ZX 平面内运动的垂直度；（b）Y 轴线在 YZ 平面内运动的垂直度（当有 Y 轴时）	指示器 花盘 平尺	在300测量长度上或全行程上（300时）$\alpha \geqslant 90^\circ$ 范围1 （a）0.015 （b）0.020 范围2 （a）0.015 （b）0.020 范围3 （a）0.025 （b）0.020	将指示器固定在刀架上，并靠近刀具位置。将平尺固定在花盘上，花盘安装在主轴上。旋转主轴，使平尺（C轴）旋转平面平行近似与 X(Y) 轴线平行。应在 X(Y) 轴线运动的若干位置上进行测量，然后将主轴回转 180° 进行第二次测量。偏差以两次测量读数平均值的最大差值计。（a）项检验产生的平面只许凹。每个主轴箱主轴均应检验。

续表

序号	简图	检验项目	检验工具	公差范围（mm）		检验方法
G10		尾座 R 轴运动对床鞍 Z 轴运动的平行度： （a）在 ZX 平面内； （b）在 YZ 平面内	指示器	Z≤1000	（a）0.020 （b）0.030	将指示器触头固定在刀架上，使其测头触及尾座套筒，同时移动床鞍 Z 轴和尾座 R 轴并记录指示器的读数。应在任意两个运动距离位置上进行检验。最小与最大读数差即为平行度偏差。如果机床采用手动操作尾座，在测量记录前应将尾座套筒锁紧，并确保保在尾座套筒的相同点上测取读数
				1000<Z≤2000	（a）0.030 （b）0.050	
G11		尾座套筒运动对床鞍 Z 轴运动的平行度： （a）在 ZX 平面上； （b）在 YZ 平面上	指示器	在 L 长度上测量 L=50	（a）0.010 （b）0.015	尾座套筒处于退回状态下并锁紧，将指示器固定在刀架上并使其测头触及尾座套筒，记录读数。套筒全部伸出并移动床鞍使指示器的测头及移动测量位置上，记录指示器的读数。先前测量位置上的读数。指示器的最大与最小读数偏差即为平行度偏差
				L=100	（a）0.015 （b）0.020	
				L=150	（a）0.020 （b）0.025	

续表

序号	简图	检验项目	检验工具	公差范围（mm）	检验方法
G12		尾座套筒锥孔轴线对床鞍Z轴运动的平行度： (a 在ZX平面内； (b 在YZ平面内。 此项检验仅适用于手动移动套筒的尾座	指示器 检验棒	在300mm测量长度上或全行程上 范围1　(a)=(b)　0.010 范围2　(a)=(b)　0.020 范围3　(a)=(b)　0.025	将尾座套筒处于退回位置，将检验样插入套筒内，将指示器固定在刀架上，指示器测头及靠近尾座端部位置的检验棒的指示读数，记录读数。按测量长度移动床鞍，并记录读数。检验样旋转180°，重复上述检验。两次测量读数的代数和之半为平行度偏差
G13	 L=75%DC，DC为两顶尖之间的距离	Z轴运动对车削的平行轴线的平行度： (a 在ZX平面内； (b 在YZ平面内。 注：车削轴线即为两顶尖尖之间轴线	指示器 检验棒	在DC长度上测量 DC≤500mm (a) 0.010 (b) 0.020 500mm<DC≤1000mm (a) 0.015 (b) 0.030	在刀架上固定指示器，使其测头分别在ZX和YZ平面内触及检验棒。沿着检验棒在若干个位置上测量，最大读数差即为平行度偏差。对于A型机床，当DC大于1000mm时，在1000mm内检验
G15		刀架刀具安装孔轴线对Z轴运动的平行度： (a 在ZX平面内； (b 在YZ平面内。 此项检验适用于工具安装孔轴线与Z轴运动轴线平行的刀架	指示器 检验棒	L=100 (a) 0.030 (b) 0.030	将检验棒固定在刀架（或刀夹）工具安装孔内，固定指示器使其测头触及检验棒在ZX,YZ平面内分别应检验。每个工位均应检验。刀架应处在前部位置或尽可能地接近主轴

续表

序号	简图	检验项目	检验工具	公差范围（mm）	检验方法
G22	(1)　(a)　(b)　Z　L (2)　(a)　(b)　X　Z X	刀架转位的重复定位精度： （a）在 YZ 平面内， （b）在 ZX 平面内	指示器 检验棒	范围 1　$L=50$　（a）0.005　（b）0.005 范围 2　$L=100$　（a）0.010　（b）0.010 范围 3　$L=100$　（a）0.015　（b）0.015	刀架位于行程的中间位置。在距刀架端面或刀具安装面 L 处，固定指示器使其测头在 0° 和 90° 触及检验棒，记录及检验棒轴线位置和指示器的读数。 沿与检验棒轴线平行方向移开刀架，指示器读数清零，将刀架转位 360°，在自动循环状态下，将刀架移动到所记录的位置，重新记录指示器的读数。 重复 3 次检验，每次开始检验时都应将指示器读数清零。偏差以 3 次测量结果中的最大值计
P1	a　b　b　b　L　L/2　$b_{\min}=10$	精车圆柱试件的圆度（靠近主轴轴端的检验试件的半径变化） 切削加工直径一致性（检验零件的每一个环带直径之间的变化）	圆度仪或千分尺	0.005 在 300mm 长度上为 0.03	精车试件（试件材料为 45 钢，正火处理；刀具材料为 YT30）外圆 D，用千分尺测量靠近主轴轴端的检验试件的半径变化，取半径变化最大值近似作为圆度误差。 用千分尺测量每一个环带直径之间的变化，取最大差值作为该项误差

续表

续表

序号	简图	检验项目	检验工具	公差范围（mm）	检验方法
P2		精车端面的平面度	平尺和量块（或指示器）	$\phi300$mm 上为 0.025，只允许凹	精车试件（试件材料为 HT150,180～200HB，外形如图所示；刀具材料为YG8）端面，使刀尖回到车削起点位置，把指示器安装在刀架上，指示器测头在水平平面内垂直触及圆盘直径方向，沿负 X 轴向移动刀架，记录减起点时读数及指示器的读数减起点时读数减除以 2 即为精车端面的平面度误差；如数值为正，则平面是凹的
P3		螺纹、螺距精度	丝杠螺距测量仪或工具显微镜	任意 50mm 测量长度上为 0.025	可取外径为 50mm，长度为 75mm，螺距为 3mm 的丝杠作为试件进行检测（加工完成后的试件应充分冷却）
P4		精车圆柱形零件的直径尺寸精度（直径尺寸差） 精车圆柱形零件的长度尺寸精度	千分尺、杠杆卡规和测高仪（或其他测量仪）	±0.025 ±0.035	用程序控制加工圆柱形零件（零件轮廓用一把刀精车而成），测量其实际轮廓与理论轮廓的偏差

表 2-4　加工中心或数控铣床几何精度检验项目及方法

序号	简图	检验项目	公差（mm）	检验工具	检验方法
G1	(a) (b)	X轴线运动的直线度： (a) 在 ZX 垂直平面内； (b) 在 XY 水平面内	(a) 和 (b) $X \leqslant 500$：0.010 $500 < X \leqslant 800$：0.015 $800 < X \leqslant 1250$：0.020 $1250 < X \leqslant 2000$：0.025 局部公差：在任意 300 测量长度上为 0.007	(a) 平尺和指示器 或光学仪器； (b) 平尺或钢丝和指示器微显镜或光学仪器	参照 GB/T 17421.1 的有关条文 5.2.3.2.1、5.2.1.1、5.2.3、5.2.3.1.2、和 5.2.3.3.1 对所有结构形式的机床，平尺和钢丝或反射器都应置于工作台上。如主轴能紧锁，则指示器或显微镜或千涉仪可装在主轴上，否则检验工具应装在机床的主轴箱上。 测量位置应尽量靠近工作台中央。 偏差以测量读数平均值的最大差值计
G2	(a) (b)	Y轴线运动的直线度： (a) 在 YZ 垂直平面内； (b) 在 XY 水平面内	(a) 和 (b) $X \leqslant 500$：0.010 $500 < X \leqslant 800$：0.015 $800 < X \leqslant 1250$：0.020 $1250 < X \leqslant 2000$：0.025 局部公差：在任意 300 测量长度上为 0.007	(a) 平尺和指示器或光学仪器； (b) 平尺或钢丝和指示器微显镜或光学仪器	对所有结构形式的机床，平尺和钢丝或反射器都应置于工作台上。如主轴能紧锁，则指示器或显微镜或千涉仪可装在主轴上，否则检验工具应装在机床的主轴箱上。 测量位置应尽量靠近工作台中央。 偏差以测量读数平均值的最大差值计

续表

序号	简图	检验项目	公差（mm）	检验工具	检验方法 参照 GB/T 17421.1 的有关条文
G3	(a) Z X Z' X' (b) Z Y X Z Y	Z 轴轴线运动的直线度： （a）在平行于 X 轴轴线的 ZX 垂直平面内 （b）在平行于 Y 轴轴线的 YZ 垂直平面内	（a）和（b） $X\leqslant500$：0.010 $500<X\leqslant800$：0.015 $800<X\leqslant1250$：0.020 $1250<X\leqslant2000$：0.025 局部公差：在任意 300 测量长度上为 0.007	（a）和（b） 精密水平仪或角尺或钢丝和指示器或显微镜和光学仪器	对所有结构形式的机床，平尺和钢丝或反射器都应置于工作台上。如主轴能锁紧，则指示器或显微镜或涉干涉仪可装在主轴上，否则检验工具应装在机床的主轴箱上。 偏差以测量读数平均值的最大差值计
G7/G8	Z O X X O Z	Z 轴轴线运动和 X 轴（Y 轴）轴线运动的垂直度	0.020/500	平尺或平板或方尺 角尺和指示器	（a）平尺或平板应平行 X 轴（Y 轴）轴线放置； （b）应通过直立平尺或平板上的角尺检验 Z 轴轴线。如主轴能锁紧，则指示器或涉干涉仪可装在主轴上，否则指示器或显微镜应装在机床的主轴箱上。 为了参考和修正方便，应记录 α 值是小于，等于还是大于 90°。 偏差以测量读数平均值的最大差值计

续表

序号	简图	检验项目	公差（mm）	检验工具	检验方法 参照 GB/T 17421.1 的有关条文
G9		Y 轴轴线运动和 X 轴轴线运动间的垂直度	0.020/500	平尺角尺和指示器	（a）平尺或平板应平行 Y 轴线放置； （b）应通过直立在平尺或平板上的角尺检验 X 轴轴线。 偏差以测量读数平均值的最大差值计
G0		机床调平	0.06/1000	精密水平仪	将工作台置于导轨行程中间位置，将两个水平仪分别沿 X 和 Y 坐标轴置于工作台中央，调整机床垫铁高度，使水平仪水泡处于读数中间位置；分别沿 Y 和 X 坐标轴全行程移动工作台，观察水平仪读数的变化，使工作台沿 Y 和 X 坐标轴全行程移动时水平仪读数的变化范围小于 2 格，且读数处于读数中间位置即可
G10		工作台面的平面度	0.08/全长	指示器，合象水平仪，平尺，可调量块、等高量块等	三点法是用被测实测表面上相距最远的三点所决定的理想平面作为评定基准面，实测时先将被测实测平面上相距最远的三点调整到与标准平板上相对角线实测时先将实测平面上的 4 个角点按对角线进行测量，然后用合象水平仪调整到两两等高，在整个实际表面上测得的最大变动量即为该实际表面的平面度误差

续表

序号	简图	检验项目	公差（mm）	检验工具	检验方法
G11		靠近主轴端部主轴锥孔轴线的径向跳动	0.01	检验棒 指示器	参照 GB/T 17421.1 的有关条文 如图所示，将检验棒插在主轴锥孔内，指示器安装在机床固定部件上，指示器测头垂直被测测量表面，旋转主轴，在 a、b 处分别测量。标记检验棒与主轴的圆周同方向的相对位置，取下检验棒，同向分别旋转检验棒 90°、180°、270° 后重新插入主轴锥孔，在每个位置分别检测。取 4 次旋转检验棒为主轴锥孔轴线的径向跳动的最大误差。注：每点应至少旋转两整圈进行检验
		距主轴端部 $L(L=100)$ 处主轴锥孔轴线的径向跳动	0.02		
G12		主轴轴线和 Z 轴轴线运动间的平行度：(a) 在平行于 Y 轴轴线的 YZ 垂直平面内；(b) 在平行于 X 轴轴线的 ZX 垂直平面内	(a) 和 (b) 在 300 测量长度上为 0.015	检验棒 指示器	X 轴（Y 轴）轴线置于行程的中间位置。将检验棒插在主轴锥孔内，指示器安装在机床工作台上，指示器测头垂直被测测量表面，移动 Z 轴，记录指示器的最大读数差值，在图 (a)、图 (b) 平面内分别测量。测量时，图 (a) 如果可能，Y 轴轴线锁紧；图 (b) 如果可能，X 轴轴线锁紧。取下检验棒，同向分别旋转检验棒 90°、180°、270° 后重新插入主轴锥孔，在每个位置分别检测。偏差以测量读数平均值的最大差值计

续表

序号	简图	检验项目	公差（mm）	检验工具	检验方法
G13		（a）主轴轴线和 X 轴轴线运动间的垂直度	0.015/300	平尺、专用支架和指示器	参照 GB/T 17421.1 的有关条文。将指示器装在与代表旋转轴线的平尺相配合的一个角形表杆上，并使它和平尺两点接触。读数的变化与平尺两针点距离有关。图（a）如果可能，Y 轴轴线锁紧，Z 轴轴线锁紧。平尺应平行于 X 轴轴线放置。图（b）如果可能，Z 轴轴线锁紧。平尺应平行于 Y 轴轴线放置。偏差以测量读数平均值的最大差值计
		（b）主轴轴线和 Y 轴轴线运动间的垂直度	0.015/300		
G14		（a）工作台面和 X 轴轴线运动间的平行度	$Y \leqslant 500$：0.020 $500 < Y \leqslant 800$：0.025 $800 < Y \leqslant 1250$：0.030 $1250 < Y \leqslant 2000$：0.040	平尺或平板角尺和指示器	如果可能，Z 轴轴线锁紧。指示器测头靠近地置于工作位置，可在平行于工作台面放置的平尺上进行测量。如主轴能锁紧，则指示器应装在主轴上，否则指示器应装在机床的主轴箱上。回转工作台应在互成 90° 的 4 个回转位置处测量。偏差以测量读数平均值的最大差值计
		（b）工作台面和 Y 轴轴线运动间的平行度			

续表

序号	简图	检验项目	公差（mm）	检验工具	检验方法
G15		工作台面和Z轴轴线运动间的平行度： （a）在平行于X轴轴线的ZX垂直平面内 （b 准平行于Y轴的YZ垂直平面内	（a）和（b）在500测量长度上为0.025	指示器，平尺和标准角尺（如果需要）	参照GB/T 17421.1的有关条文 （a）如果可能，X轴轴线锁紧； （b）如果可能，Y轴轴线锁紧。 角尺或圆柱形角尺应装于工作台中央。 如主轴能锁紧，则指示器可装在主轴上，否则指示器应装在机床的主轴箱上。 回转工作台应在成互成90°的4个回转位置处测量。 偏差以测量读数平均值的最大差值计
G16		（a）工作台纵向中央基准T形槽和X轴轴线运动间的平行度 （b）工作台纵向定位孔中心线（如果存在）和X轴轴线运动间的平行度 （c）工作台侧面定向器和X轴轴线运动间的平行度	（a）、（b）和（c）在500测量长度上为0.025	平尺或平板角尺和指示器	指示器固定在主轴箱上，使指示器测头接触基准及基准（T形槽），指示器读数，其读数最大差值即为工作台沿X坐标轴方向移动对工作台面基准（T形槽）的平行度误差。 偏差以测量读数平均值的最大差值计

任务实施

（一）定位精度和重复定位精度检测

定位精度和重复定位精度综合反映了数控机床各轴运动部件的综合精度。定位精度是指数控机床各移动轴在确定的终点所能达到的实际位置精度，其误差称为定位误差。它将直接影响零件加工的精度。重复定位精度是指在数控机床上，反复运行同一程序代码，所得到的位置精度的一致程度。重复定位精度受伺服系统特性、进给传动环节的间隙与刚性以及摩擦特性等因素的影响。一般情况下，重复定位精度是呈正态分布的偶然性误差，它影响一批零件加工的一致性，是一项非常重要的精度指标。

1. 定位精度和重复定位精度的评定方法

数控机床精度检验的标准主要是 GB/T 17421.2—2000《机床检验通则——第 2 部分：数控轴线定位精度和重复定位精度的确定》，它提出了定位精度和重复定位精度的检测评定方法，具体如下。

（1）目标位置 P_i：运动部件编程要达到的位置，下标 i 表示沿轴线选择的目标位置中的特定位置。

（2）实际位置 P_{ij}（$i=0\sim m$，$j=1\sim n$）：运动部件第 j 次向第 i 个目标位置趋近时的实际测得的到达位置。

（3）位置偏差 X_{ij}：运动部件到达的实际位置减去目标位置之差，$X_{ij} = P_{ij} - P_i$。

（4）单向趋近：运动部件以相同的方向沿轴线（指直线运动）或绕轴线（指旋转运动）趋近某目标位置的一系列测量。符号↑表示从正向趋近所得参数，符号↓表示从负向趋近所得参数，如 X_{ij}↑或 X_{ij}↓。

（5）双向趋近：运动部件从两个方向沿轴线或绕轴线趋近某目标位置的一系列测量。

（6）某一位置的单向平均位置偏差 X_i↑或 $\overline{X}_i$↓：运动部件由 n 次单向趋近某一位置 P_i 所得的位置偏差的算术平均值，即 $\overline{X}_i\uparrow = \dfrac{1}{n}\sum\limits_{j=1}^{n} X_{ij}\uparrow$ 或 $\overline{X}_i\downarrow = \dfrac{1}{n}\sum\limits_{j=1}^{n} X_{ij}\downarrow$。

（7）某一位置的双向平均位置偏差 $\overline{X}_i$：运动部件从两个方向趋近某一位置 P_i 所得的单向平均位置偏差 $\overline{X}_i$↑和 $\overline{X}_i$↓的算术平均值，即 $\overline{X}_i = (\overline{X}_i\uparrow + \overline{X}_i\downarrow)/2$。

（8）某一位置的反向差值 B_i：运动部件从两个方向趋近某一位置时两单向平均位置偏差之差，即 $B_i = \overline{X}_i\uparrow - \overline{X}_i\downarrow$。

（9）轴线反向差值 B 和轴线平均反向差值 $\overline{B}$：运动部件沿轴线或绕轴线的各目标位置的反向差值的绝对值 $|B_i|$ 中的最大值即为轴线反向差值 B，沿轴线或绕轴线的各目标位置的反向差值 B_i 的算术平均值即为轴线平均反向差值 $\overline{B}$，即 $B = \max[|B_i|]$，$\overline{B} = \dfrac{1}{m}\sum\limits_{i=1}^{m} B_i$。

（10）在某一位置的单向定位标准不确定度的估算值 $S_i\uparrow$ 或 $S_i\downarrow$：通过对某一位置 P_i 的 n 次单向趋近所获得的位置偏差标准不确定度的估算值，即 $S_i\uparrow=\sqrt{\dfrac{1}{n-1}\sum\limits_{j=1}^{n}(X_{ij}\uparrow-X_i\uparrow)^2}$ ， $S_i\downarrow=$ $\sqrt{\dfrac{1}{n-1}\sum\limits_{j=1}^{n}(X_{ij}\downarrow-X_i\downarrow)^2}$ 。

（11）在某一位置的单向重复定位精度 $R_i\uparrow$ 或 $R_i\downarrow$ 及双向重复定位精度 R_i： $R_i\uparrow=4S_i\uparrow$ ， $R_i\downarrow=4S_i\downarrow$ ， $R_i=\max[2S_i\uparrow+2S_i\downarrow+|B_i|;~R_i\uparrow;~R_i\downarrow]$ 。

（12）轴线双向重复定位精度 R： $R=\max[R_i]$ 。

（13）轴线双向定位精度 A：由双向定位系统偏差和双向定位标准不确定度估算值的两倍的组合来确定的范围，即： $A=\max(\overline{X}_i\uparrow+2S_i\uparrow;~\overline{X}_i\downarrow+2S_i\downarrow)-\min(\overline{X}_i\uparrow-2S_i\uparrow;~\overline{X}_i\downarrow-2S_i\downarrow)$ 。

2. 定位精度测量工具和方法

定位精度和重复定位精度的测量仪器有激光干涉仪、线纹尺、步距规。目前多采用双频激光干涉仪对机床进行检测和处理分析，它利用激光干涉测量原理，以激光实时波长为测量基准，所以提高了测试精度及增强了适用范围；还可采用步距规测量定位精度，因其操作简单而在批量生产中也被广泛应用。无论采用哪种测量仪器，其在全行程上的测量点数不应少于 5 点，测量间距为

$$P_i=i\times P+k$$

式中： P 为平均测量间距； k 在各目标位置取不同的值，以获得全测量行程上各目标位置的不均匀间隔，保证周期误差被充分采样。

（1）步距规测量。步距规结构如图 2-4 所示。图中尺寸 P_1， P_2，…， P_i 按 100mm 间距设计，加工后测量出 P_1， P_2，…， P_i 的实际尺寸作为定位精度检测时的目标位置坐标（测量基准）。以数控铣床 X 轴定位精度测量为例，测量时，将步距规置于工作台上，并将步距规轴线与 X 轴轴线校平行，令 X 轴回零；将杠杆千分表固定在主轴箱上（不移动），表头接触到 P_0 点，表针置零；用程序控制工作台按标准循环图（如图 2-5 所示）移动，移动距离依次为 P_1， P_2，…， P_i，表头则依次接触到 P_1， P_2，…， P_i 各点，表盘在各点的读数则为该位置的单向位置偏差，按标准循环图测量 5 次，将各点读数（单向位置偏差）记录在记录表中。按本节叙述的方法对数据进行处理，可确定该坐标的定位精度和重复定位精度。

（2）激光干涉仪检测。目前大多数数控机床螺距误差精度的检测都采用雷尼绍 ML10 激光干涉仪，利用它自动测量机床的误差，再通过 RS-232 接口，利用软件自动对误差补偿表进行补偿。该方法比用步距规或光栅尺进行补偿的方法节省了大量时间和人力，并且避免了手工计算和手动数据输入而引起的随机误差，同时最大限度地增设补偿点数，使机床达到最佳补偿精度。其工作原理和光路如图 2-6 所示。

检测时，首先将反射镜置于机床不动的某个位置，让激光束经过反射镜形成一束反射光；其次将干涉镜置于激光器与反射镜之间，并置于机床的运动部件上形成另一束反射光，两束光同时进入激光器的回光孔产生干涉；然后根据定义的目标位置编制循环移动程序，记录各个位

置的测量值（机器自动记录）；最后进行数据处理与分析，计算出机床的位置精度。检测安装如图 2-7 所示。

图 2-4 步距规结构图　　　　　　　　图 2-5 标准检验循环图

图 2-6 ML 10 激光干涉仪工作原理和光路示意图

图 2-7 激光干涉仪检测安装图

（二）反向间隙检测

1. 反向间隙的产生及影响

数控机床各坐标轴进给传动链上驱动部件(如伺服电动机、伺服液压马达和步进电动机等)的反向死区、各机械运动传动副的反向间隙等会造成各坐标轴在由正向运动转为反向运动时形成反向间隙，通常也称反向间隙或失动量。对于采用半闭环伺服系统的数控机床，反向间隙的存在会影响到机床的定位精度和重复定位精度，从而影响产品的加工精度。如在 G01 切削运动时，反向间隙会影响插补运动的精度，若间隙过大就会造成"圆不够圆，方不够方"的情形；而在 G00 快速定位运动中，反向间隙会影响机床的定位精度，使得钻孔、镗孔等孔加工时各孔间的位置精度降低。同时，随着设备投入运行时间的增长，反向间隙还会随因磨损造成运动副间隙的逐渐增大而增加，因此需要定期对机床各坐标轴的反向间隙进行测定和补偿。

2. 反向间隙的检测

这里只介绍一种简单反向间隙检测方法。如图 2-8 所示，在所测量坐标轴的行程内：①预先向正向或反向移动一个距离（100mm）并以此停止位置为基准，将千分表清零；②再在同一方向给予一定移动指令值，使之移动一段距离（100mm）；③然后再往相反方向移动相同的距离,测量停止位置与基准位置之差，在靠近行程的中点及两端的 3 个位置分别进行多次（一般为 7 次）测定，求出各个位置上的平均值，以所得平均值中的最大值为反向间隙测量值。在测量时一定要先移动一段距离，否则不能得到正确的反向间隙值。

图 2-8　数控机床进给轴反向间隙检测示意图

测量直线运动轴的反向间隙时，测量工具通常采用千分表或百分表，若条件允许,可使用双频激光干涉仪进行测量。当采用千分表或百分表进行测量时，需要注意的是表座和表杆不要延伸太长，否则表座易受力移动，造成计数不准。若采用编程法实现测量，则能使测量过程变得更便捷、更精确。

在工作台不同的运行速度下所测出的结果会有所不同。一般情况下，低速的测出值要比高速的大，特别是在机床轴负荷和运动阻力较大时。

回转运动轴反向间隙的测量方法与直线轴相同，只是用于检测的仪器不同而已。

3. 反向间隙的补偿

通常数控装置内存中设有若干个地址，专供存储各轴的反向间隙值。当机床的某个轴被指令改变运动方向时，数控装置会自动读取该轴的反向间隙值，对坐标位移指令值进行补偿、修正，使机床准确地定位在指令位置上，消除或减小反向间隙对机床精度的不利影响。

对于 FANUC 0i、FANUC 18i 等数控系统，有用于快速运动（G00）和低速切削进给运动（G01）的两种反向间隙补偿可供选择。根据进给方式的不同，数控系统自动选择使用不同的补偿值，完成较高精度的加工。

将 G01 切削进给运动测得的反向间隙值输入参数 NO11851（G01 的测试速度可根据常用的切削进给速度及机床特性来决定），将 G00 测得的反向间隙值输入参数 NO11852。需要注意的是，若要数控系统执行分别指定的反向间隙补偿，应将参数号码 1800 的第四位（RBK）设定为 1；若 RBK 设定为 0，则不执行分别指定的反向间隙补偿。G02、G03、JOG 与 G01 使用相同的补偿值。

四、技能拓展

（一）螺距误差的检测与分析

1. 螺距误差补偿与检测原理

在半闭环数控系统中，重复定位精度和定位精度很大程度上取决于数控机床的滚珠丝杠精度，由于滚珠丝杠存在制造误差和长期加工使用带来的磨损，其精度必然下降，故所有的数控机床都为用户提供了螺距误差补偿功能。螺距误差补偿是将指定的数控机床各轴进给指令位置与高精度位置测量系统所测得的实际位置相比较，计算出在数控机床各轴全行程上的误差偏移值，再将误差偏移值补偿到数控系统中，则数控机床各轴在运动时控制刀具和工件向误差的逆方向产生相对运动，自动考虑到误差偏移值并加以补偿，提高机床的加工精度。

2. 螺距误差补偿

在大多数数控系统中螺距误差补偿只是对机床的线性补偿段起作用，只要在数控系统允许的范围内补偿就会起到补偿作用，每轴的螺距误差可以用最小移动单位的倍数进行补偿，一般以机床参考点作为补偿原点，在移动轴设定的各补偿间隔上，把应补偿的值作为固定参数设定。图 2-9 所示为利用步距规采用线性补偿法进行螺距误差补偿检测。

图 2-9 利用步距规采用线性补偿法进行
螺距误差补偿检测

但一般情况下丝杠的使用是不均匀的，经常使用的地方必然就要磨损得多，用线性补偿只是进行统一均匀线性补偿，不能照顾到特殊的点，不能做到点补偿的优势。而采用点补偿正好能满足这一点，螺距补偿才会没有误差。为了减少点补偿的误差，应该尽量选取较小的螺距补偿点间距。点补偿的优点是能针对不同点的不同误差值进行补偿，解决了不同点不同螺距误差的补偿问题，补偿的精度高；缺点是测量误差时比较麻烦，需用专业的测量仪器跟踪各点测量。图 2-10 所示为利用激光干涉仪采用定点补偿法进行螺距误差补偿检测。

图 2-10 利用激光干涉仪采用定点补偿法
进行螺距误差补偿检测

（二）螺距误差补偿的测定和计算

1. 操作和测量方法

现利用 ML10 激光干涉仪对本任务开头任务进行检测分析。其线性误差偏移曲线和测量误差点如图 2-11 所示。根据 GB/T 17421.2—2000《机床检测通则　第 2 部分：数控轴线的定位精度和重复定位精度的确定》，最为理想的检测环境是气温处于 20℃，避免气流和外部辐射。机床的调平、几何精度都要符合要求，并且要充分运转。操作时进给速度要保持一致，到达目标点时停留几秒，以便记录实际位置。由于该加工中心 X 轴行程为 2m，要求全程激光测量，根据 GB/T 17421.2—2000 规定，至少每米选择 5 个目标位置点，尽可能充分采点。因此，该 X 轴目标位置选择了 i=20 个点，平均间隔长度 P=100mm。校激光时由于工作台较大，不可能在全程范围内进给，可以采用 2m 的压板或水平钢板尺固定在工作台上代替测量。正向趋近↑和反向趋近↓分别测量 j=5 次。

图 2-11　重复定位精度和定位精度检测曲线图

2. 数值计算和分析

根据 5 次测量的位置偏差值 X_{ij} 计算出正负方向上的平均偏差 $\overline{X_i}$，继而求出每个目标点的反向差值 B_i，$B_i = \overline{X_i}\downarrow - \overline{X_i}\uparrow$；该机床在目标点为 9 时轴线反向差值 $B = \max(B_i) = 10.4$。在某一位置 P_i 的单向定位标准不确定度的估算值即标准偏差 $S_i\uparrow = \sqrt{\dfrac{1}{n-1}\sum_{i=1}^{n}(X_{ij}\uparrow - \overline{X_i}\uparrow)^2}$，同理，$S_i\downarrow = \sqrt{\dfrac{1}{n-1}\sum_{i=1}^{n}(X_{ij}\downarrow - \overline{X_i}\downarrow)^2}$；再根据标准偏差计算出某一位置的单向重复定位精度 R_i，即 $R_i\uparrow = 4S_i\uparrow$，$R_i\downarrow = 4S_i\downarrow$，继而求得轴线单向重复定位精度 $R\uparrow$ 和 $R\downarrow$：$R\uparrow = \max(R_i\uparrow) = 8$，$R\downarrow = \max(R_i\downarrow) = 7.268$；然后根据公式 $R_i = \max(2S_i\uparrow + 2S_i\downarrow + |B_i|)$ 求得某一位置的双向重复定位精度，继而求出轴线双向重复定位精度 $R = \max(R_i) = 13.422$；最后，求出轴线向定位精度 $A\uparrow$ 和 $A\downarrow$ 以及全程轴线的双向定位精度 A：$A\uparrow = \max(\overline{X_i}\uparrow + 2S_i\uparrow) - \min(\overline{X_i}\uparrow - 2S_i\uparrow) = 6.684 - (-3.390) = 10.074$，$A\downarrow = \max(\overline{X_i}\downarrow + 2S_i\downarrow) - \min(\overline{X_i}\downarrow - 2S_i\downarrow) = 2.633 - (-10.988) = 13.621$，$A = \max(\overline{X_i}\uparrow + 2S_i\uparrow$ 或 $\overline{X_i}\downarrow + 2S_i\downarrow) - \min(\overline{X_i}\uparrow - 2S_i\uparrow$ 或 $\overline{X_i}\downarrow - 2S_i\downarrow) = 6.684 - (-10.988) = 17.772$。以上计算结果如表 2-5 所示。

表 2-5　　　　　　　　　　校激光偏差表

机床型号	TH6513	系列号	0905SN031	测试轴	X 轴	标题	威海天诺
环境温度	20℃	测量方向	正向/反向	测试者	zhl	测试日期	Aug.24.2009

序号	目标点 P_i (mm)	位置偏差 $X_{ij}\uparrow/\downarrow$ (μm)					平均偏差 $\overline{X_i}$(μm) $\uparrow/\downarrow$	标准偏差 S_i(μm) $\uparrow/\downarrow$	$\overline{X_i}+2S_i$ (μm) $\uparrow/\downarrow$	$\overline{X_i}-2S_i$ (μm) $\uparrow/\downarrow$	反向差值 B (μm)
		1	2	3	4	5					
1	0	0/−1	0/0	−1/−1	0/0	−1/−1	−0.4/−0.6	0.548/0.548	0.696/0.495	−1.496/−1.695	−0.2
2	100	−1/−5	0/−7	−1/−8	−3/−4	−1/−4	−1.2/−5.6	1.095/1.817	0.990/−1.967	−3.390/−9.233	−4.4
3	200	0/−7	1/−6	0/−7	1/−5	0/−7	0.4/−6.4	0.548/0.894	1.496/−4.611	−0.696/−8.189	−6.8
4	300	1/−6	3/−7	1/−6	0/−7	1/−8	1.2/−6.8	1.095/0.837	3.39/−5.127	−0.990/−8.473	−8.0
5	400	2/−7	1/−6	1/−7	0/−6	1/−8	1.0/−6.8	0.707/0.837	2.414/−5.127	−0.414/−8.473	−7.8
6	500	3/−8	1/−7	−2/−8		0/−8	0.6/−7.4	1.817/0.894	4.234/−5.611	−3.034/−9.189	−8.0
7	600	2/−9	2/−8	−1/−9	0/−8	−1/−10	0.4/−8.8	1.517/0.837	3.434/−7.127	−2.634/−10.473	−9.2
8	700	1/−10	1/−9	1/−10	1/−9	1/−9	1.0/−9.2	0/0.894	1.000/−7.611	1.000/−10.988	−10.2
9	800	2/−8	2/−8	3/−8	2/−8	4/−7	2.6/−7.8	0.894/0.447	4.388/−6.906	0.812/−8.694	−10.4
10	900	1/−8	3/−6	2/−7		2/−6	2.0/−6.8	0.707/0.837	3.414/−5.127	0.586/−8.437	−8.8
11	1000	2/−7	4/−8	2/−7	1/−6	2/−8	2.2/−7.2	1.095/0.837	4.390/−5.527	0.010/−8.873	−9.4
12	1100	5/−6	2/−7	2/−6		2/−6	2.6/−6.6	1.342/0.894	5.284/−4.811	−0.084/−8.389	−9.2
13	1200	1/−7	0/−8	1/−7	−1/−8	1/−7	0.4/−7.4	0.894/0.548	2.188/−6.305	−1.388/−8.495	−7.8
14	1300	0/−7	0/−6	1/−5	0/−7	1/−7	0.4/−6.4	0.548/0.894	1.496/−4.611	−0.696/−8.189	−6.8
15	1400	2/−6	4/−4	2/−6	3/−5	2/−6	2.6/−5.4	0.894/0.894	4.388/−3.611	0.812/−7.189	−8.0
16	1500	2/−6	5/−3	3/−3	5/−3	4/−4	3.8/−3.8	1.304/1.304	6.408/−1.192	1.192/−6.408	−7.6
17	1600	1/−4	4/−5	2/−6	3/−6	2/−6	2.4/−5.4	1.140/0.894	4.680/−3.611	0.12/−7.189	−7.8

续表

机床型号	TH6513	系列号	0905SN031	测试轴	X轴	标题	威海天诺
环境温度	20℃	测量方向	正向/反向	测试者	zhl	测试日期	Aug.24.2009

| 序号 | 目标点 P_i (mm) | 位置偏差 X_{ij} ↑/↓ (μm) | | | | | 平均偏差 $\overline{X}_i$(μm) ↑/↓ | 标准偏差 S_i(μm) ↑/↓ | $\overline{X}_i+2S_i$ (μm) ↑/↓ | $\overline{X}_i-2S_i$ (μm) ↑/↓ | 反向差值 B (μm) |
		1	2	3	4	5					
18	1700	2/−5	3/−6	2/−5	3/−5	1/−7	2.2/−5.6	0.837/0.894	3.874/−3.811	0.526/−7.389	−7.8
19	1800	2/−6	3/−7	3/−5	2/−7	3/−6	2.6/−6.2	0.548/0.837	3.696/−4.527	1.504/−7.873	−8.8
20	1900	3/−6	3/−6	3/−6	5/−6	6/−6	4.0/−6	1.342/0	6.684/−6.000	1.316/−6.000	−10.0
21	2000	−2/−1	2/0	3/2	0/−1	2/−2	1.0/−0.4	2.000/1.517	5.000/2.633	−3.000/−3.433	−1.4

	轴向	单向↑	单向↓	双向
定位精度 A(μm)		6.684−（−3.390）= 10.074	2.633−（−10.988）= 13.621	6.684−（−10.988）= 17.772
重复定位精度 R(μm)		8（当 $i=21$ 时）	7.268（当 $i=2$ 时）	13.422（当 $i=6$ 时）

由以上图表曲线和数据及计算结果与 GB/T 17421.2—2000 规定进行比较判断，可以检测该机床 X 轴的单向和双向定位精度和重复定位精度合格与否，还可以由此为该机床 X 轴精度验收提供依据。

（三）螺距误差补偿应用与分析

1. 螺距误差补偿应用

下面以沈阳机床厂生产的 HTC100290A 数控卧式车床为例，其检验精度一般有 3 个方面，即重复定位精度（Maximum Repeat Positioning Accuracy）R、反向差值（Maximum Reversal Value）B、双向定位精度（Bidirectional Accuracy）A。该数控机床的系统为 FANUC 0i 系统，以 Z 轴为例进行多次检测。该型号机床的位置精度要求：重复定位精度 R 公差值 = 0.020mm，反向差值 B 公差值 = 0.012mm，双向定位精度 A 公差值 = 0.05mm。补偿前检测结果反馈在计算机中，如图 2-12 所示；补偿后检测结果反馈在计算机中，如图 2-13 所示。

2. 螺距误差补偿分析

根据图 2-12 和图 2-13 所示 3 种定位精度检测结果，定位精度补偿设置：机床行程为 3m；检测程序 30 段；每段位移行程为 100mm；螺距补偿点为 100～130，输入检测出的差值，进行相应点补偿。反向间隙补偿：采集机床反向间隙数据，机械间隙不应超出 0.03mm，再进行参数 1851 相应点的间隙补偿。

因此可以看出补偿前后机床的精度变化，通过 ML10 激光干涉仪检测出机床的线性误差并记录分析得到误差值，并对数控系统进行误差补偿，从而使数控机床达到精度要求以保证加工工件的精度，因此，无论是数控机床的装配出厂还是定期的检测对数控系统进行误差补偿都是非常重要和非常有意义的。

机器名称：CKH6120	轴：Z	Ab：34.297
系列号：GMK0006	测量位置：	Pa：14.420
日期：16：47 Jun 28 2005	文件名：CKH6120Z GMK0006	R（-）：8.966
试验者：RMJ	B ：14.400	Au（-）：21.373

图 2-12　补偿前检测结果

机器名称：CKH6120	轴：Z	Ab：6.635
系列号：GMK0006	测量位置：	Pa：2.010
日期：17：25 Jun 28 2005	文件名：CKH6120Z GMK0006	R（-）：4.562
试验者：RMJ	B ：2.820	Au（-）：6.135

图 2-13　补偿后检测结果

通过本任务的学习，应该能利用几何精度检测工具对数控机床几何精度进行检测与验收，难点是利用检具对数控车床或加工中心各轴进行位置精度检测与单双向螺距误差补偿，较容易掌握的是检测各轴的反向间隙和对反向间隙进行补偿。数控机床的安装、调试以及认识数控机床的精度要求和工作环境作为一般了解内容，重点掌握数控机床几何精度检测与验收方法。

一、简答题

1. 列举数控机床安装调试的准备工作有哪些?

2. 数控车床验收时需要检测哪些方面的项目，各用什么检具?

3. 数控铣床或加工中心在验收时需要检测哪些方面的项目，各用什么检具?

4. 数控机床的反向间隙怎样检测和补偿?

二、实训题

1. 对数控车间的数控车床 Z 轴进行单向螺距误差检测，根据检测结果填写表 2-1，然后进行补偿实验，补偿后再进行检测，对检测结果进行分析。

2. 对数控车间的数控铣床或加工中心的 X 轴进行双向螺距误差检测，根据检测结果填写表 2-1，然后进行补偿实验，补偿后再进行检测，对检测结果进行分析。

任务三

| 数控机床硬件接口连接 |

【学习目标】

- 通过对 CNC 系统硬件的连接，认识数控机床的电路工作原理。
- 通过实践操作掌握 FANUC 0i D/0i Mate D 数控系统的组成，了解系统接口的功能及部件之间的连接要求，能够正确进行 FANUC 0i D/0i Mate D 数控系统的硬件连接。

任务导入

通过图 3-1 所示的 FANUC 0i D 数控系统的硬件组成和图 3-2 所示的 FANUC 0i D 数控系统综合连接图，能够正确连接 FANUC 0i D 系统部件。通过连接实训，能够陈述 FANUC 0i D 数控系统部件的接口及信号的组成。

PSM（电源模块）、SPM（主轴模块）、SVM（伺服模块）之间的短接片（TB1）是连接主回路的直流 300V 连接线，一定要拧紧，否则产生报警，严重时将烧坏 PSM 和 SPM。

PSM 的控制电源输入端 CX1A 的 1、2 接 200V 输入，3 为地线。

对于 PSM 的 MCC（CX3）一定不要接错，CX3 的 1、3 之间只有一个内部触点，如果错接成 200V，将会烧坏 PSM 控制板。

相关知识

（一）CNC 系统模块及接口作用

1. FANUC 0i 数控系统概述

FANUC 0i 系列至今推出了 FANUC 0i A、FANUC 0i B、FANUC 0i C、FANUC 0i D 四大产品系列，这四大系列在硬件与软件设计上有较大区别，性能依次提高，但其操作、编程方法类似。每一系列又分为扩展型与精简型两种规格，前者直接表示，后者在型号中加"Mate"，如 FANUC 0i D/FANUC 0i Mate D。

FANUC 0i D 与 FANUC 0i Mate D 的基本组成分别如图 3-1 和图 3-3 所示。其一般配置如表 3-1 所示。

图 3-1　FANUC 0i D 数控系统的硬件组成

图 3-2　FANUC 0i D 数控系统综合连接图

图 3-3　FANUC 0i Mate D 的硬件组成

表 3-1　　　　　　　　　　　FANUC 0i D/ 0i Mate D 一般配置表

系统型号		用于机床	放大器	电动机
0i D 最多 5 轴	0i MD	加工中心，铣床	αi 系列的放大器 βi 系列的放大器	αi, αis 系列 βi, βis 系列
	0i TD	车床	αi 系列的放大器 βi 系列的放大器	αi, αis 系列 βi, βis 系列
0i Mate D 最多 4 轴	0i Mate MD	加工中心，铣床	βi 系列的放大器	βi, βis 系列
	0i Mate TD	车床	βi 系列的放大器	βi, βis 系列

对于 βi 系列，如果不配 FANUC 的主轴电动机，伺服放大器是单轴型或双轴型；如果配主轴电动机，放大器是一体型（SVSPM）。

FANUC 0i D/FANUC 0i Mate D 采用的是 MDI/LCD/CNC 单元三位集成一体的结构，相互之间无须外部连接电缆，可同时安装在操控台上，具有安装方便、体积小、可靠性高的特点，如图3-4所示。

图 3-4　FANUC 0i D 集成型结构

2. CNC 模块及接口

控制单元（CNC）是整个控制系统的核心，它主要用来对各坐标轴进行插补控制、输出主轴转速以及进行主轴定位控制。此外，它还对输入的 M、S、T 指令进行译码，传送给 PMC 等。CNC 的功能如图 3-5 所示。

图 3-5 CNC 功能框图

　　CNC 的主板位于显示器的后面，体积非常小。CNC 模块（控制器部分）的硬件实际上就是一台专用的微型计算机，是整个控制系统的核心。CNC 模块内部包括电源单元、轴控制卡、显示控制卡（显卡）、CPU 卡、FROM/SRAM、模拟主轴选件、PMC 等基本组件，如图 3-6 所示。其中，轴控制卡、显示控制卡、CPU 卡在 CNC 模块主板中的安装位置如图 3-7 所示。

（a）CNC控制器的主板结构

（b）CNC控制器的轴控制卡、显示控制卡和CPU卡

图 3-6　CNC 单元基本组件

图 3-7　轴控制卡、显示控制卡、CPU 卡在主板上的安装位置

CNC 单元的背面和主板接口如图 3-8（a）、（b）所示，其接口功能如表 3-2 所示。

（a）CNC 单元背面接口

（b）主板接口

图 3-8　FANUC 0i D 接口位置图

表 3-2　　　　　　　　　　　　　CNC 单元接口功能表

接口号	功能
COP10A	伺服放大器（FSSB）系统轴卡与伺服放大器之间的数据通信
JA2	MDI 面板接口
JD36A	RS-232-C 串行端口　通道 1
JD36B	RS-232-C 串行端口　通道 2
JA40	主轴模拟输出/高速 DI 点的输入口
JD51A	I/O Link 接口，系统通过此接口与机床强电柜的 I/O 设备（包括机床操作面板）进行通信，交换 I/O 号
JA41	串行主轴/位置编码器，是串行主轴的连接口，如果使用的是 FANUC 的主轴放大器，此接口与主轴放大器上的接口 JA7B 连接
CP1	DC 24V-IN，系统的 DC 24V 电源的输入，如果机床开机系统黑屏，首先要查看此处是否有 DC 24V 电源输入，如果 DC 24V 电源输入正常，检查第"12"项的系统熔丝。注意此 DC 24V 要用 24V 稳压电源
JGA	后面板接口
CA79A	视频信号接口
CA88A	PCMCIA 接口
CA122	软键接口
CA121	变频器接口
CD38A	以太网接口

（二）伺服系统模块及接口作用

如果说 CNC 主控制系统是数控机床的大脑和中枢，那么伺服和主轴驱动就是数控机床的四肢，它们是数控机床的执行机构。在 FANUC 的驱动器系列产品中，可以作为 FSSB 从站连接的驱动器有 αi 系列和 βi 系列两类，如图 3-9 所示。

（a）αi 系列　　（b）βi 系列单轴型（SVU）　（c）βi 系列多轴一体型（SVPM）

图 3-9　FANUC 驱动器外形实物图

图 3-10 所示为一台采用 FANUC 0i Mate D 系统的数控铣床电气系统连接图。机床的伺服放大器采用可靠性强、性价比卓越的βi 系列伺服驱动模块。该伺服驱动模块是集电源模块、主轴模块、伺服模块为一体的βi-SVPM 一体型伺服驱动单元。

图 3-10　βi-SVPM 一体型伺服驱动单元

此系列伺服单元接口功能如下。

① 24V 电源连接 CXA2C（A1：24V，A2：0V），必须使用稳压电源，不可与用于电动机制动的 24V 电源共同使用。

② TB3（SVPM 的右下面）不要接线。

③ 上部的两个冷却风扇要自己接外部 200V 电源。

④ 3 个（或 2 个）伺服电动机的动力线放大器端的插头盒是有区别的，CZ2L（第一轴）、CZ2M（第二轴）、CZ2N（第三轴）分别对应 XX、XY、YY。

⑤ JF1、JF2、JF3 为伺服电动机位置反馈接口。

⑥ CX4 连接急停控制继电器的动合触点。

⑦ CX5X 连接编码器电池连接接口。

⑧ COP10B 连接 CNC 的 FSSB 高速串行总线。

⑨ JX6 为断电后备模块。

⑩ JY1 连接负载表、速度表等。

⑪ JA7B 连接 CNC 的 JA41 口，JA7A 连接第二轴的输出接口。

⑫ JYA2 连接主轴 Mi、Mzi 传感器，JYA3 连接位置编码器，JYA4 未使用。

图 3-10 中的 TB2 和 TB1 不要搞错，TB2（左侧）连接主轴电动机动力线，而 TB1（右端）为三相 200V 输入端，TB3 为备用（主回路直流侧端子），一般不要连接线。如果将 TB1 和 TB2 接反，虽然测量 TB3 电压正常（约直流 300V），但系统会出现 401 报警。

（三）主轴模块及接口作用

数控机床的主轴驱动装置根据主轴速度控制信号的不同，可分为模拟量控制的主轴驱动装置和串行数字控制的主轴驱动装置两类。模拟量控制的主轴驱动装置采用变频器实现主轴电动机的控制，有通用变频器控制通用电动机和专用变频器控制专用变频电动机两种形式。FANUC 0i Mate 系统使用 βi 系列伺服单元时，主轴控制通常采用变频器控制。CNC 的 JA40 为模拟主轴的指令信号输出接口，JA41 连接主轴编码器。如图 3-11 所示，系统向外部提供 0～10V 模拟电压，接线比较简单，注意极性不要接错，否则变频器不能调速。图中 ENB1/ENB2 用于外部控制，一般不用。

主轴编码器一般与主轴采用 1:1 齿轮传动且采用同步带连接，编码器输出为 1 024 脉冲/转，经过系统 4 倍频电路得到 4 096 个脉冲，具体连接信号如图 3-12 所示。

图 3-11　模拟主轴接口信号图　　　图 3-12　JA41 与主轴位置编码器信号连接图

（四）I/O Link 模块及接口作用

在 FANUC 0i D 系统中，I/O Link 从站（Slave Station）是网络控制系统上的名称，它是受主站（一般为 PLC）控制，利用网络通信方式进行数据传输的 I/O 设备。在 CNC 系统上，它就是传统意义上用于连接机床或操作面板中按钮、行程开关、指示灯、电磁阀等开关量 I/O 的连接单元或 PLC（PMC）的 I/O 模块。

（a）0i D I/O 单元　（b）分布式 I/O 单元

图 3-13　I/O 单元外形实物图

I/O Link 从站连接在总线上，根据不同的使用场合，可以分为操作面板 I/O 单元、机床 I/O 连接单元、分布式 I/O 单元和βi 系列伺服驱动器 4 类。I/O 单元的外形如图 3-13 所示。

I/O 分为内置 I/O 板和通过 I/O Link 连接的 I/O 卡或单元，包括机床操作面板用的 I/O 卡、分布式 I/O 单元、手摇脉冲发生器、PMM 等。

在 FANUC 0i D/0i Mate D 中，I/O Link 网络应采用总线型拓扑结构，各 I/O Link 从站依次串联连接，每一个 PMC 主站最大可连接的 I/O Link 从站总数为 16 个。从站的地址通过 MDI/LCD 面板设定。连接 I/O Link 总线时必须注意，JD1A 为总线输出端（用于连接下一从站），JD1B 为总线输入端（与上级从站相连），总线的终端不需要终端连接器，如图 3-14 所示。

图 3-14　I/O Link 的连接方式

FANUC I/O Link 是一个串行接口，将 CNC、单元控制器、分布式 I/O、机床操作面板或 Power Mate 连接起来，并在各设备间高速传送 I/O 信号（位数据）。当连接多个设备时，FANUC I/O Link 将一个设备认作主单元，其他设备作为子单元。子单元的输入信号每隔一定周期送到主单元，主单元的输出信号也每隔一定周期送至子单元。

任务实施

（一）CNC 系统与伺服系统模块接口连接

1. 硬件构成

FANUC 驱动部分从硬件结构上分，主要有以下 4 个组成部分。

（1）轴控制卡。目前，数控技术广泛采用全数字伺服交流同步电动机控制。在全数字伺服控制中，包括三菱和西门子数控产品，已经将伺服控制的调节方式、数学模型甚至脉宽调制以软件的形式融入系统软件中（写入 FROM 中），而硬件支撑采用专用的 CPU 或 DSP（Digital Signal Processor，数字信号处理器）等，并最终集成在轴控制卡上或轴控制芯片上。轴控制卡的主要作用是速度控制和位置控制。

（2）放大器。放大器用于接收轴控制卡输入的脉宽调制信号，经过前级放大驱动绝缘栅双极型晶体管（IGBT）输出电动机电流。

（3）电动机。其包括伺服电动机或主轴电动机，放大器输出的驱动电流产生旋转磁场，驱动转子旋转。

（4）反馈装置。由电动机轴直连的脉冲编码器作为半闭环反馈装置。FANUC 早期的产品使用旋转变压器作为半闭环位置反馈装置，测速发电机作为速度反馈装置。

2. 相互连接

其连接方式如图 3-15 所示。轴控制卡接口①COP10A-1 输出脉宽调制指令，并通过 FSSB 光缆与②伺服放大器接口 COP10B 相连，伺服放大器整形放大后，通过动力线输出驱动电流到伺服电动机③，电动机转动后，同轴的编码器④将速度反馈和位置反馈送到 FSSB 总线上，最终回到轴控制卡上进行处理。

图 3-15　CNC-伺服连接

在 CNC 控制单元和伺服放大器之间只用一根光缆连接，与控制轴数无关。在控制单元侧，COP10A 插头安装在主板的伺服卡上，如图 3-16 所示。

各放大器之间通信线 CXA1A 到 CXA1B、从电源到主轴连接是水平连接（没有交叉），而从主轴到主轴放大器，再到后面的伺服放大器都是交叉连接，如果连接错误，则会出现电源模块和主轴模块异常报警，图 3-17 所示为详细的连接图。图 3-18 所示为以 0i D 配αi 放大器（带主轴放大器）为例的实物连接图。

图 3-16　CNC-伺服连接方式

图 3-17　0i D 伺服/主轴放大器的连接详图

图 3-18　0i Dαi 放大器实物连接图

（二）CNC 系统与主轴模块接口连接

CNC 系统中的主轴模块用于控制主轴电动机。在加工中心上，主轴带动刀具旋转，根据切削速度、工件或刀具的直径来设定相应的转速，对所需加工的工件进行各种加工；而在车床上，主轴则带动工件旋转，根据切削速度、工件或刀具的直径来设定相应的转速，对所需加工的工件进行各种加工。

CNC 与主轴模块的连接如图 3-19 所示。

图 3-19　CNC 与主轴模块的连接

注意，可连接的主轴数取决于系统类型，详细情况如表 3-3 所示。

表 3-3　　　　　　　　　　　　　系统类型与主轴数

	0i 系统				0i Mate	
第一串行主轴	○	○		○	○	
第二串行主轴		○				
模拟输出			○	○		○
位置编码器			○			○

（三）CNC 系统与 I/O Link 模块接口连接

0i D 系列和 0i Mate D 系列中，JD51A 插座位于主板上。I/O Link 分为主单元和子单元。作为主单元的 0i/0i Mate 系列控制连接单元与作为子单元的分布式 I/O 相连接。子单元分为若干个组，一个 I/O Link 最多可连接 16 组子单元（0i Mate 系统中 I/O 的点数有所限制）。根据单元的类型以及 I/O 点数的不同，I/O Link 有多种连接方式。PMC 程序可以对 I/O 信号的分配和地址进行设定，用来连接 I/O Link。0i 系统的 I/O 点数最多可达 1 024/1 024 点，0i Mate 系统的 I/O 点数最多可达 240/160 点。

I/O Link 的两个插座分别叫做 JD1A 和 JD1B，对所有单元（具有 I/O Link 功能）来说是通用的。

电缆总是从一个单元的 JD1A 连接到下一单元的 JD1B。尽管最后一个单元是空着的，也无须连接一个终端插头。对于 I/O Link 中的所有单元来说，JD1A 和 JD1B 的引脚分配都是一致的，不管单元的类型如何，均可按照图 3-20 所示来连接 I/O Link。

图 3-20 I/O Link 的连接图

以 0i Mate D 系统为例，其 I/O 连接图如图 3-21 所示。

图 3-21 0i Mate D 系统的 I/O 连接

0i Mate D 系统中 I/O 单元的接线图如图 3-22 所示。

图 3-22　0i Mate D 系统中 I/O 单元的接线图

JD1B：I/O 模块上的输入端，从主控装置或上一级 I/O 模块的连接接口 JD1A 连接过来的电缆就插在 JD1B 连接接口上。

JD1A：主控装置或上一级模块的输出端，从 JD1A 连接接口出来的电缆连接到下一级的 I/O 模块上。

JA3：手摇脉冲发生器的脉冲信号输入接口。

CP1：I/O 模块工作电源的输入接口，输入电压是直流 24V。

CB104 /CB105/ CB106/ CB107：输入输出的连接，从机床来的输入信号或 PMC 给机床发送的输出信号从这些接口连接。这些接口上有很多引脚，基本上每个引脚对应一个输入或者输出地址。

I/O 模块上有个电源保险，当输出短路或有异常电流时，保险会起到保护作用。

JD1A 和 JD1B 的引脚分配如图 3-23 所示。

图 3-23　JD1A 和 JD1B 的引脚分配

四、技能拓展

（一）手轮接口及连接

手摇脉冲发生器是用来在手轮进给方式下，用手动移动坐标轴的装置，如图 3-24 所示。

图 3-24　手轮接口的连接

通常，当带有手轮接口的两个或更多的 I/O 单元连接到同一个 I/O Link 上时，则连接到 I/O Link 的第一个单元上的手轮接口有效。使用此功能可以使第二个或以后单元上的手轮接口有效。设定参数 7105#1，且分别在相关参数 No.12305～12307 中设定第一、第二和第三手轮的 X 地址

（脉冲地址），最多可以分配 3 个手轮，而对于 0i Mate TC 最多可以分配 2 个手轮。图 3-25 所示为连接示例。

图 3-25 I/O Link 的手轮连接

手摇脉冲发生器的接线如图 3-26 所示。

图 3-26 手轮的接线

（二）CNC 控制单元电源的连接

从外部输入 DC 24V 电源给 0i/0i Mate 系统控制单元供电。在图 3-27 中绘出了 AC 电源的 ON/OFF 电路 A 和 DC 24V 电源的 ON/OFF 电路 B。建议不采用 DC 24V 电源的 ON/OFF 电路 B。

通电前，断开所有断路器，用万用表测量各个电压（交流 200V，直流 24V）正常之后，再依次接通系统控制单元电源 24V，伺服控制电源（PSM）200V、24V（βi），最后接通伺服主回路电源三相 200V。

图 3-27　CNC 控制单元电源的连接

小结

通过本任务的学习，应该能正确陈述 FANUC 0i D/0i Mate D 数控系统的组成，能够陈述系统接口的功能及各部件之间的要求，能够正确进行 FANUC 0i D/0i Mate D 数控系统与各功能模块之间的硬件连接。

自测题

一、简答题

1. 列举 FANUC 0i 数控系统的主要部件，并简述其作用。

2. FANUC 0i 数控系统控制单元主要由哪两部分组成？各接口的作用是什么？

3. FANUC 0i 数控系统伺服单元的主要作用是什么？主要由哪些接口组成？

4. 典型数控系统的工作过程主要由哪些工作任务组成？

二、实训题

1. 画出 FANUC 0i 数控系统的连接框图。

2. 连接 FANUC 0i 数控系统的硬件。

任务四

| 数控机床参数设定 |

【学习目标】

- 能够识记数控系统参数的设置方法以及参数的存储形式，了解参数对数控系统与机床运行的作用及影响。
- 会操作数控系统面板，能够正确设置常见数控机床参数。
- 会调整和检测数控系统参数、伺服系统参数、变频器参数、PLC 参数，利用参数简单分析、判断和排除数控机床故障。

任务导入

在确保数控系统参数正确备份的前提下，将数控机床参数上电全清（上电时，同时按 MDI 面板上 RESET + DEL 键），全清后排除出现的报警，正确初始化和设定伺服参数、主轴参数，它们包括运行速度、到位宽度、加减速时间常数、软限位、运行/停止时的位置偏差、显示等有关参数。判断和排除由于参数设置造成的数控机床硬件和系统故障。

相关知识

　　参数通常存放在存储器（如磁泡存储器或由电池保持的 CMOS RAM）中，一旦电池电量不足或由于外界的某种干扰等因素，会使个别参数丢失或变化，使系统发生混乱，机床无法正常工作。此时，通过核对、修正参数，就能将故障排除。因此，当机床长期闲置之后启动系统时，无缘无故地出现不正常现象或有故障而无报警时，就应根据故障特征，检查和校对有关参数。

（一）数控机床参数及作用

1. 参数的分类与作用

　　数控系统的参数是数控系统用来匹配机床结构及数控功能的一系列数据。在 FANUC 0i 系统中参数主要分为系统参数和 PMC 参数。系统参数又按照一定功能进行分类，大致可分为 43 类，这还不包括系统手册中未提到的部分保密参数，如 "SETTING"、RS-232-C 与 I/O 通信、轴控制、伺服、坐标系、画面显示、刀具补偿、编程等相关参数，可在 MDI 方式→ 🖥️ → 〔PARAM〕操作下看到参数类别及对应的数据范围。在参数手册中对系统参数有详细的解释，可根据实际进行适当调节及优化。PMC 参数是数控机床的 PMC 程序中使用的数据，如计时器、计数器、保持型继电器的数据。这两类参数是数控机床正常启动的前提条件。

2. 系统参数的形式

　　系统参数的形式如表 4-1 所示。

表 4-1　　　　　　　　　　　　　系统参数的形式

数据形式		数据范围	备注
位形	位轴型	0 或 1	由 8 位组成，每位意义不同，只能是 "0" 或 "1"
字轴型	字节型	−128～127	有些参数中不使用符号，字轴型为每一控制轴设定独立的数据
	字节轴型	0～255	
	字型	−32 768～32 767	
	字轴型	0～65 535	
	双字型	−99 999 999～99 999 999	
	双字轴型		

　　（1）位型、位轴型参数如图 4-1 所示。

图 4-1　位型、位轴型参数

0000# 参数是位型参数，其中，0000#0=TVC：垂直校验（=1 时有效）；

　　　　　　　　　　　0000#1=ISO：输出代码格式（=0 为 EIA；=1 为 ISO）；

　　　　　　　　　　　0000#2=INI：使用英制单位（=0 为公制；=1 为英制）；

　　　　　　　　　　　0000#5=SEQ：程序自动增加序号（=1 自动插入）。

（2）字节型或字型。整个参数由一个数据来定义，在参数范围内可进行调节，如图 4-2 所示。

图 4-2　字节型或字型参数

1320# 参数为字型参数，通过输入对应的数据来设定各轴存储行程限位正方向坐标值 LIMIT1+，如 X 轴：2 000，表示数控机床回参后，X 轴超过参考点后向正方向走 2mm，机床会发出软限位"500"号报警。

（3）轴型。同一个参数号下包括相同意义的各个轴参数。

（二）数控系统参数显示与修改

1. 数控系统参数的显示与搜索

数控系统参数可按照以下步骤进行调用：MDI 方式→按 [SYSTEM]→软键〔参数〕→输入参数号如 3003→按软键"号搜索"或按翻页键或光标键，找到相应参数，如图 4-3 所示。

2. 数控系统参数的设定

在 MDI 方式或急停情况下，打开参数写保护：功能键 [OFS/SET]→按"设定"，出现如图 4-4 所示页面。按操作面板上的方向键，移动光标至"写参数"行=后面"0"位置，输入"1"，按 [INPUT] 键，数控系统立刻报"100号参数可写入报警"，按 [RESET] + [CAN]，取消报警，然后根据需要可以进行参数设定和修改。

图 4-3　参数搜索界面

图 4-4　参数设定界面

（三）伺服参数的初始化与故障诊断

1. 伺服参数初始化准备

伺服参数初始化之前，先确保已备份参数，有些参数初始化后还需要人为进行输入，为避免遗忘要先行备份。根据伺服电动机标记参数，如图 4-5 所示，记录和确认表 4-2 所示的参数内容。

图 4-5　伺服电动机标记

表 4-2　　　　　　　　　　　　　伺服参数初始化备份数据

NC 型式	例如：系列 0i B
伺服电动机型式	例如：β4/4000is
内装编码器	增量，例如：αA/1000i
使用分离型位置编码器吗	例如：不用
电动机一转的工作台移动距离	例如：10mm/r
机床的检测单位	例如：0.001mm
NC 指令单位	例如：0.001mm

2. 伺服参数初始化

在急停状态下接通 NC 的电源，设定写入参数（PWE=1），选择 ⬚SYSTEM→ ▷ →〔SV-PRM〕，按照图 4-6 所示流程进行伺服参数的初始设定，出现伺服设定画面如图 4-7 所示。将光标移到设定项，输入指定值。如果不显示伺服画面时，进行图 4-8 所示设定，并进行 NC 电源的 OFF/ON。

图 4-6　伺服参数的初始设定流程

图 4-7　伺服初始化设定画面

图 4-8　不显示伺服画面时的设置

3. 伺服初始化参数说明

（1）开始初始化。注意，开始初始化后直至第 11 步不要关断 NC 的电源。将初始设定 2000#1～#7 全设为 0，在初始设定结束后，DGPR（#1）和 PRMC（#3）又被自动设为 1，如图 4-9 所示。

图 4-9　初始化设置

（2）设电动机的代号（ID）。根据图 4-5 所示电动机类型和规格（A06B－****－B***的中间四位数字），找到使用的电动机的代号，输入 PRM2020#中。

（3）设定 AMR（电枢倍增比）。输入 PRM2001#中。

（4）设定 CMR（指令倍乘比）（见图 4-10）。CMR 是 CNC 指令机床移动距离的一个比例值，如图 4-11 所示。CMR＝指令单位 1μm/检测单位 0.001mm=1。

图 4-10　设定 CMR　　　　　　　　　图 4-11　判别电动机转向

（5）柔性齿轮比（N/M）。输入 PRM2084/2085 中，指定柔性进给齿轮比（F·FG）。该功能是用内置编码器或分离型检测器的位置反馈脉冲设定滚珠丝杠不同螺距或不同变速比时的机床移动单位（等于检测单位）。半闭环反馈回路 N/M=电动机每转所需的位置反馈脉冲数/脉冲编码器在电动机转一转时反馈了 1 000 000 个脉冲数=1/100。举例如下。

若电动机直接驱动滚珠丝杠，丝杠螺距为 10mm，检测单位为 1μm，则电动机一转是 10mm，产生的脉冲数为 10/0.001=10 000 个脉冲。因为 αi 脉冲编码器在电动机一转时反馈了 1 000 000 个脉冲，故 F·FG=N/M=10 000/1 000 000=1/100。

（6）电动机的转向设定。移动指令为正时，设定电动机旋转的方向。从编码器侧观察，顺时针为 111，逆时针为-111。判别如图 4-11 所示。

（7）指定速度脉冲数和位置脉冲数。半闭环速度脉冲数设为 8 192；反馈回路的位置脉冲数设为 12 500。

（8）设参考计数器的容量。该值是确立工作台的参考点，用栅格方法回参考点。半闭环参考计数器容量=对应电动机转一转时的位置脉冲数。参考计数器容量只能取整数，如表 4-3 所示。若指定了小数，系统将会修正点间间隔（计数器容量=0 时）。

表 4-3

丝杠螺距（mm/r）	位置脉冲数（脉冲/r）	参考计数器容量	栅格宽度（mm）
10	10 000	10 000	10

重新启动 NC，即使 NC 关机再开机。这就结束了伺服参数的初始化。

4. 伺服轴参数的含义

参数 1010：CNC 可控制最大轴数。（设定了此类参数后，系统会发出"000 需切断电源"报警，要切断一次电源，修改后的参数才生效，以下同。）

参数 1020：各轴的程序名称，字节轴型，如表 4-4 所示。

表 4-4　　　　　　　　伺服轴参数 1020 的设定值

轴名称	设定值	轴名称	设定值	轴名称	设定值	轴名称	设定值
X	88	U	85	A	65	E	69
Y	89	V	86	B	66		
Z	90	W	87	C	67		

参数 1022：基本坐标系中各轴的顺序，字节轴型，即设定各轴为基本坐标系中的哪个轴，如表 4-5 所示。

表 4-5　　　　　　　　伺服轴参数 1022 的设定值

设定值	意义
0	旋转轴
1	基本 3 轴中的 X 轴
2	基本 3 轴中的 Y 轴
3	基本 3 轴中的 Z 轴
5	X 轴的平行轴
6	Y 轴的平行轴
7	Z 轴的平行轴

参数 1023：各轴的伺服轴号，字节轴型。此参数设定各控制轴与第几号伺服轴对应。通常将控制轴号与伺服轴号设定为相同值。

参数 1825：各轴的伺服环路增益，字轴型。若是进行直线和圆弧等插补（切削加工）的机械，请为所有轴设定相同的值。若是只要通过定位即可的机械，也可以为每个轴设定不同的值。越是为环路增益设定较大的值，其位置控制的响应就越快，而设定值过大，将会影响伺服系统的稳定。其范围为 1～9 999。

参数 1826：为每个轴设定到位宽度，双字轴型，范围为 0～99 999 999。到位宽度参数是机床位置与指令位置之差比到位宽度小时，认为机床到位。相关故障诊断举例如下。

【例 4-1】　卧式加工机床，FANUC 31i 系统，在换刀时不执行 M06 指令，无报警指示。检查时发现 Y 轴原点指示灯不亮，Y 轴未返回换刀参考点，检查位置坐标与换刀点参数设定一致，修改参数 1826 Y 轴到位宽度，由"250"→"1 000"，故障解除，换刀正常。

参数 1827：设定各轴切削进给的到位宽度，双字轴型。坐标轴移动到这一区域，就认为到位。

参数 1828：各轴移动中的最大允许位置偏差量，双字轴型。移动中位置偏差量超过移动中的位置偏差量极限值时，发出伺服报警（SV0411），操作瞬时停止（与紧急停止时相同）。通常情况下为快速移动时的位置偏差量设定一个具有余量的值。相关故障诊断举例如下。

【例 4-2】　北京第二机床厂磨床，使用 FANUC 0i MB 系统，自动模式下 G00 指令运行 C 轴时，C 轴不移动，程序不执行，无报警信息。改用手轮移动 C 轴，机床正常。使用常规方法进行检查，打开诊断画面，查看诊断号 000～015，只有 # 001：MOTION（正在执行自动运转移动指令）为"1"，其他为"0"，一切正常。重新检查，用手轮来回移动 C 轴，发现速度很快时，机床报警"411"：C 轴移动中的位置偏差量大于设定值。查看诊断号 300（检测轴位置的偏差值）值为 24，再查看参数 1826（各轴的到位宽度）设定值为 20，则实际检测到 C 轴的偏差量大于 C 轴设定的位置偏差量。按复位键清除报警，重新快速移动 C 轴，记下几次 411 报警的 300 诊断值：51、80、22、78，由于几次实际检测 C 轴的偏差量相差很大，且无规律，应该不是参数 1828 设定问题，而是硬件故障。故障产生的部位可能有编码器、伺服放大器、编码器信号传输线、伺服电动机、伺服电动机动力线。从易到难，先检查伺服电动机动力线，无接触不良和发热痕迹；更换伺服放大器，故障依旧；当松开伺服电动机编码器插座时发现内有明显铜锈迹，用酒精和钢丝刷清洗，并用电吹风吹干后重新试机，诊断号 300 的值在停止时为"0"，故障排除。分析原因是由于编码器插座接触不良，造成位置反馈信号工作不稳定而出现 411 报警。

参数 1829：各轴停止中的最大允许位置偏差量，双字轴型。停止中位置偏差量超过停止时的位置偏差量极限值时，发出伺服报警（SV0410），操作瞬时停止（与紧急停止时相同）。

5. 伺服轴故障诊断

（1）伺服相关诊断号的含义。

诊断号 200 如图 4-12 所示。

OVL	LV	OVC	HCA	HVA	DCA	FBA	OFA

图 4-12　诊断号 200

OVL：发生过载报警（详细内容显示在诊断号 201 上）。

LV：伺服放大器电压不足的报警。

OVC：在数字伺服内部，检查出过电流报警。

HCA：检测出伺服放大器电流异常报警。

HVA：检测出伺服放大器过电压报警。

DCA：伺服放大器再生放电电路报警。

FBA：发生了断线报警。

OFA：数字伺服内部发生了溢出报警。

诊断号 201 如图 4-13 所示。

ALD			EXP				

图 4-13 诊断号 201

当诊断号 200 的 OVL 为 1 时，ALD=1：电动机过热；ALD=0：伺服放大器过热。

当诊断号 200 的 FBA 为 1 时，ALD、EXP 的值及含义如表 4-6 所示。

表 4-6   ALD、EXP 的值及含义

ALD	EXP	报警内容
1	0	内装编码器断线
1	1	分离式编码器断线
0	0	脉冲编码器断线

诊断号 203#3，PRM：数字伺服侧检测到报警，参数设定值不正确。

诊断号 204 如图 4-14 所示。

	OFS	MCC	LDA	PMS			

图 4-14 诊断号 204

OFS：数字伺服电流值的 A/D 转换异常。

MCC：伺服电磁接触器的触点熔断了。

LDA：LED 表明串行编码器异常。

PMS：由于反馈电缆异常导致的反馈脉冲错误。

（2）伺服报警号的含义（具体参考系统维修说明书）。

报警号 417：当第 n 轴处在下列状况之一时发生此报警。

① 参数 2020 设定在特定限制范围以外。

② 参数 2022 没有设定正确值。

③ 参数 2023 设定了非法数据。

④ 参数 2024 设定了非法数据。

⑤ 参数 2084 和参数 2085（柔性齿轮比）没有设定。

⑥ 参数 1023 设定了超出范围的值或是设定了范围内不连续的值，或是设定了隔离的值。

⑦ PMC 轴控制中，转矩控制参数设定不正确。

报警号 5136：与控制轴的数量比较，FSSB 认出的放大器的数量不够。

报警号 5137：FSSB 进入了错误方式。

报警号 5138：在自动设定方式，还没完成轴的设定。

报警号 5139：伺服初始化没有正常结束。

（四）常见数控系统参数设定

1. 与阅读机/穿孔机接口相关的参数

参数 0020：I/O CHANNEL（通道）号，范围为 0～9，如以下通道 0～2 所示。

I/O CHANNEL=0 时：通道 0 有效，下面参数工作（详见任务五）。

    0101 停止位和其他数据

    0102 I/O 设备的规格号

    0103 波特率

I/O CHANNEL=1 时：通道 1 有效，下面参数工作。

    0111 停止位和其他数据

    0112 I/O 设备的规格号

    0113 波特率

I/O CHANNEL=2 时：通道 2 有效，下面参数工作。

    0121 停止位和其他数据

    0122 I/O 设备的规格号

    0123 波特率

2. 与轴控制/设定单位相关的参数

（1）1001#0。INM，直线轴的最小移动单位。0：公制单位；1：英制单位。

（2）1002#0。JAX，JOG 进给、手动快速移动以及手动返回参考点的同时控制轴数。0：1 轴；1：3 轴。

1002#3。AZR 参考点尚未建立时的 G28 指令。0：执行与手动返回参考点相同的、借助减速挡块的参考点返回操作。1：显示出报警（PS0304）"未建立零点即指令 G28"。

（3）1004#1。设定最小输入单位和最小移动单位。0：IS-B；1：IS-C。一般设为 0，表示 0.001mm。

（4）1006#3。DIAx，各轴的移动指令半径或直径。0：半径指定；1：直径指定。

1006#5。ZMIx，手动参考点返回方向。0：正方向；1：负方向。

3. 与坐标系相关的参数

（1）1202#2。G92 带有工件坐标系（参数 NWZ（No.8136#0）为"0"）时，在指令坐标系设定的 G 代码（M 系列：G92，T 系列：G50，G 代码体系 B、C 时为 G92）的情况下，0：不发出报警就执行；1：发出报警（PS0010）而不予执行。

（2）1221～1226。字轴型，工件坐标系 1（G54）～6（G59）的工件原点偏置量。

（3）1240。第 1 参考点在机械坐标系中的坐标值，字轴型。由此参数能够确定机床坐标系原点位置。

（4）1260。字轴型，旋转轴转动一周的移动量。

4. 与存储行程检测相关的参数

（1）1300#1。NAL，手动运行中，刀具进入存储行程限位1的禁止区域时，0：发出报警，使刀具减速后停止；1：不发出报警，相对PMC输出行程限位到达信号，使刀具减速后停止。

（2）1300#6。LZR，"刚刚通电后的存储行程限位检测"有效（参数DOT（No.1311#0）="1"）时，在执行手动参考点返回操作之前，是否进行存储行程检测。0：予以进行；1：不予进行。

（3.）1320/1321。各轴的存储行程限位1的正/负方向坐标值。此参数为每个轴设定在存储行程检测1的正方向以及负方向的机械坐标系中的坐标值。

5. 与进给速度相关的参数

（1）1401#0。RPD，通电后参考点返回完成之前，将手动快速移动设定为0：无效，成为JOG进给；1：有效。

1401#1。LRP，定位（G00）为0：非直线插补型定位（刀具在快速移动下沿各轴独立地移动）；1：直线插补型定位（刀具沿着直线移动）。

1401#2。JZR，是否通过JOG进给速度进行手动返回参考点操作。0：不进行；1：进行。

1401#4。RF0，快速移动中，切削进给速度倍率为0%时，0：刀具不停止移动；1：刀具停止移动。

1401#5。TDR，在螺纹切削以及攻丝（攻丝循环G74、G84，刚性攻丝）操作中，将空运行设定为0：有效；1：无效。

1401#6。RDR，在快速移动指令中空运行。0：无效；1：有效。

（2）1402#0。NPC，是否使用不带位置编码器的每转进给（每转进给方式（G95）时，将每转进给F变换为每分钟进给F的功能）。0：不使用；1：使用。在使用位置编码器时，将本参数设定为"0"。

1402#1。JOV，将JOG倍率设定为0：有效；1：无效（被固定在100%上）。

1402#4。JRV，JOG进给和增量进给。0：选择每分钟进给；1：选择每转进给。

（3）1410。空运行速度。设定JOG进给速度在指定刻度盘的100%位置时的空运行速度。

（4）1420。各轴的快速移动速度。此参数为每个轴设定快速移动倍率为100%时的快速移动速度。

（5）1423。每个轴的JOG进给速度。

（6）1424。每个轴的手动快速移动速度。此参数为每一个轴设定快速移动倍率为100%时的手动快速移动速度。

（7）1425。每个轴的手动返回参考点的FL速度。此参数为每一个轴设定参考点返回时减速后的进给速度（FL速度）。

（8）1426。每个轴的参考点返回速度。

（9）1430。每个轴的最大切削进给速度。

（10）1434。每个轴的手动手轮进给的最大进给速度。

（11）1466。执行螺纹切削循环G92、G76的回退动作时的进给速度。

6. 与显示和编辑相关的参数

（1）3105#0。DPF，是否显示实际速度。0：不予显示；1：予以显示。

3105#2。DPS，是否显示实际主轴转速、T代码。0：不予显示；1：予以显示。

（2）3106#4。OPH，是否显示操作履历画面。0：不予显示；1：予以显示。

3106#5。SOV，是否显示主轴倍率值。0：不予显示；1：予以显示。

7. 与程序相关的参数

（1）3402#3。G91，通电时以及清除状态下为0：G90方式；1：G91方式。

3402#4。FPM，通电时以及清除状态下为0：G99或G95方式；1：G98或G94方式。

3402#5。G70，英制输入和公制输入的指令。0：G20和G21；1：G70和G71。

（2）3451#0。GQS，螺纹切削时，将螺纹切削的开始角度移位功能（Q）设定为0：无效；1：有效。

8. 与误差补偿相关的参数

（1）1851。反向间隙补偿参数，字轴型，各轴的反向间隙补偿量。接通电源后，机床以返参考点相反的方向移动时，进行第一次反向间隙补偿。

（2）系统螺距误差补偿参数。

3620。输入每个轴参考点的螺距误差补偿的位置号。

3621。输入每个轴螺距误差补偿的最小位置号。

3622。输入每个轴螺距误差补偿的最大位置号。

3623。输入每个轴螺距误差补偿放大率。

3624。输入每个轴螺距误差补偿的位置间隔。

任务实施

（一）伺服参数初始化与设置

　　伺服参数初始化之前，先确保已备份参数，否则会造成机床不能工作，甚至有被损坏的危险。

1. 伺服驱动单元的正常调试过程

（1）检查系统、伺服驱动单元和电动机的连接是否正确（可参考项目二），然后通电。

（2）查看各进给轴其他伺服参数，按[SYSTEM]→PARAMETER（参数）→键入搜索参数号（如1825）→SEARCH（搜索）。记录表4-7所示内容。

表 4-7　　　　　　　　　　　　备份伺服参数

参数号 PRM No.	意义	设定值		
		X	Y	Z
1320				
1321				
1420				
1422				
1826				
1828				
1825				
1622				
1425				

（3）伺服参数的初始化。在显示伺服参数的设定画面上按［SV.PARA］键，使用光标、翻页键，输入初始设定时必要的参数。

① 初始设定参数 2000，参数全部设定为 0。

② 电动机 ID 号，对应参数 2020，设定为各轴的电动机类型号。

③ 任意 AMR 功能，对应参数 2001（设定为 00000000）。

④ CMR（指令倍乘比），对应参数 1820。

⑤ 关断电源，然后再打开电源。

⑥ 进给齿轮比 N/M（F·FG）。

⑦ 移动方向，对应参数 2022，正方向设定为 111，反方向设定为 -111。

⑧ 速度脉冲数，对应参数 2023，设定为 8 192。

⑨ 位置脉冲数，对应参数 2024，设定为 12 500。

⑩ 参考计数器，对应参数 1821，设定为各轴的参考计数器的容量。

⑪ 将电源关闭，然后再接通。

2. 其他有关伺服参数的设置

参数 1010：设置为 2（车床），设置为 3（铣床）。

参数 1020：设置为 88（X 轴），设置为 89（Y 轴），设置为 90（Z 轴）。

参数 1022：设置为 1（X 轴），设置为 2（Y 轴），设置为 3（Z 轴）。

参数 1023：设置为 1（X 轴），设置为 2（Z 轴）—车床。

　　　　　　设置为 1（X 轴），设置为 2（Y 轴），设置为 3（Z 轴）—铣床。

参数 1420：设置各轴快速运行速度。

参数 1423：设置各轴手动连续进给（JOG 进给）时的进给速度。

参数 1424：设置各轴的手动快速运行速度。

参数 1825：设置为 3 000。

参数 1826：设置为 20。

参数 1827：设置为 20。

参数 1828：设置为 1 000。

参数 1829：设置为 20。

在手轮方式运行各轴，看各轴是否正常，然后转换到手动方式，分别以慢速到快速运行各轴。

（二）软限位参数诊断与设定

1. 软硬限位定义

为了防止机械故障或电气故障使运动部件超出行程，造成事故，通常要对运动部件进行限位。限位的方法主要有硬件限位和软件限位。

硬件限位就是指在行程的极限位置设置挡块，挡块间距大于运动部件的正常工作行程，同时小于丝杠的工作行程，可见限位可以保护丝杠等机械部件。正常工作情况下运动部件不会碰到挡块，在发生故障时，一旦碰到了挡块，就相当于按下急停按钮，系统会切断电源，以对机床进行保护。

软件限位是指在参数中设置运动部件的移动范围，一般在软件限位中设置的移动范围也比机床运动部件正常工作行程大，但软限位范围比挡块间距要小，所以比丝杠允许的移动范围小得多。

软限位是对机械装置（丝杠）的第一层保护，硬限位（挡块）是第二层保护。

2. 进给轴行程软限位的设定步骤

（1）各进给轴回参考点。软限位的测量和设定必须是每个轴分别、单独进行的。

（2）将数控系统中的软限位参数清零。

（3）将轴沿正向移动，直到到达可以保证机床机械部件安全的极限位置，并记下正向极限位置机械坐标值。

（4）将轴沿负向移动，直到到达可以保证机床机械部件安全的极限位置，并记下负向极限位置机械坐标值。重复上述步骤，完成每个轴的测量。

（5）各轴的限位参数=上述测量值–一个安全裕量（2～5mm）。

（6）输入软限位参数进行设定，如图 4-15 所示。

1320	各轴存储式行程检测 1 的正方向边界的坐标值
1321	各轴存储式行程检测 1 的负方向边界的坐标值

图 4-15　软限位参数

（三）刀架换刀故障诊断与参数设定

有一常州市宏达机床数控设备有限公司生产的数控车床四工位刀架，电动刀架 2 号刀换到 3 号时，有时正常，有时不换刀，系统给出 T3 号换刀信号，刀架在 2 号刀位电动机正转一下，刀架还没有离开 2 号刀位，电动机马上反转，刀架锁紧，刀架停留在 2 号刀位，但程序显示为已换刀（T03），程序向下执行，导致撞刀。请解决此故障。

1. 换刀动作过程分析

换刀一般流程：MDI 方式发出换刀指令→中间继电器吸合→刀架电动机得电抬起→NC 判断刀架旋转方向→正转→带动刀架转动寻刀位→刀架霍尔元件检测到刀位信号→反馈给 CNC→CNC 接收到信号→停止输出正转信号→刀架电动机停转→PLC 指令刀架定位销打出→CNC 发出刀架反转锁紧信号→电动机反转→中间继电器断开→电动机断电停止，刀架锁紧，换刀结束。

2. 故障诊断分析

（1）通过对换刀过程分析，说明刀架强电电路基本没有问题，刀架有动作，只是动作没有完成。若有问题，可能出在中间继电器上，延时时间不到位。

验证方法：换 1 号或 4 号刀，看是否正常。不正常可以检查 PLC 输出状态，如图 4-16 所示，看换刀梯形图输出时间是否正确，若不正确，打开 PLC 参数，调整 PLC 时间继电器参数 13、14、15 设置，如图 4-17 所示。T26 地址是正转换刀寻刀时间参数，设置为 5 500ms，时间基本正确。T28 地址是反转锁紧时间，设置为 1 500ms，也没有错误。T24 地址是正转延时时间，也没有错误。

图 4-16 换刀延时继电器梯形图

```
PMC  PRM  （TIMER）  #001            MONIT  RUN

No.  ADDRESS    DATA    No.   ADDRESS       DATA
01   T00          0     11    T20             0
02   T02          0     12    T22             0
03   T04          0     13    T24          1000
04   T06          0     14    T26          5500
05   T08          0     15    T28          1500
06   T10          0     16    T30             0
07   T12          0     17    T32             0
08   T14          0     18    T34             0
09   T16          0     19    T36             0
10   T18          0     20    T38             0

>
〔 TIMER 〕〔 COUNTR 〕〔 KEEPRL 〕〔 DATA 〕〔 SETING 〕
```

图 4-17 换刀延时继电器参数设置

（2）电动刀架旋转不到位，若选择刀号，把 2 号刀认为 3 号刀，出错，可判断电动刀架的定位检测元件——霍尔开关已换位。拆开电动刀架上端盖，检查发信盘和霍尔元件开关，可能会发现发信盘与霍尔元件有错位，霍尔元件松动，重新调整元件对应刀号位置，即将霍尔元件开关方位与感应元件一一对应，锁紧螺母，可以排除故障。

（3）若1号、4号换刀正确，说明换刀时间继电器参数、梯形图肯定正确，那么可以判断霍尔元件或传感器损坏，只能用替换法试一试。若霍尔元件已换，位置调整了，还是错误码，就只剩下线路了。就是说线路或是接口有串电的可能，可用万用表测量刀架信号线对地是否短接，2号刀和3号刀信号是不是有短路等。

技能拓展

（一）CNC 系统显示语言参数修改

根据显示语言控制参数进行 CNC 系统显示语言参数修改。具体设置如图 4-18 所示。

3102	#7	#6	#5	#4	#3	#2	#1	#0
		SPN	HNG	ITA	CHI	FRN	GRM	JFM

图 4-18　CNC 系统显示语言参数设置

注：设定此参数时，应切断一次电源。

设定选择显示的语言如表 4-8 所示。

表 4-8　　　　　　　　　CNC 系统显示语言参数表

SPN	HGN	ITA	CHI	FRN	GRM	JPN	显示语言
0	0	0	0	0	0	0	英语
0	0	0	0	0	0	1	日语
0	0	0	0	0	1	0	德语
0	0	0	0	1	0	0	法语
0	0	0	1	0	0	0	汉语
0	0	1	0	0	0	0	意大利语
0	1	0	0	0	0	0	朝鲜语
1	0	0	0	0	0	0	西班牙语

（二）参数全清后的报警解除与基本参数设置

1. 基本功能参数的设置

根据本项目相关知识"（四）常见数控系统参数设定"，进行数控系统常见参数设置。

2. 参数全清后的报警与参数设置

当系统第一次通电全清参数（上电时，同时按 MDI 面板上［RESET+DEL］键）后，一般会出现如下报警。

（1）100。参数可输入，参数写保护打开（设定画面第一项 PWE=1）。

（2）506/507。硬超程报警，梯形图中没有处理硬件超程信号，设定 3004#5：OTH，可消除。

（3）417。伺服参数设定不正确，重新进行伺服参数设定，具体检查诊断 352 内容，根据内容查找相应的错误参数（见伺服参数说明书），并重新进行伺服参数初始化。

（4）5136。FSSB 放大器数目少，放大器没有通电或者 FSSB 没有连接，或者放大器之间连接不正确，FSSB 设定没有完成或根本没有设定（当需要系统不带电动机调试时，把 1023 设定为-1，屏蔽伺服电动机，可消除 5136 报警）。

（5）根据需要，手动输入基本功能参数（8130～8135）。检查参数 1010 的设定是否正确（一般车床为 2，铣床为 3；参数 1902#0=0）。

① 按相关知识中设置方法显示参数 8130。

② 修改参数 8130，设定为 2（车床）、设定为 3（铣床）。

③ 显示参数 8131。

④ 修改参数 8131，设定为 0（用手轮）、设定为 1（不用手轮）。

⑤ 显示参数 8133。

⑥ 修改参数 8133#0：SCC，设定为 0（不使用恒定表面切削速度）、设定为 1（使用恒定表面切削速度）。

⑦ 显示参数 8134。

⑧ 修改参数 8134，设定为 0（不使用图形对话编程功能）、设定为 1（使用图形对话编程功能）。

开机重启，若无 5138 报警，则完成设定。

小结

本任务主要是将数控系统参数初始化后进行调试和部分参数的设定，解决一些由此带来的报警问题。通过相关知识中的常见数控系统参数的详解和设定方法，来判断和分析数控机床机械运动的故障。重点是利用常见数控系统参数解决机床运行故障，难点是伺服参数的初始化设置和参数调试。

一、简答题

1. 当伺服出现 417 报警时，请分析可能出现的原因和排除方法报警号 417：当第 n 轴处在下列状况之一时发生此报警。

（1）参数 2020 设定在特定限制范围以外。

（2）参数 2022 没有设定正确值。

（3）参数 2023 设定了非法数据。

（4）参数 2024 设定了非法数据。

（5）参数 2084 和参数 2085（柔性齿轮比）没有设定。

（6）参数 1023 设定了超出范围的值或是设定了范围内不连续的值，或是设定了隔离的值。

（7）PMC 轴控制中，转矩控制参数设定不正确。

2. 请说明系统报警 P/S000 和 P/S001 的含义。

3. 如果机床在切削时使用恒定表面切削速度控制不起作用，应该首先检查哪个参数？

二、实训题

1. 伺服参数设置异常实训。

（1）将伺服参数 1023 改成 4，关机，再开机，观察系统的变化，注意报警号。

（2）调出诊断号 203、诊断号 280，并记下诊断号的值。

（3）将伺服参数 1023 改回原来值，关机，再开机，系统应该恢复正常。

（4）调出诊断号 203 和 280，观察有什么变化。

（5）将其中一个伺服模块 COP10B 插头上的光缆线拔下来，观察系统出现的报警号，并分析原因。

2. 伺服参数初始化操作与参数设置（伺服参数初始化之前，必须确保已备份参数）。

3. 现欲对某数控铣床直线运动的反向间隙补偿值进行测量并利用参数进行补偿。

已知初始状态屏幕显示的位置读数清 0，在手动方式下选定手轮最小脉冲当量数，利用百分表控制工作台沿 x 轴正向移动 1mm，然后又沿 x 轴负向移动 1mm，此时观察屏幕读数为 0.012。请计算出直线运动反向误差，说明利用哪个参数进行补偿，并实际操作进行参数设置。

任务五

| 数控机床 PMC 控制与应用 |

【学习目标】

- 能够识记 PLC 的概念和在数控机床中的作用，能读懂和编辑数控机床 PMC 梯形图。
- 能操作和运用数控机床 CNC、PLC 和 MT（机床本体）之间接口地址的信息状态（通 "1"、断 "0"）判断机床产生的故障，并加以排除。
- 掌握 PLC 编程能力和综合逻辑分析能力。

任务导入

调试图 5-1 所示数控机床 PLC 梯形图（详见附录 B），要求能够查找和检测数控机床输入输出开关量地址信号和功能指令信号，明确 CNC、PLC、MT 之间的逻辑控制关系，利用这些开关量信号的状态判断数控机床的故障是在 CNC 系统内部，还是在机床侧，还是在伺服、主轴、润滑系统等外围设备上，最终熟知 PLC 弱电控制数控机床强电逻辑顺序的动作过程。

图 5-1　数控机床 PLC 梯形图

相关知识

数控机床除了对各坐标轴的位置进行连续控制外，还要对诸如主轴正转和反转、换刀及机械手控制、工件夹紧松开、工作台交换、冷却和润滑等辅助动作进行顺序控制。这些都是靠可编程逻辑控制器（Programmable Logic Controller，PLC）来完成的，PLC 是由早期的继电器逻辑控制线路和装置（RLC）发展起来的。对于数控机床，PLC 是通过对程序的周期扫描来进行数控机床外围辅助电气部分的逻辑顺序的自动控制装置，FANUC 数控系统把这种装置称为可编程机床控制器（Programmable Machine Controller，PMC）。

（一）PMC 在数控机床中的作用

PMC 是 CNC 系统对机床及其外围部件进行逻辑控制的重要通道，同时也是外部逻辑信号对数控系统进行反馈的必由之路。通俗地说，PMC 是连接机床与数控系统的桥梁，其主要作用如下。

（1）控制机床操作面板信号输入。将机床操作面板上的控制信号直接输入给 PMC，以控制数控机床的运行。

（2）外部开关量输入信号控制。将机床侧的开关量信号送到 PMC，经逻辑运算后，输出给控制对象。这些控制开关包括各类控制开关、行程开关、接近开关、压力开关和温控开关等。

（3）输出信号控制。PMC 输出的信号经强电柜中的继电器、接触器、中间继电器、机床侧的液压或气动电磁阀等控制机床侧的动作，如机械手换刀、工作台回转、冷却泵动作、润滑泵润滑等。

（4）控制伺服和变频使能。控制主轴和伺服进给驱动装置的使能信号，以满足伺服驱动的条件，通过驱动装置，驱动主轴电动机、伺服进给电动机和刀架电动机等。

（5）处理故障诊断。PMC 通过从 CNC 或机床侧各检测装置反馈回来的信号进行自诊断，将报警标志区中的相应报警标志 A 置 1，数控系统便显示报警号信息。

(二) PMC 与 CNC、MT 之间的接口地址

接口是 CNC、PMC、MT 之间传递信号和控制信息的连接通道，其信息状态表示："1"为通；"0"为断。地址用来区分信号，即给信号命名加以区别，分别对应机床侧的输入输出信号、CNC 侧的输入输出信号、内部继电器、计数器、保持型继电器和数据表。在编制 PMC 程序时所需的地址类型如图 5-2 所示。

图 5-2　PMC 接口地址

（1）MT 至 PMC 信号接口。机床侧的开关信号通过 I/O 端子板输入至 PMC 中，所用地址是"X"，如操作面板按钮、接近开关、极限开关、压力开关等。此类地址中多数可由 PMC 程序设计者自行定义使用。

（2）PMC 至 MT 信号接口。PMC 控制机床的信号通过 PMC 的输出接口送到机床侧，所用地址是"Y"。此类所有开关量输出信号的含义及所占用 PMC 的地址均可由 PMC 程序设计者自行定义。

（3）CNC 至 PMC 信号接口。CNC 可以直接将控制信息送入 PMC 的寄存器中，所用地址是"F"，

均由数控系统生产厂家确定，PMC 编程人员可以使用，不允许删改。例如，在 FANUC 0i 数控系统中 M05 指令经译码后，送入寄存器 G029＃6。在［PMCDGN］→［STATUS］界面下，地址 G029＃6 若是"1"，说明该指令已输出到 PMC；若是"0"，则指令没到 PMC，此时可从 CNC 内部寻找"M05"指令信号没到 PMC 的故障原因。

（4）PMC 至 CNC 信号接口。PMC 送至 CNC 的信息也是将开关量信号传送到寄存器，所用地址是"G"，此地址也是由 CNC 厂家确定的，只可使用，不可删除。例如，FANUC 0i 数控系统中，在操作面板上由按钮发出要求机床单段运行的信号"MSBK"，该信号先由 MT 送到 PMC，再由 PMC 送到 CNC，其地址为"F004＃3"。在［PMCDGN］→［STATUS］界面下，地址"F004＃3"的状态如果是"1"，则指令信号已进入 CNC；如果是"0"，则指令信号没到达 CNC，可能面板与 CNC 之间有故障。

（5）PMC 程序中的其他地址。在 PMC 程序中，除了上面介绍的 X、Y、F、G 地址外，还有内部继电器 R、信息显示请求信号 A、计数器 C、保持型继电器 K、数据表 D、定时器 T 等地址信息，具体如表 5-1 所示。

表 5-1　　　　　　　　　　　　　PMC 地址一览表

地址类型	含义	字节	地址范围	备注
X	机床给 PMC 的输入信号（MT→PMC）	128	X0～X127	使用 I/O Link 时
			X1000～X1011	使用内装 I/O 卡时
Y	PMC 输出给机床的信号（PMC→MT）	128	Y0～Y127	使用 I/O Link 时
			Y1000～Y1008	使用内装 I/O 卡时
F	CNC 给 PMC 的输入信号（CNC→PMC）	256	F0～F255	伺服、主轴及请求信息
G	PMC 输出给 CNC 的信号（PMC→CNC）	256	G0～G255	伺服、主轴及反馈信息
R	内部继电器	1 100	R0～R999 R9000～R9099	运算结果、中间继电器
		1 118	R0～R999 R9000～R9117	运算结果、系统备用区
A	信息显示请求信号	25	A0～A24	与报警信息有关
C	计数器 CTR	80	C0～C79	设定计数值
K	保持型继电器	20	K0～K16	保存断电前的状态
			K17～K19	PMC 参数设定区域
D	数据表	1 860	D0～D1859	读写大量数据用
T	定时器 TMR	80	T0～T79	存储定时时间

（三）PMC 语言及编程

1. PMC 的语言

PMC 程序语言是梯形图，又叫 LADDER 图。程序执行过程是从梯形图的开头从上到下，由左至右，到结尾后再返回程序头继续循环执行，如此周期性地往复扫描 CNC、MT 接口地址信息，顺序执行，如图 5-3 所示。

图 5-3　梯形图及执行过程

程序分为第一级和第二级两部分，执行时先执行程序头的第一级程序，至 END1 结束，再执行第二级程序。第一级程序是处理短脉冲信号的通断，每 8ms 执行一次，如急停、超程、进给保持等，主要处理和执行紧急、危险、重要的元件，要求响应速度快。因此，第一级程序应尽可能短。

梯形图主要由触点、线圈和用方框表示的功能块组成，都有不同的地址和符号，如表 5-2 所示。触点代表逻辑"输入"条件，如行程开关、面板按钮等。线圈通常代表逻辑"输出"结果，用来控制外部的指示灯、交流接触器、中间继电器和内部的输出条件等。如果输出为"1"状态，则表示梯形图中对应软继电器的线圈"通电"；如果该存储单元为"0"状态，其常开触点断开，常闭触点接通，表示线路"不通"。

表 5-2   梯形图编程符号

符号	说明
┤├ A型触点 ┤╱├ B型触点	表示 PMC 内部继电器触点，来自机床和来自 CNC 的输入都使用该信号
┤┃├ ┤╱┃├	表示来自 CNC 的输入信号
┤┃├ ┤╱┃├	表示机床侧（含内置手动面板）的输入信号
⊸⊶ ⊸⊶	表示 PMC 内部的定时器触点
─( )─	表示其触点是 PMC 内部使用的继电器线圈
─( )─	表示其触点是输出到 CNC 的继电器线圈
─( )─	表示其触点是输出到机床的继电器线圈
─▭─	表示 PMC 内部的定时器线圈
─▯▯─	表示 PMC 的功能指令，由于各功能指令不同，符号的形式会有不同

注：细实线符号表示 PMC 内部符号；粗实线表示与 CNC 有关的符号；双实线表示 MT 侧符号。

梯形图按从左到右、自上而下的顺序排列，每一逻辑行起始于左母线，然后是触点的串、并联，最后是线圈与右母线相连。如图 5-3 所示，先执行第 1 梯阶，然后第 2 梯阶、第 3 梯阶……最后再返回程序头。

    梯形图中每个梯级流过的不是物理电流，而是"概念电流"，其两端没有电源。可以想象成左右两侧垂直母线之间有一个左正右负的直流电源电压，母线之间有"能流（power flow）"从左向右流动。

2. PMC 编程指令

编写 PMC 程序时通常有两种方法，一种是使用助记符语言（RD、RD NOT、WRT、AND、OR 等 PMC 基本指令）写成语句表来编程；另一种是使用梯形图符号编程。使用梯形图符号编程不需要理解 PMC 指令就可以直接进行程序编制，简单易行，方便快捷。如图 5-4 所示，图中采用了两种编程方法（梯形图和语句表），其基本指令运算过程如表 5-3 所示。

图 5-4　梯形图和语句表两种编程实例

表 5-3　　　　　　　　　　　运算过程

步号	指令	地址号	注释	运算结果状态		
				ST2	ST1	ST0
1	RD	X3.4	A			A
2	AND NOT	X3.5	B			$A \cdot \overline{B}$
3	RD NOT STK	Y53.3	C		$A \cdot \overline{B}$	$\overline{C}$
4	AND NOT	X20.2	D		$A \cdot \overline{B}$	$\overline{C} \cdot \overline{D}$
5	OR STK					$A \cdot \overline{B} + \overline{C} \cdot \overline{D}$
6	RD STK	R215.2	E		$A \cdot \overline{B} + \overline{C} \cdot \overline{D}$	E
7	AND	R215.6	F		$A \cdot \overline{B} + \overline{C} \cdot \overline{D}$	$E \cdot F$
8	RD STK	R403.3	G	$A \cdot \overline{B} + \overline{C} \cdot \overline{D}$	$E \cdot F$	G
9	AND NOT	R250.3	H	$A \cdot \overline{B} + \overline{C} \cdot \overline{D}$	$E \cdot F$	$G \cdot \overline{H}$
10	OR STK				$A \cdot \overline{B} + \overline{C} \cdot \overline{D}$	$E \cdot F + G \cdot \overline{H}$
11	AND STK					$(A \cdot \overline{B} + \overline{C} \cdot \overline{D})(E \cdot F + G \cdot \overline{H})$
12	WRT	R122.1	输出			$(A \cdot \overline{B} + \overline{C} \cdot \overline{D})(E \cdot F + G \cdot \overline{H})$

　　PMC 的基本指令只能实现简单的逻辑关系控制，但有些功能，如 M 指令读取、定时（刀架换刀延时或液压系统动作延时）、计数（加工零件计数）、最短路径选择（使刀库沿最短路径旋转）、比较、检索、转移、代码转换、数据四则运算、信息显示等很难靠基本指令完成，PMC 的功能指令刚好可以弥补基本指令的不足，可以实现数控机床信息处理和动作控制的特殊要求。常用的 PMC 功能指令如表 5-4 所示。

表 5-4　　　　　　　　　　常用的 PMC 功能指令

编号	功能指令	符号	处理内容
1	END1	SUB 1 / END 1	第一级程序结束
2	END2	SUB 2 / END 2	第二级程序结束

续表

编号	功能指令	符号	处理内容
3	TMR	ACT ── SUB 3 / TMR　0000（定时器号）	可变定时器，其设定的时间在屏幕的定时器画面中显示和设定。 ACT=启动信号
4	TMRB	ACT ── SUB24 0000（定时器号）／TMRB 0000（设定时间）	固定定时器，设定时间在编程时确定，不能通过定时器画面修改
5	DEC	ACT ── SUB 4 0000（译码地址）／DEC 0000（译码指令）	译码，将从译码地址读取的BCD码与译码指令中的给定值对比，一致输出"1"，不同输出"0"，主要用于M或T功能译码
6	DECB	BYT ── SUB25 0000（数据格式指定）／DECB 0000（代码数据地址）／0000（译码指定数）／0000（结果输出地址）	二进制译码，可对1、2或4个字节的二进制代码数据译码。指定的8位连续数据之一与代码数据相同，则对应的输出数据位为1
7	CTR	CN0 ── SUB 5 0000（计数器值）／UPDOWN ── CTR／RST ──／ACT ──	计数器，可作预置型、环形、加/减计数器，并可选择1或0作为初始值。 CN0=初始值选择； UPDOWN=加/减计数选择； RST=复位
8	ROT	RN0 ── SUB 6 0000（转台定位地址）／BYT ── ROT 0000（当前位置地址）／DIR ── 0000（目标位置地址）／POS ── 0000（计算结果输出地址）／INC ──／ACT ──	旋转控制，用于回转控制，如刀架、旋转工作台等。 RNO=转台的起始号1或0； BYT=位置数据的位数； DIR=是否执行旋转方向短路径选择； POS=选择操作条件； INC=选择位置数或步数
9	ROTB	RN0 ── SUB 26 0000（数据格式指定）／DIR ── ROTB 0000（转台定位地址）／POS ── 0000（当前位置地址）／INC ── 0000（目标位置地址）／ACT ── 0000（计算结果输出地址）	二进制旋转控制，其处理的数据为二进制格式，除此之外，ROTB的编码与ROT相同，数据格式指定=1字节、2字节或4字节
10	COD	BYT ── SUB 7 0000（数据表容量）／RST ── COD 0000（输入数据地址）／ACT ── 0000（输出数据地址）	代码转换，将BCD代码转换为2位或4位BCD数字
11	CODB	RST ── SUB27 0000（数据格式指定）／CODB 0000（数据表容量）／ACT ── 0000（输入数据地址）／0000（输出数据地址）	二进制代码转换，其处理的数据为二进制格式，CODB与COD的功能基本一致
12	MOVE	ACT ── SUB 8 0000（高4位逻辑乘数）／MOVE 0000（低4位逻辑乘数）／0000（输入数据地址）／0000（输出地址）	逻辑乘数数据传送，将逻辑乘数与输入数据进行逻辑乘，结果输出到指定地址，也可从输入地址8位信号中排除不要的位数
13	COM	ACT ── SUB 9 0000／COM （线圈数）	公共线控制，控制直到公共结束指令（COME）范围内的线圈工作

续表

编号	功能指令	符号	处理内容
14	COME	SUB 29 COME	公共线控制结束，指定公共线控制指令（COM）的控制范围，必须与 COM 合用
15	JMP	ACT ─ SUB10 JMP　0000（线圈数）	跳转，用于梯形图程序的转移。当执行时，跳至跳转结束指令（JMPE）而不执行与 JMP 指令之间的梯形图
16	JMPE	SUB 30 JMPE	跳转结束，用于表示（JMP）跳转指令区域指定时的区域终点，必须与 JMP 合用
17	PARI	O.E RST ACT　SUB11 PARI　0000（校验数据地址）	奇偶校验，对数据进行奇偶校验，检测到异常时输出报警。 O.E=0 时，偶数校验；O.E=1 时，奇数校验
18	DCNV	BYT CNV RST ACT　SUB14 DCNV　0000（数据输入地址）　0000（结果输出地址）	数据转换，将二进制码转换为 BCD 码或将 BCD 码转换为二进制码。 CNV=0 时，二进制码转换为 BCD 码；CNV=1 时，BCD 码转换为二进制码
19	DCNVB	SIN CNV RST ACT　SUB31 DCNVB　0000（数据格式指定）　0000（数据输入地址）　0000（结果输出地址）	扩展数据转换，将二进制码转换为 BCD 码或将 BCD 码转换为二进制码。 SIN=0 时，输入数据为正；SIN=1 时，输入数据为负
20	COMP	BYT ACT　SUB15 COMP　0000（输入数据格式）　0000（输入值）　0000（比较值）	数值大小判别，将输入值与比较值进行比较来判别大小。输入值小于等于比较值，则输出为 1。 BYT=0 时，处理数据为 2 位 BCD 码；BYT=1 时，4 位 BCD 码
21	COMPB	ACT　SUB32 COMPB　0000（数据格式指定）　0000（输入数据地址）　0000（输出数据地址）	二进制数据大小判别，比较 1、2 和 4 字节的二进制数据之间的大小，比较结果存放在寄存器 R9000 中
22	COIN	BYT ACT　SUB16 COIN　0000（输入数据格式）　0000（输入值）　0000（比较值地址）	判断一致性，检测输入值与比较值是否一致。此指令只适用于 BCD 数据
23	DSCH	BYT RST ACT　SUB17 DSCH　0000（数据表数据数目）　0000（数据表头地址）　0000（检索数据地址）　0000（结果输出地址）	数据检索，在数据表（D）中搜索指定的数据。如未找到指定数据，则输出为 1
24	DSCHB	RST ACT　SUB34 DSCHB　0000（数据格式指定）　0000（数据表数据数目）　0000（数据表头地址）　0000（检索数据地址）　0000（结果输出地址）	二进制数据检索，与 DSCH 的差别在于，数据全部为二进制，数据表中的数据数目可以用地址指定，在程序写入 ROM 后依然可以改变表容量
25	XMOV	BYT RW RST ACT　SUB18 XMOV　0000（数据表数据数目）　0000（数据表头地址）　0000（输入/输出数据存储地址）　0000（表内号存储地址）	变址数据传送，读取或改写数据表(D)中的内容。 RW=0 时，读出；RW=1 时，写入

续表

编号	功能指令	符号	处理内容
26	XMOVB	RW RST ACT　SUB35 XMOVB　0000（数据指定格式）0000（数据表数据数目）0000（数据表头地址）0000（输入/输出数据存储地址）0000（表内号存储地址）	二进制变址数据传送，与 XMOV 的差别在于，数据全部为二进制，数据表中的数据数目可以用地址指定，在程序写入 ROM 后依然可以改变表容量
27	ADD	BYT RST ACT　SUB19 ADD　0000（加数指定格式）0000（被加数存储地址）0000（加数常数或地址）0000（结果输出地址）	加法运算，BCD 码 2 位或 4 位数据相加。运算结果超过加数指定格式，输出置1
28	SUB	BYT RST ACT　SUB20 SUB　0000（减数指定格式）0000（被减数存储地址）0000（减数常数或地址）0000（结果输出地址）	减法运算，BCD 码 2 位或 4 位数据相减 运算结果为负，输出置1
29	MUL	BYT RST ACT　SUB21 MUL　0000（乘数指定格式）0000（被乘数存储地址）0000（乘数常数或地址）0000（结果输出地址）	乘法运算，BCD 码 2 位或 4 位数据相乘。运算结果超过乘数指定格式，输出置1
30	DIV	BYT RST ACT　SUB22 DIV　0000（除数指定格式）0000（被除数存储地址）0000（除数常数或地址）0000（结果输出地址）	除法运算，BCD 码 2 位或 4 位数据相除。除数为 0，输出置1
31	ADDB	RST ACT　SUB36 ADDB　0000（数据格式指定）0000（被加数地址）0000（加数常数或地址）0000（结果输出地址）	二进制加法运算，用于 1、2 和 4 字节二进制加法运算，运算信息可设定在运算结果寄存器（R9000）中。运算结果超过加数指定格式，输出置1
32	SUBB	RST ACT　SUB37 SUBB　0000（数据格式指定）0000（被减数地址）0000（减数常数或地址）0000（结果输出地址）	二进制减法运算，用于 1、2 和 4 字节二进制减法运算，运算信息可设定在运算结果寄存器（R9000）中。运算结果异常，输出置1
33	MULB	RST ACT　SUB38 MULB　0000（数据格式指定）0000（被乘数地址）0000（乘数常数或地址）0000（结果输出地址）	二进制乘法运算，用于 1、2 和 4 字节二进制乘法运算，运算信息可设定在运算结果寄存器（R9000）中。运算结果超过乘数指定格式，输出置1
34	DIVB	RST ACT　SUB39 DIVB　0000（数据格式指定）0000（被除数地址）0000（除数常数或地址）0000（结果输出地址）	二进制除法运算，用于 1、2 和 4 字节二进制除法运算，运算信息可设定在运算结果寄存器（R9000）中。若除数为 0，输出置1
35	NUME	BYT ACT　SUB23 NUME　0000（常数）0000（常数输出地址）	常数定义，用于指定常数
36	NUMEB	ACT　SUB40 NUMEB　0000（数据格式指定）0000（常数）0000（常数输出地址）	定义二进制常数，用于定义 1、2 和 4 字节二进制常数。将常数转换为二进制数据，存放在常数输出地址
37	DISPB	ACT　SUB41 DISPB　0000（总的信息数）	扩展信息显示，用于在屏幕上显示外部信息，如报警信息、操作提示等

续表

编号	功能指令	符号	处理内容
38	DIFU	ACT SUB57 DIFU 0000（上升沿号）	上升沿检测，在输入信号上升沿的扫描周期中将输出信号设置为1
39	DIFD	ACT SUB58 DIFD 0000（下降沿号）	下降沿检测，在输入信号下降沿的扫描周期中将输出信号设置为1
40	EOR	ACT SUB59 EOR 0000（数据格式指定） 0000（地址1） 0000（地址1和地址2） 0000（地址3）	异或，将地址1中的内容与常数（或地址2中的内容）相异或，将结果存到地址3中
41	AND	ACT SUB60 AND 0000（数据格式指定） 0000（地址1） 0000（常数或地址2） 0000（地址3）	逻辑与，将地址1中的内容与常数（或地址2中的内容）相与，将结果存到地址3中
42	OR	ACT SUB61 OR 0000（数据格式指定） 0000（地址1） 0000（常数或地址2） 0000（地址3）	逻辑或，将地址1中的内容与常数（或地址2中的内容）相或，将结果存到地址3中
43	NOT	ACT SUB62 NOT 0000（数据格式指定） 0000（地址1） 0000（地址2）	逻辑非，将地址1中内容的第一位取反，将结果存到地址2中
44	SP	ACT SUB71 SP 0000（子程序号）	子程序，用于生成一个子程序
45	SPE	SUB 72 SPE	子程序结束，与功能指令 SP 一起使用。当此功能指令被执行后，返回到调用子程序的功能指令
46	END	SUB 64 END	梯形图程序结束，表明梯形图程序的结束。此指令放在梯形图程序的最后

（四）PMC 显示操作与故障诊断方法

FANUC 数控系统可通过屏幕对 PMC 实施操作，进行 PMC 梯形图的动态显示，监控与诊断 PMC 的各种输入/输出信号状态；也可对定时器、计数器、保持型继电器、数据表等寄存器进行设定和显示；还能够对梯形图进行编辑等，由此来判断和查找数控机床故障位置。图5-5 所示为 PMC 的基本操作界面。

1. PMC 显示查找操作

MDI 方式→ ⊡ SYSTEM →再连续按右扩展[+]软键菜单三次，则在屏幕上显示出 PMC 操作界面，如图 5-5 所示。

图 5-5　PMC 基本界面

（1）动态显示梯形图程序。PMC 提供直观梯形图显示，可执行搜索和显示梯形图中的任意触点和线圈、梯形图的动态显示、屏幕分割显示、信号状态监控等功能。

在 PMC 基本界面（见图 5-5）中按[PMC 梯图]（PMCLAD）软键，即可显示出梯形图。梯形图执行时，通，逻辑"1"状态用高亮度线条表现出来，如图 5-6 所示。以此确认系统动作的控制状态，可有效地发现故障原因。

（2）梯形图的查找。在[PMC 梯图]（PMCLAD）界面下，按下[搜索]软键，会显示如图 5-7 所示界面，可以进行以下操作。

图 5-6　梯形图显示界面　　　　　　　　　图 5-7　梯形图显示查找

① 用光标移动键和翻页键可以变更显示位置。

② [始/终]软键用于查找梯形图的开头和末尾。

③ 输入线圈或触点的"地址和位"，按[搜索]软键。

④ 输入"功能指令号"→[F-搜索]或者键入"线圈指令名"→[W-搜索]。

2. PMC 的维护诊断界面（PMCMNT 界面）

在 PMC 基本界面（见图 5-5）上按软键[PMC 维护]（PMCMNT），能够显示 PMC 的维护界面，如图 5-8 所示。在该界面中可以分别显示[信号状态]、[I/O LNK]、[PMC 报警]和[I/O]等界面。

PMC 诊断与维护画面可以执行监控 PMC 的信号状态、确认 PMC 的报警、设定和显示可变定时器、显示和设定计数器值、设定和显示保持继电器、设定和显示数据表、输入/输出数据、显示 I/O Link 连接状态、信号跟踪等功能。

（1）[信号状态]界面。[信号状态]界面用于显示输入、输出的信号，内部继电器等的开、关状态。程序中所使用的地址（X，Y，F，G，R，A，C，K，D，T）内容可在 CRT 屏幕上显示。这对于查找数控机床故障点非常重要，根

图 5-8　PMC 诊断与维护界面

据此可判断故障出现在 CNC 侧还是在 MT 侧等。其操作步骤如下。

① 在图 5-8 所示界面上按下[信号状态]软键，屏幕显示如图 5-9 所示。

② 键入要显示的地址后按下[搜索]键或翻页键来显示另一地址。

（2）[I/O LNK]界面。[I/O LNK]界面如图 5-10 所示，按照组的顺序显示 I/O Link 上所在连接的 I/O 单元种类和 ID 代码，按[（操作）]软键进行相应操作。按[前通道]软键显示上一个通道的连接状态，按[次通道]软键显示下一个通道的连接状态。

图 5-9　[信号状态]界面　　　　　　　　　　图 5-10　[I/O LNK]界面

（3）[报警]界面。[报警]界面用于显示 PMC 中发生的报警。如果 PMC 发生报警，按下[ALARM]软键，可以显示报警信息，如图 5-11 所示，"ALM"在屏幕右上角闪烁。如果发生了一个致命错误，则顺序程序不能启动。对于界面上所显示的报警号的详细意义，可查找机床说明书中提供的"报警信息列表"。当报警信息较多时会显示多页，这时需要用翻页键来翻到下一页。

（4）[I/O]界面。[I/O]界面如图 5-12 所示。在此画面上，顺序程序、PMC 参数以及各国语言信息数据可被写入到指定的装置，并从装置读出和核对。显示两种光标：上下移动各设问的设问选择光标，左右移动各设问内容的内容选择光标。

图 5-11　[报警]界面

图 5-12　[I/O]界面

为了进行跟踪，查看信号的履历，必须设定允许对信号进行读取的参数，即设定跟踪参数。设定跟踪参数需要在跟踪参数界面下完成。在 PMCMNT 界面下，按软键[+]，显示[TRCPRM]跟踪参数界面，设定采样条件，如图 5-13 所示。此画面由 2 页构成，可通过翻页键切换页面。在跟踪参数设定画面的第二页上，设定将要采样的信号地址。

图 5-13　跟踪参数界面

3. PMC 参数界面(PMCPRM 界面)

在 PMC 基本界面（见图 5-5）上按软键[PMCMNT]，再按扩展[+]软键，能够显示PMC 的参数界面，如图 5-14 所示，可以分别打开 [定时]（ TIMER ）、[计数器]（ COUNTR ）、[数据]（ DATA ）、[K 参数]（保持型继电器）等界面。按光标键，把光标移到希望修改的地址号码上，输入数值，按功能键 [INPUT]，数据被输入。

图 5-14　PMC 参数界面

注意

（1）可变定时器的最小单位为 8ms，所设定的时间值必须是 8 的整数倍，余数将被忽略。

（2）保持型继电器 K16、K17、K18、K19 有特殊用途，其中 K17 不用的位必须置0；K18、K19 不能改写。

	#7	#6	#5	#4	#3	#2	#1	#0
K16								

K16#6=1：保持非易失性存储器的写入状态。

K16#7=1：确认保持非易失性存储器的写入状态。

K17#0=0：梯形图动态显示；K17#0=1：不进行梯形图动态显示。

K17#1=0：内装式编程功能无效（如果有）；K17#1=1：内装式编程功能有效(如果有)。

K17#2=0：通电后 PMC 程序自动执行；K17#2=1：通电后 PMC 程序手动启动执行。

K17#4=0：在显示 PMC 参数画面中，不能输入数据；K17#4=1：在显示 PMC 参数画面中，可以输入数据。

K17#5=0：在信号跟踪功能中，使用执行软键启动跟踪功能；K17#5=1：通电后自动启动信号跟踪功能。

K17#6=0：在波形信号显示功能中，使用执行软键启动跟踪功能；K17#6=1：通电后自动启动波形信号跟踪功能。

K17#7=0：显示 PMC 数据表控制画面；K17#7=1：不显示 PMC 数据表控制画面。

4. 常见 PMC 故障诊断方法

（1）观察 PMC 状态，判断开关量是否已输入。在 MDI 方式→PMC 基本界面（见图 5-5）→[PMCDGN]→[STATUS]界面输入开关量或直接观察梯形图相应开关量的通断，若逻辑为"1"或通，表示 MT、CNC 侧连接没有问题；若不通，则检查外部电路。对于 M、S、T 指令，可以在 MDI 方式下写一段程序验证，在执行的过程中观察相应的地址位。

（2）观察 PMC 状态，判断开关量是否已输出。观察所输出开关量或系统变量是否正确输出，若没有，则检查 CNC 侧，分析是否有故障。

（3）检查相关电气元件的状态。检查由输出开关量直接控制的电气开关或继电器是否动作，若没有动作，则检查连线或元件。检查由继电器控制的接触器等开关是否动作，若没有动作，则检查连线或元件。

（4）检查执行单元状态。检查执行单元，包括主轴电动机、步进电动机、伺服电动机等。

（5）结合工作原理，查找故障点。观察 PMC 动态梯形图，结合系统的工作原理，查找故障点。

【例 5-1】　某数控机床的换刀系统在执行换刀指令时没有动作，机械臂停在行程中间位置上，CRT 显示报警号，查手册得知该报警号表示：换刀系统机械臂位置检测开关信号为"0"和"刀库换刀位置错误"。

故障分析：根据报警内容，可以诊断故障发生在换刀装置和刀库两部分中，由于相应的位置检测开关无信号送至 PMC 的输入接口，从而导致机床中断换刀。造成开关无信号输出的原因有两个：一是由于液压或机械上的原因造成动作不到位而使开关得不到感应；二是电感式接近开关失灵。

首先检查刀库中的接近开关，用一薄铁片去感应开关，以检测刀库部分接近开关是否失灵；接着检查换刀装置机械臂中的两个接近开关，一个是"臂移出"开关SQ21，另一个是"臂缩回"开关SQ22，由于机械臂停在行程中间位置上，这两个开关输出信号均为"0"，经测试两个开关均正常。

机械装置检查："臂缩回"的动作是由电磁阀YV21控制的，手动电磁阀YV21，把机械臂退回至"臂缩回"位置，机床恢复正常，这说明手控电磁阀能使换刀装置定位，从而排除了液压或机械上阻滞造成换刀系统不到位的可能性。

故障处理：由以上分析可知，PMC的输入信号正常，输出动作执行无误，问题出在PMC内部或操作不当。经观察，两次换刀时间的间隔小于PMC规定的要求，从而造成PMC程序执行错误引起故障。

【例5-2】 结合梯形图，分析故障原因。

XH754卧式加工中心，FANUC 6M系统，X轴无反应，无报警信息。

故障分析：手动、自动方式X轴均不起作用且无报警信息，其他显示均正常。当使用MDI方式时，操作面板上的循环启动CYCLE START，START灯亮。查PMC梯形图和参数，均正常，说明CNC信号已发出，X轴启动条件已满足，但伺服不执行。所以将故障范围缩小在X轴伺服单元上。

故障处理：将伺服单元对调，即X轴和Y轴伺服驱动器接口对换，重新开机，试运行Y轴，观察Y轴伺服电动机是否有动作。若无，说明X轴伺服驱动器有故障。返厂或进一步拆下，查看伺服驱动器内部芯片和引脚，观察芯片和引脚是否蚀断，若发现，用不带电的电烙铁将元件拆卸，更换。

三、任务实施

（一）PMC 基本操作与调试

在数控机床中，可编程逻辑控制器负责完成各种辅助动作的控制，以及数控系统与机床之间信号的处理任务。第一级程序需要快速处理信号，它每8ms执行一次，处理的信号有急停、机床互锁、硬件超程、进给保持、计数等。第二级程序是数控机床PMC程序的主要部分，数控机床的绝大多数功能都是在这级程序中完成的，如操作方式选择、进给轴的控制、主轴的控制、辅助功能的处理、手动操作、自动换刀、冷却液控制、润滑控制等。根据图5-15所示流程和表5-5，查阅PMC各模块的数据和信号，熟悉操作过程和步骤，能够更改参数数据和梯形图。操纵PMC界面进入开关量显示状态，对照机床电气原理图，检查PLC输入/输出点的连接和逻辑关系是否正确。手动检查机床超程限位开关、减速开关等开关量是否有效，报警显示是否正确。

图 5-15　PMC 操作流程图

表 5-5　　　　　　　　　　FANUC 0i Mate 系统输入/输出地址速查表

	7	6	5	4	3	2	1	0
X8	152 Z-限位 CE56：B05	153 Z+限位 车床 CE56：A05	154 X-限位 车床 CE56：B04	258 急停 CE56：A04	X+限位 CE56：B03	203 超程 铣床 CE56：A03	202 空开 CE56：B02	201 变频器 报警 CE56：A02
X9 铣	CE56：B09	CE56：A09	CE56：B08	CE56：A08	CE56：B07	213 Z轴减速 CE56：A07	212 Y轴减速 CE56：B06	211 X轴减速 CE56：A06
X9 车	CE56：B09	CE56：A09	CE56：B08	CE56：A08	CE56：B07	CE56：A07	213 Z轴减速 CE56：B06	211 X轴减速 CE56：A06
X10	238 -Y CE56：B13	239 +Y CE56：A13	CE56：B12	CE56：A12	224 T4 CE56：B11	223 T3 CE56：A11	222 T2 CE56：B10	221 T1 CE56：A10

The figure 5-15 content (PMC操作流程图):

SYSTEM — [PMC主菜单] ——

[PMCMNT]（PMC维护）
- [信号]　信号状态
- [I/O LNK]　I/O Link 连接检测
- [报警]　报警
- [I/O]　数据输入/输出
- [定时]　PMC参数定时器
- [计数器]　PMC参数计数器
- [K参数]　PMC参数保持继电器
- [数据]　PMC参数数据表
- [跟踪]　信号跟踪画面
- [TRCPRM]　信号跟踪（参数设定）画面
- [I/O 诊断]　I/O 诊断画面

[PMCLAD]（PMC梯图）
- [列表]　程序列表画面
- [梯形图]　梯形图显示/编辑画面
- [双层圈]　2层圈检查画面

[PMCCNF]（PMC配置）
- [标头]　标头显示编辑画面
- [设定]　各类设定画面（信息语言、倍率等）
- [PMC状态]　PMC状态画面（多路径切换）
- [SYS参数]　系统参数显示/编辑
- [模块]　I/O模块显示/编辑
- [符号]　符号、注释显示/编辑
- [信息]　信息显示编辑画面
- [在线]　在线设定

续表

	7	6	5	4	3	2	1	0
X11	257 手轮 Z CE57：B05	256 手轮 X CE57：A05	250 机床锁住 CE57：B04	251 空运行 CE57：A04	252 M01 有效 CE57：B03	255 单段 CE57：A03	231 进给保持 CE57：B02	232 循环启动 CE57：A02
X12	230 超程复位 CE57：B09	233 RT 快移 CE57：A09	234 −Z CE57：B08	235 +Z CE57：A08	236 −X CE57：B07	237 +X CE57：A07	253 ROV2/MP2 CE57：B06	254 ROV1/MP1 CE57：A06
X13	240 KEY 存储器开关 CE57：B13	274 MD4 CE57：A13	275 MD2 CE57：B12	276 MD1 CE57：A12	270 *OV8 CE57：B11	271 *OV4 CE57：A11	272 *OV2 CE57：B10	273 *OV1 CE57：A10
Y0	421 进给保持灯 CE56：B19	422 循环启动灯 CE56：A19	423 机床锁住灯 CE56：B18	424 空运行灯 CE56：A18	425 M01 有效灯 CE56：B17	426 单段灯 CE56：A17	427 系统正常灯 CE56：B16	428 系统故障灯 CE56：A16
Y1	403 变频器电源 CE56：B23	 CE56：A23	 CE56：B22	 CE56：A22	402 刀架反转 CE56：B21	401 刀架正转 CE56：A21	405 主轴反转 CE56：B20	406 主轴正转 CE56：A20
Y2	CE57：B19	CE57：A19	CE57：B18	CE57：A18	CE57：B17	CE57：A17	CE57：B16	CE57：A16
Y3	CE56：B23	CE56：A23	CE56：B22	CE56：A22	CE56：B21	CE56：A21	CE56：B20	CE56：A20

注：1．X8.3～X8.7，X9.0～X9.2，X10.0～X10.3，X11.1，X11.5 为常闭状态，其他为常开状态。

2．ROV1/MP1、ROV2/MP2 表示手轮/快速进给倍率。0.001mm=F0=00，0.01=25%=01，0.1=50%=10，100%=11。

3．*OV1、*OV2、*OV4、*OV8 等表示点动进给倍率 0～150%。0=0 000，10%=1 000，20%=0 100，…，150%=1 111。

4．MD1、MD2、MD4 表示工作方式选择开关。存储 110，自动 100，MDI000，手轮 001，JOG101，回参 111。

（二）PMC 控制主轴正反转实训

以 FANUC 0i 数控车床为例，要求用 PLC 和变频器控制主轴电动机按一定的转速进行工作，且主轴电动机可以进行正反转互换控制，能判断主轴电动机不转的故障。其操作步骤如下。

1. 变频器选用和参数设定

选用三菱系列变频器，变频器采用外部端子控制，电动机转速的高低通过变频器来设置参数进行控制。变频器的基本参数设置参见任务九。电动机的正反转运行通过变频器的 STR、STF 与 PLC 程序实现控制。

2. 分析主轴正反转 PMC 控制的梯形图

主轴正反转梯形图如图 5-16 所示，变频器及控制主轴正反转电气原理图如图 5-17 所示。PMC 负责主轴箱换向逻辑和外部数据输入时的数字转速给定值及工作状态信号的传递。一般是变频器向 PMC 发出"主轴使能"信号 F1.4，PMC 接收到该信号后，即向 CNC 发出 G70.5 主轴正转信号，同时接收来自 CNC 的转速设定值。这里 CNC、PMC、变频器三者无论哪部分有问题，都会导致主轴不转或转动不正常。发生故障时，一般应按主轴变频器→PMC→CNC 的检修顺序来查寻。首先保证 F1.4，再查 PMC 发出的 Y1.7。变频器准备好上电信号，若两者信号正常，查看 CNC 输出的转速给定电压，如图 5-19 所示的 4、5 引脚。若没有，可认定故障在 CNC，即主轴速度指令不正常或无输出。

图 5-16　主轴正反转梯形图

若主轴转动指令发出后，主轴转动指示灯亮，说明 PMC 给 CNC 的 G70.4 或 G70.5 为通路，CNC 和 PMC 信号均到达，两者没有问题。如有故障，可能是电动机动力线断线、主轴控制单元与电动机间电缆连接不良、STF 或 STR 正反转信号未给等。当然，主轴编码器如有故障，也可能导致转速不稳或失控，也会报警。

图 5-17　变频器及控制主轴正反转电气原理图

3. 正反转任务实施

通过更改 PMC 梯形图，实现主轴正反转互换。另外，改变电气线路 KA3 或 KA4、改变变频器的 STF 和 STR 引脚、改变主轴电动机输出相序（如 U2、V2、W2）等方法均可能实现主轴正反转互换。

（三）PMC 实现刀架换刀诊断实训

普通数控车床使用的四工位刀架能够正常工作，是由 PMC 控制完成的。在换刀过程中为了对刀架进行保护，设置了一个换刀超时时间，如果换刀过程在规定的时间内不能正常完成，系统就会提示报警。为了能让刀架正确选择刀具，设置了一个刀架正转延时时间。选择刀具后，要对所选择的刀具进行锁紧，在 PMC 参数中又设置了一个刀架反转延时时间常数。分别由 TMR 时间定时器 13、14、15 号指定。在 PMC 参数中，可查看到时间继电器第 13 号为正转延时时间，系统设定为 300ms；14 号为换刀超时时间，系统设定为 5 500ms；15 号为刀具锁紧时间，系统设定为 1 000ms。

可以根据上述参数定义，对这些参数进行人为的修改，以便认识这些参数的功能，具体做法如下。

（1）首先确认刀架电动机运转正常，换刀、锁紧等动作都准确无误。

（2）进入系统参数编辑状态，选择 PMC 系统参数，更改刀具锁紧时间、换刀超时时间、正转延时时间参数，观察刀架换刀动作是否正常，并用手扳动刀架，判断刀架是否锁紧，观察选择刀具是否到位等，然后把所观察到的现象添入表 5-6 中。

（3）测试完毕后将参数恢复到原来正常工作时的状态。

表 5-6　　　　　　　　　　　PMC 实现刀架换刀诊断实训记录表

序号	故障设置方法	故障现象	PMC 状态监控（通、断）	结论
1	将换刀时间更改为 10s，将刀具锁紧时间更改为 0.1s，换刀时有什么故障现象，并用手扳动刀架，判断刀架是否锁紧，观察选择刀具是否到位		R27.1	
			R27.2	
			R28.6	
			R30.4	
			R30.5	
2	将换刀时间更改为 10s，将刀具锁紧时间更改为 1s，将正转延时时间更改为 0 或 2s，运行刀架有什么故障现象，并用手扳动刀架，判断刀架是否锁紧，观察选择刀具是否到位		R27.1	
			R27.2	
			R28.6	
			R30.4	
			R30.5	

四、技能拓展

数控机床出现的大部分故障都是通过对 PLC 梯形图的输入/输出点的状态进行监控查出的。如有些故障可在屏幕上不产生报警信息，只是有些动作不执行，就可以跟踪 PLC 梯形图的运行来确诊这些故障。但有些故障 PLC 变化过程快，通过监视 I/O 状态无法跟踪到，此时就需要通过 PLC 进行动态跟踪，实现观察 I/O 瞬间的变化，根据 PLC 的动作和数控工作原理做出诊断，具体操作如下。

（一）设定跟踪参数

在 PMC 基本界面（见图 5-5）上按软键[PMCMNT]→[TRCPRM]进入跟踪参数界面，如图 5-18 所示。

（1）采样。设定采样方式。周期：以所设定的周期采样信号；信号变化：以所设定的周期监视信号，在信号发生变化时采样；分辨率：默认值为最小采样分辨率（毫秒），但是，此值随 CNC 而不同；时间：在采样方式中选择"周期"时显示，进行将要采样的时间设定。

（2）停止条件。设定跟踪的停止条件。无：不会自动停止；缓冲满：采样缓冲满时自动停止；触发：通过触发自动停止。

（3）采样条件。采样方式为"信号变化"时可设定，设定进行采样的条件。

（4）采样地址设定。在跟踪参数设定画面的第二页（通过翻页键切换）上设定将要采样的信号地址。信号地址设定在位地址中。如果输入的是字节地址，则需输入该地址的 0～7 位的地址。信号地址最多可设定 32 个。

图 5-18　跟踪参数设定界面

（二）跟踪参数界面操作

设定跟踪参数后，在跟踪初始画面按下[操作]软键，并按下[启动]软键，开始跟踪。图 5-19 所示为"周期"方式信号跟踪执行中界面。在执行跟踪过程中，实时显示跟踪结果。跟踪参数设定画面中设定的跟踪停止条件成立时，结束跟踪的执行。此外，按下[停止]软键，也将中断执行。

跟踪的执行结束后，可确认跟踪结果。图 5-20 所示画面为"周期"方式的执行结果，指示当前位置的光标最初显示在原点(0 点)。 光标的当前位置显示在画面上部的"光标位置"项目，可用 <←>/< → >键移动。

图 5-19　信号跟踪执行中界面

图 5-20　信号跟踪结果界面

在跟踪结果画面按[标记]软键，标出此时的光标位置，显示标记光标。标记光标与当前位置光标重合时，当前位置优先。表示标记光标位置的"标志位置"和表示从标记光标位置到当前位置光标范围的"范围"显示在画面上部，这些数值将随着当前位置光标的移动而变化。解除范围选择时，可再次按[标记]软键。

通过设定 PMC 的系统管理软件数据，可在接通电源后，自动地开始跟踪。参数 K017 的#5 位设定为 0：用[执行]软键开始跟踪；设定为 1：电源接通后，自动开始跟踪。

本任务学习了 PLC 的定义和作用，知道了数控机床中的 PLC 是专用于数控机床外围辅助电气部分的自动控制的，是控制伺服电动机和主轴电动机以及机床侧辅助电气部分的接口，所以称为可编程序机床控制器，也简称 PMC。要求掌握 FANUC 0i 系统 PMC 与外部信息的交换，PMC 的操作方法、编程方法、功能指令含义，动态显示 PMC 顺序程序界面、PMC 的诊断界面、PMC 参数显示界面以及利用 PMC 对数控机床故障进行诊断等内容。

一、简答题

1. PLC 与 PMC 的含义是什么，PMC 在 CNC 中的作用有哪些？

2. 为什么 PMC 第一级程序尽可能短？

3. 解释 PMC 地址 X、Y、F、G、R、T、C、K 的含义。

4. PLC 控制与继电器控制相比有什么优点？

5. 怎样利用 PMC 查找数控故障，举例说明。

二、实训题

1. 利用 PMC 功能指令设计一程序，要求：

能实现按下 SB1（X1.0）键，灯 H1（Y1.0）亮，5s 后灯 H1 灭。

2. 编制一个润滑控制的 PMC 程序，要求：

（1）启动机床开始，15s 润滑。

（2）15s 润滑后停止 25min。

（3）润滑 15s 后未达到压力报警；1.25min 后压力未下降报警。

任务六

|数控机床数据的传输与备份|

【学习目标】

- 能够识记数控机床数据传输的方式、方法。
- 了解数据备份的重要性和数据传输的可靠性作用。
- 掌握数据传输参数的设置与操作。
- 熟练地利用存储卡和使用计算机及通信电缆两种不同方法进行数据备份和恢复。
- 能手动焊接 RS-232-C 通信电缆，保证通信的可靠性。
- 能根据系统报警判断出常见传输报警原因，排除传输信号异常故障。

任务导入

本任务是利用存储卡在引导系统屏幕画面和使用计算机及通信电缆进行数据备份和恢复，掌握 CNC 侧通信参数的设置和操作。如图 6-1 所示，能针对不同的数控系统焊接机床侧、计算机侧的通信电缆接口引脚，重点实现 PROGRAM（零件程序）、PARAMETER（机床参数）、PITCH（螺距误差补偿表）、MACRO（宏参数）、OFFSET（刀具偏置表）、PMC PARAMETER（PMC 数据）的传送。机床参数、螺距误差补偿表、宏参数、工件坐标系数据传输的协议设定只需在各自的菜单下设置，PMC 数据的传送则需更改两端的协议。PMC 程序的传送则必须使用 FANUC 专用编程软件 LADDER-Ⅲ方可实现。根据传输时系统的报警号正确分析传输错误的原因，能够解决简单的传输故障。

图 6-1　数控机床与计算机之间数据传输图

相关知识

随着自动编程软件在数控机床加工，特别是模具加工领域的普遍应用及数控机床现代维修技术的需要，要求数控系统具有高可靠性、高速度的数据传输功能，这样才能保证 DNC 在线加工程序的正确性和效率。FANUC 16/18/21/0i 系统的 RS-232-C 的波特率可达到 19 200bit/s，远程通信的波特率可达到 86 400bit/s，高速串行总线通信（HSSB）的波特率为 256 000bit/s。另外，在机床所有参数调整完成后，也需要对出厂参数等数据进行备份，并存档，用于万一机床发生故障时的数据恢复。

（一）使用存储卡进行数据备份和恢复

存储卡即人们平时使用的 CF（Compact Flash）卡，在笔记本电脑和有些数码相机中都可使用。存储卡可以在市面上购买，一般使用 CF 卡+PCMCIA 适配器。如果在市面上购买，需要挑选兼容性好的卡和适配器，因为市场上有一些质量不好的存储卡在 FANUC CNC 上是不能使用的。

目前，FANUC 的 i 系列系统 0i C/D，0i Mate C/D、16i/18i/21i 上都有 PCMCIA 插槽，这样就可以方便地使用存储卡传输备份数据了。对于主板和显示器一体型系统，插槽位置在显示器左侧，如图 6-2 所示。存储卡插入时，要注意方向，对于一体型显示器，商标向右，注意插入时不要用力过大，以免损坏插针。对于分体型系统，存储卡插在主板上，要到电气柜里插拔，插入时也要注意指示方向，不要插反。

1. 系统存储区域介绍

CNC 的存储区分为 FROM、SRAM 和 DRAM。其中，FROM 为非易失型存储器，系统断电后数据不丢失；SRAM 为易失型存储器，系统断电后数据丢失，所以其数据需要用系统主板上的电池来保存；DRAM 为动态存储器，是软件运行的区域，系统断电后数据丢失。CNC 中必须备份保存的数据类型和保存方式如表 6-1 所示。

图 6-2 FANUC 16i 系统存储卡插槽位置图

表 6-1 　　　　　　　　　CNC 中保存的数据类型和保存方式

数据类型	存储区	来源	备注
CNC 参数	SRAM	机床厂家提供	必须保存
PMC 参数	SRAM	机床厂家提供	必须保存
梯形图程序	FROM	机床厂家提供	必须保存
螺距误差补偿	SRAM	机床厂家提供	必须保存
宏程序	SRAM	机床厂家提供	必须保存
加工程序	SRAM	用户	根据需要，可以保存
系统文件	FROM	FANUC 提供	不需要保存

　　　　　FANUC 系统文件不需要备份，但也不能轻易删除，因为有些系统文件一旦删除了，再原样恢复也会发生系统报警而导致系统不能使用，即使同类型系统之间相互复制也可能造成系统不正常运行，所以对于这些基本软件不要随意操作。

2. 数据输入/输出操作的方法

用存储卡进行数据输入/输出操作的方法可以分为 3 种，每种方法各有特点。

第一种方法：通过 BOOT 画面备份。这种方法备份数据，备份的是 SRAM 的整体，数据为二进制形式，在计算机上打不开。但此方法的优点是恢复或调试其他相同机床时可以迅速完成。

第二种方法：通过各个操作画面对 SRAM 里各个数据分别备份。这种方法在系统的正常操作画面操作，编辑（EDIT）方式或急停方式均可操作，输出的是 SRAM 的各个数据，并且是文本格式，在计算机上可以打开，但缺点是输出的文件名是固定的。

第三种方法：通过 ALL I/O 画面对 SRAM 里各个数据分别备份。这种方法有个专门的操作画面即 ALL I/O 画面，但必须是编辑（EDIT）方式才能操作，急停状态下不能操作。SRAM 里所有的数据都可以分别被备份和恢复。和第二种方法一样，输出文件的格式是文本格式，在计算机上也可以打开。和第二种方法不一样的地方在于可以自定义输出的文件名，这样，一张存储卡可以备份多台系统（机床）的数据，以不同的文件名保存。

3. 存储卡通过 BOOT 画面的备份操作

（1）BOOT 画面。BOOT 是系统在启动时执行 CNC 软件建立的引导系统，作用是从 FROM 中调用软件到 DRAM 中。BOOT 画面的进入方法：首先插上存储卡，按住显示器下面最右边两个软键，然后系统上电。如果是触摸屏系统，对于 BOOT 画面用数字键进行操作，按 MDI 键盘上的数字键 6 和 7，如图 6-3 所示。此时，系统会进入 BOOT 画面，如图 6-4 所示。

图 6-3　触摸屏启动 BOOT 按键

图 6-4　存储卡启动 BOOT 画面

BOOT 画面的各选项所对应的意义如表 6-2 所示。

表 6-2　　　　　　　　　　　　　　　BOOT 画面的各选项意义

选项	意义
（1）	显示标题。右端显示 BOOT SYSTEM 的版本
（2）	结束，退出 BOOT 画面。进行此操作，系统自检后进入正常画面
（3）	用户数据装载（卡→CNC 的 FROM）
（4）	系统数据载入
（5）	系统数据检查
（6）	系统数据删除。用于删除 FROM 中的软件，但是对于系统软件一般不允许删除，在此操作下可删除系统梯形图，所以操作时需注意
（7）	向存储卡备份数据
（8）	备份/恢复 SRAM 区
（9）	存储卡格式化
（10）	显示简单的操作方法和错误信息

根据屏幕下软键进行操作，如果使用 MDI 键盘数字键，则用数字键操作。

（2）SRAM 数据的备份。在图 6-4 所示的 BOOT 画面中，1~6 项是针对存储卡和 FROM 的数据交换，第 7 项是保存 SRAM 中的数据，因为 SRAM 中保存的系统参数、加工程序等都是系统出厂时没有的，所以要注意保存，做好备份。操作步骤如下。

① 在 BOOT 画面中按软键[UP]或[DOWN]把光标移至 "7. SRAM DATA UTILITY" 上面。

② 然后按软键[SELECT]，显示 SRAM 备份画面，如图 6-5 所示。

这时，注意 MESSAGE 下的信息提示，按照提示进行操作。进入 SRAM 备份画面后，可以看到两个选项：SRAM 数据备份，作用是把 SRAM 中的内容保存到存储卡中（SRAM→卡）；另一选项正好相反，是恢复 SRAM 数据，把卡里的内容恢复到系统中（卡→SRAM）。

```
SRAM DATA UTILITY
 [BOARD: MAIN]
1.SRAM BACKUP （CNC ->MEMORY CARD）
2.RESTORE SRAM （MEMORY CARD->CNC）
3.END


SRAM SIZE:  1.0MB （BASIC）




***MESSAGE***
SELECT MENU AND  HIT SELECT KEY

[SELECT] [YES]   [NO]   [UP]   [DOMN]
```

图 6-5　SRAM 数据备份界面

　　括号里注明了数据传输的方向，备份的时候注意不是同一台系统，参数等内容不相同，如果选择错误会造成系统数据被覆盖，CNC 不能正常运行，所以选择第二项时要慎重。

③ 备份 SRAM 内容时，用[UP]或[DOWN]软键将光标移至 "SRAM BACKUP"，按[SELECT]软键，系统显示图 6-6 所示画面。

④ 进行数据保存操作时，按[YES]软键，SRAM 开始写入存储卡，显示如图 6-7 所示。

```
FILE NAME: SRAM1_0A.FDB
           SRAM1_0B.FDB          显示把 SRAM 数据输入
                                  存储卡的文件名
 *** MESSAGE ***                            ☞ 文件名请看
 BACKUP SRAM DATA OK ? HIT YES OR NO.        下页。
```

图 6-6 备份 SRAM 内容

```
 *** MESSAGE ***
 SRAM BACKUP WRITING TO MEMORY CARD
```

图 6-7 数据保存操作

⑤ 写入结束后，显示图 6-8 所示信息。

⑥ 保存结束后，按软键[SELECT]。

⑦ 把光标移动到"END"上，如图 6-9 所示，然后按软键[SELECT]，系统即退回到 BOOT 的初始画面。

```
 *** MESSAGE ***
 SRAM BACKUP COMPLETE. HIT SELECT KEY.
```

图 6-8 写入结束时显示信息

```
1. SRAM BACKUP (CNC –> MEMORY CARD)
2. RESTORE SRAM (MEMORY CARD –> CNC)
3. END
```

图 6-9 结束操作

注：在此状态下备份的数据是机器内码打包形式，所以作为备份，可迅速恢复系统，但不能在计算机上查看详细内容。

（3）从 BOOT 画面备份梯形图。

① 完整的梯形图分为 PMC 程序和参数两部分，其中 PMC 程序在 FROM 中，PMC 参数在 SRAM 中。在图 6-4 所示的 BOOT 画面主菜单上选择"6.SYSTEM DATA SAVE"。

② 按软键[SELECT]，按[PAGE↓]键翻页至 PMC1 上（根据 PMC 版本不同，名称有所差别）。

③ 按软键[SELECT]后，显示是否保存询问。

④ 确认后，按软键[YES]，就把梯形图文件保存到存储卡中了。如果要取消时，按软键[NO]。

⑤ 结束时，显示结束信息，确认后按软键[SELECT]。

⑥ 输出结束后，把光标移到"END"上，按软键[SELECT]，即退回到 BOOT 主画面。

如果菜单上没有显示"END"，请按 ▶，以显示下页菜单。注：有些文件是系统软件，是受保护的，不能复制。

4. 对 SRAM 里各个数据分别备份和恢复

（1）对参数的备份。从系统正常画面下可备份参数，但需要两个基本条件：一是系统在编辑（EDIT）方式或急停状态下；二是设定参数 20#=4，使用存储卡作为 I/O CHANNEL 设备。操作步骤如下。

① 在 MDI 键盘上按 [SYSTEM]，再按[参数]软键，显示参数界面。

② 按下软健右侧的[OPR]或[（操作）]，对数据进行操作。

```
EDIT **** *** ***        17:13:51
( 参数 )( 诊断 )( PMC )( 系统 )((操作))
```

③ 按下右侧的扩展键 ▶，按[PUNCH]软键输出。

```
EDIT **** *** ***        17:22:24
(        )( READ )(PUNCH )(        )(        )
```

④ 按[NON－0]软键选择不为零的参数，如果选择[ALL]软键为全部参数。

```
EDIT **** *** ***          17:22:39
(        )(        )( ALL    )(        )(NON-0 )
```

⑤ 按[EXEC]软键执行，选择输出。

```
EDIT **** *** ***          17:22:53
(        )(        )(        )( CAN  )( EXEC )
```

操作完成后，参数以默认名"CNCPARAM"保存到存储卡中。如果把100#3 NCR设定为"1"，可让传出的参数紧凑排列。以此种方式备份的参数可以在计算机上用写字板或记事本直接打开，但是此种方法备份出的参数文件名不可更改。如果卡中有一套名为"CNCPARAM"的系统参数，再备份另外一台系统参数时，原来的数据将会被覆盖。如果要回传参数，从步骤③中选择[READ]软键，再选择[EXEC]软键执行，即可把备份出来的参数回传到系统中。

（2）PMC程序（梯形图）的保存。在MDI键盘上按"SYSTEM（系统）"，再按扩展软键，按下[PMCMNT]软键，按下[I/O]软键，选择"装置=存储卡"、"功能=写"、"数据类型=顺序程序"、"文件名=PMC1.001"，此时显示器上状态显示为"PMC→存储卡"，如图6-10所示。

按照上述每项设定，按[执行]软键，则PMC梯形图按照"PMC.001"名称保存到存储卡上。

（3）PMC参数的保存。进入PMC画面以后，按软键[I/O]，与图6-10设定不同的地方是设定"数据类型=参数"，其他按照图6-10所示每项设定，按[执行]软键，则PMC参数按照"PMC_PRM.001"名称保存到存储卡上。

（4）加工程序的输入/输出。同备份参数一样，程序的输入/输出也要满足20号参数值为4，并且在EDIT（编辑）方式下进行操作。操作步骤如下。

① 在MDI键盘上按"EDIT（编辑）"，再按"程式"，显示系统程序画面，如图6-11所示。

图6-10　PMC程序（梯形图）保存界面

图6-11　加工程序的输入/输出界面

② 按[OPRT（操作）]软键，如图6-12所示。

图 6-12　按[OPRT（操作）]软键

③ 按[+]扩展键，如图 6-13 所示。

图 6-13　按[+]扩展键

④ 输出程序按[PUNCH]软键，如图 6-14 所示。

图 6-14　按[PUNCH]软键

⑤ 按[执行]软键，如图 6-15 所示。

图 6-15　按[执行]软键

当系统内程序很多时，一次传输一个比较麻烦，费时费力。系统提供了一种方法能够一次性传输所有程序。在系统程序画面备份全部程序时要先设定参数 3201#6 NPE=1，输入 0～9 999，按软键[PUNCH]、[EXEC]，可一次性把全部程序传入卡中，文件名默认为"PROGRAM. ALL"。

相反地，从卡向系统传输加工程序，在以上操作第④步中选择[READ]软键，在如图 6-16 所示画面中输入要读入的程序号 O12，然后选择[执行]软键，操作完成后，所选程序即被读入系统。

图 6-16　输入要读入的程序号 O12

　　当系统中有一个程序和从卡中读入的程序号相同时，不可传输。系统会发出 73 号报警。

（5）螺距误差补偿量的保存。

① 依次按 SYSTEM ，找到并按[PITCH]软键，显示螺距误差补偿量界面。

② 依次按[OPRT]→▶扩展键→[PITCH]→[EXEC]，输出螺距误差补偿量。

其他如用户宏程序（换刀用等）、宏变量等也需要保存，操作步骤基本和上述相同，都是在编辑方式相应的画面下，按[操作]→[输出]→[执行]即可。

5. 使用 ALL I/O 画面进行 SRAM 数据的输入/输出

系统还提供了专门用于输入/输出数据的 ALL I/O 画面。上面介绍的参数备份中，同名文件将被覆盖，那么 ALL I/O 画面自定义名称可以解决这个问题。

（1）ALL I/O 画面的显示。在 EDIT 方式下，按 MDI 面板上[SYSTEM]键，然后按下显示器下面软键的扩展键[+]或 ▶ 数次调出 ALL I/O 画面，如图 6-17 所示。

（2）按下[操作]键，出现可备份的数据类型，以备份参数为例，操作步骤如下。

① 按下[参数]键，如图 6-18 所示。

图 6-17　ALL I/O 画面　　　　　　　　图 6-18　ALL I/O 的参数画面

② 按下[操作]键，出现可备份的操作类型，如图 6-19 所示。

[F 输入]为在读取参数时按文件名读取存储卡（M-CARD）中的数据；[N 输入]为在读取参数时按文件号读取存储卡（M-CARD）中的数据；[F 输出]为传出参数；[删除]为删除存储卡（M-CARD）中数据。

③ 在向存储卡（M-CARD）中备份数据时选择[F 输出]键，按下该键打开如图 6-20 所示画面。

图 6-19　备份的操作类型　　　　　　　　图 6-20　参数[F 输出]界面

输入要传出的参数的名字如 "HDPRA"，按下软键[F 名称]，之后文件名会显示在 "FILE NAME=" 后面，即可给传出的数据定义名称，执行即可。

通过这种方法备份参数可以给参数起自定义的名字，这样可以用一个存储卡备份不同机床的多个数据。

（3）加工程序的输入/输出。

① 在 ALL I/O 画面中选择[程序]，则可看到程序画面。上半部分为卡中程序，下面为系统中程序。

② 依次选择[程式]→[操作]→[F 输出]，显示如图 6-21 所示[F 输出]画面。在此画面可以给程序取文件名。例如，这里取名为"PRO20"，选择[F 名称]，然后选择要传出的程序号 20，按软键[O 设定]。

③ 按软键[执行]，此时选中的程序 20 以文件名 PRO20 被保存在卡中，如图 6-22 所示的 0006 号文件。

图 6-21　程序[F 输出]画面

图 6-22　程序存储后的界面

④ 程序的读入是在程序的传出步骤②中选择[F 输入]或[N 输入]，在文件号后面输入选择读入的文件名，按软键[F 设定]，然后输入程序号 20，按软键[O 设定]，最后选择[执行]，此时程序被读入卡中。如图 6-23 所示。

图 6-23　程序的读入界面

注：如果在第②步中选择[N 输入]，则按照文件名进行选择，操作基本相同。

这里也需要注意，要从卡中读入的程序号不能和系统中原有的程序号相同。

（4）在程序画面备份系统的全部程序。前面讲过从程序画面一次传输所有程序，默认文件名为"PROGRAM. ALL"。在 ALL I/O 画面下也可实现，并且可以给传出的文件命名。首先还是要设定参数 3201#6=1，到 ALL I/O 画面，选择[程序]→[PUNCH]，输入要取的文件名称，如"0ALL"，按软件[F 名称]，程序号输入-9 999，按软键[O 设定]输入，然后按软键[执行]，可以把全部程序传出到存储卡中（默认文件名 PROGRAM.ALL）。

程序回传时方法和单个程序类似。在 ALL I/O 画面中选择[程序]→[F 设定]，选择文件号，按软键[F 设定]，输入-9 999，不要按软键[O 设定]，直接按软键[执行]，此时所有程序被回传到系统当中。

回传时要保证程序号不能重复，否则同样发出 73 号报警。

6. 有关用存储卡进行 DNC 加工

DNC 运行方式（RMT）是自动运行方式的一种，是在读入存储卡中程序的同时执行自动加工（DNC 运行）。前提是需要预先设定参数，参数 20 号为 4，138#7=1。

（1）选择 DNC 方式，按下 MDI 面板上[PROGRAM]键，然后按软键的扩展键找到 DNC 加工选择画面。

（2）选择[DNC-CD]，出现如图 6-24 所示的画面（画面中内容为存储卡中内容）。

图 6-24　DNC 加工选择界面

如图 6-24 所示，选择要运行的程序的文件号，如选择 6 号文件 O20 运行，则输入 6 按软键[DNC-ST]，此时 DNC 文件名变为 O20，按循环启动开始用 O20 进行 DNC 加工。

（二）使用计算机 RS-232-C 串口进行数据备份和恢复

1. 数控机床传输软件的功能及异步串行通信

现在国际上已有较完善的传输软件应用于计算机与数控设备的 CNC 之间的通信，目前常用的有 V24、AIC、WINPCIN、PCIO、PCCS、CIMCO、计算机超级终端程序等几种。其中计算机超级终端程序不需要计算机安装任何专用传输软件（只要计算机操作系统为 Windows 98 以上即可），操作更简单、更经济。

（1）数控机床传输软件的主要功能。如果电缆信号连接准确，能正确运用接口通信软件，计算机与数控设备的 CNC 之间的信息就能顺利交换，通过系统数据传输软件即可对机床参数、加工程序等进行输入/输出、编辑、存储、备份及恢复等操作。传输软件的具体功能如下。

① 将数控设备 CNC 内部数据送入计算机内存中（数控机床数据的备份）。

② 将计算机存储的数据输出至 CNC 中（数控机床数据的恢复）。

③ 对机床参数、加工程序等数据进行编辑、打印、删除等。

④ 可通过传输软件实现数控机床的在线加工（DNC 运行）。

⑤ 可通过传输软件（LADDER 传输软件）实现系统 PMC 程序和 PMC 参数的备份、编辑及恢复。

（2）异步串行通信数据格式。串行通信是指通信的发送方和接收方之间数据信息的传输是在单根数据线上，以每次一个二进制的 0、1 为最小单位进行传输。为实现串行通信并保证数据的正确传输，要求通信双方遵循某种约定的规程。目前在 PC 及数控系统中最简单、最常用的规程是异步通信控制规程，或称异步通信协议，其特点是通信双方以一帧作为数据传输单位。每一帧从起始位开始，后跟数据位（位长度可选）、奇偶校验位（奇偶检验可选），最后以停止位结束。起始位表示一个字符的开始，接收方可用起始位使自己的接收时钟与数据同步。停止位则表示一个字符的结束。这种用起始位开始，停止位结束所构成的一串信息称为帧。异步通信的传送格式如图 6-25 所示。在传送一个字符时，由一位低电平的起始位开始，接着传送数据位（7 位或 8 位）。传送数据时，按低位在前，高位在后的顺序传送。

图 6-25　异步串行通信数据格式

奇偶校验位用来检验数据的正确性，可由系统参数设定，也可以没有。最后传送的是高电平的停止位。停止位可以是 1 位或 2 位。停止位结束到下一个字符的起始位之间的空闲位要由电平 1 来填充（只要不发送下一个字符，线路上就始终为空闲位）。异步通信中典型的帧格式是，1 位起始位，7 位或 8 位数据位，1 位奇偶校验位，2 位停止位。

（3）RS-232-C 的信号。

① SD：为 CNC 的输出信号，当 CNC 通信条件满足时，CNC 系统向外部数据设备传输数据。

② RD：为 CNC 的输入信号，当 CNC 和外部设备通信条件满足时，外部数据设备向 CNC 系统传输数据。

③ 发送请求信号 RS：为 CNC 的输出信号，当 CNC 开始传送数据时该信号为 ON，结束传送数据时该信号被设置为 OFF。

④ 允许发送使能信号 CS：为 CNC 的输入信号，当该信号和 DR 信号同时被设置为 ON 时，CNC 可以传送数据。如果外部设备因为穿孔等操作而被延时，在送出两个字符（包括当前正在传送的数据）后关掉该信号，从而终止 CNC 数据的传送。当不使用 CS 信号时，要短接 CS 和 RS。

⑤ 准备就绪信号 ER：为 CNC 的输出信号，当 CNC 接收到外部设备发出的 CS 信号时，CNC 向外部设备发出该信号。

⑥ 外部数据设备就绪信号 DR：为 CNC 的输入信号，当 CNC 接收到外部数据设备就绪信号后，CNC 开始传送数据，如果在传送过程中该信号被中断，CNC 就会停止传送数据并发出系统报警。当不使用 DR 信号时，要短接 DR 和 ER。

⑦ 检查数据信号 CD：为 CNC 的输入信号。不使用该信号时，需要将 CD 和 ER 短接。

⑧ SG：为 CNC 信号的地。

（4）数控系统的连接电缆接口。目前，数控机床都配有标准 RS-232-C 通信接口，通用的连接器应为 9 芯或 25 芯，但在 FANUC 0 系列基本单元中使用的是 20 芯微型连接器，其引脚排列与信号名称如图 6-26 和表 6-3 所示。为了与 RS-232-C 标准统一，应通过转换接口，将 CNC 连接器转换成标准的 9 芯或 25 芯 RS-232-C 接口。转换接口按照表 6-3 要求制作。一般机床侧为 9 芯或 25 芯电缆接口（座），只要用户按图 6-26 焊接电缆接口即可进行数据传送。

图 6-26　FANUC RS-232-C 接口连接

FANUC RS-232-C 设备使用 +24V 电源；没有标记信号名称的引脚不要连接任何线；18 脚和 20 脚（+5V）用作接触式通道连接。

表 6-3　　　　　　　　RS-232-C 信号名称、代号与功能表

| CNC 侧引脚 | 标准连接器引脚 | | 信号代号 | 信号名称 | 信号功能 |
	9 芯	25 芯			
7	1	8	CD	载波检测	接收到 MODEM 载波信号时 ON
1	2	3	RD	数据接收	接收来自 RS-232-C 设备的数据
11	3	2	SD	数据发送	发送传输数据到 RS-232-C 设备
13	4	20	ER	终端准备好	数据发送端准备好
2/4/6/8/12/14/16	5	7	SG	信号地	屏蔽干扰和静电
3	6	6	DR	接收准备好	数据接收端准备好
15	7	4	RS	发送请求	请求数据发送信号
5	8	5	CS	发送请求回答	发送请求回答信号
—	9	22	RI	呼叫指示	只表示状态

2. CNC 系统与 RS-232-C 串行接口的焊接

FANUC 0i D/0i Mate D 可以通过 RS-232-C 口和计算机相连，实现 DNC 加工，通信电缆需要由用户自己焊接，推荐的接线图如图 6-27 所示。如果使用 25 芯插头，将 9 芯的 5 脚改成 25 芯的 7 脚即可。

图 6-27　RS-232-C 串行通信电缆接口的焊接

为防止计算机的串口漏电将 CNC 的接口烧坏，可在接口上加光电隔离器，防止产生静电和干扰。

3. 串行通信参数的设定

（1）串行通信的硬件。CNC 系统提供两个硬件接口（JD36A、JD36B），这两个接口的电路连接是一致的，均可用来进行通信，通过设定参数来激活对应的接口。硬件接口如图 6-28 所示。打开 SETTING 页面，设定 I/O 通道=0 或 1 时系统使用 JD36A；当设定的 I/O 通道=2 时，系统使用 JD36B。

（2）串行通信参数。使用 RS-232-C 接口时经常出现"086"、"087"报警，其主要原因就是参数没有设定好，每个通道均有一套参数来进行配置，如停止位、波特率、奇偶校验位、数据位等。参数和通道的对应关系如图 6-29 所示。

图 6-28　串行通信硬件接口　　　　　图 6-29　串行通信参数和通道的关系

当各通道连接的输入/输出设备不同时，参数的内容可作修改。参数的意义如图6-30～图6-32所示。

0101	#7	#6	#5	#4	#3	#2	#1	#0
	NFD				ASI			SB2

图6-30　参数0101的意义

[数据形式]位型。

SB2——停止位数。0：1位；1：2位。

ASI——数据输入时的代码。0：EIA或ISO代码自动识别；1：ASCII代码。

NFD——数据输出时，数据前后的。0：输出；1：不输出。

0102	输入/输出设备的规格号（I/O CHANNEL=0时）

图6-31　参数0102的意义

[数字形式]字节型。

输入/输出设备的规格号（I/O CHANNEL=0时）设定值如表6-4所示。

表6-4　　　　　　　　　　输入/输出设备的规格号设定值

设定值	输入/输出设备
0	RS-232-C（使用控制代码DC1～DC4）
1	FANUC CASSETTE ADAPTOR1
2	FANUC CASSETTE ADAPTOR3
3	FANUC PROGRAM FILE　Card Adaptor FANUC FLOPPY CASSERRE FANUC Handy File
4	RS-232-C（不使用控制代码DC1～DC4）
5	手提式纸带阅读机
6	FANUC　SYSTEM　P-MODEL G/ H

0103	波特率（I/O CHANNEL=0时）

图6-32　参数0103的意义

[数据形式]字节型。

对应I/O CHANNEL=0的输入/输出设备的波特率设定值如表6-5所示。

表6-5　　　　　　　　　　波特率设定值

设定值	波特率（bit/s）	设定值	波特率（bit/s）
1	50	7	600
2	100	8	1 200
3	110	9	2 400
4	150	10	4 800
5	200	11	9 600
6	300	12	19 200

（3）串行通信参数设定。须先保证 CNC 通信口的通信参数和计算机设定的通信参数一致，可按如下设定。

① CNC 侧。

0#1=1：用 ISO 代码输出（选用）；0#1=0：用 EIA 代码输出。

0020=0：通道 0（主板上的 JD36A）（选用）；0020=1：通道 1（主板上的 JD36A）；0020=2：通道 1（主板上的 JD36B）。

0101#3=0：输出时用 EIA 或 ISO 代码（选用）；0101#3=1：输出时用 ASCII 代码。

0101#0=0：停止位为 1 位；0101#0=1：停止位为 2 位（选用）。

0102=0：使用 RS-232-C 作为输入/输出设备。

0103=12：波特率为 19 200 bit/s。

② 计算机侧 COM1 口。

波特率：19 200 bit/s；奇偶校验：none；数据位：7；停止位：2。

（4）FANUC LADDER-III PMC 编程软件的通信。FANUC LADDER-III 是一套编制 FANUC PMC 顺序程序的编程系统。该软件在 Windows 操作系统下运行。FANUC LADDER-III 软件可以通过 RS-232-C 接口或网络接口与 CNC/PMC 在线通信，软件界面如图 6-33 所示。FANUC LADDER-III 的主要功能：输入、编辑、显示、输出顺序程序；监控、调试顺序程序；在线监控梯形图、PMC 状态、显示信号状态、报警信息等；显示并设置 PMC 参数；执行或停止顺序程序；将顺序程序传入 PMC 或将顺序程序从 PMC 传出；打印输出 PMC 程序等。

① FANUC LADDER-III 软件参数及端口设置。选择 Tool→Option→Setting，在弹出的端口设置对话框中，设置所使用的通信端口名称、通信参数；通信端口和通信参数的设置还可以通过选择菜单栏 Tool→Communication，在弹出的"Communication（通信）"对话框中选择"Setting"标签进行设置，对话框如图 6-34 所示。

图 6-33 LADDER-III 软件界面

图 6-34 LADDER-III 连接参数设定对话框

利用该对话框设置所选通信端口通信时的波特率（Baud-rate）、校验位（Parity）、停止位

（Stop-bit）。系统在"Device property"中显示新设置的通信参数。

在计算机上，与 PMC 离线状态下，用 FANUC LADDER-III 软件编写的顺序程序称为源程序，将源程序输入到数控系统中，需要经过编译（Compile）才可以存储到存储卡中，被数控系统执行。相反地，若将数控系统存储卡中的顺序程序传输到计算机中需要进行反编译（Decompile）。

② 输入/输出顺序程序。FANUC LADDER-III 软件支持*.LAD 文件与存储卡文件进行输入、输出操作。输入顺序程序的操作步骤如下。

a. 打开接收输入的顺序程序文件：选中[File]→[Open program]。

b. 系统弹出"Import"对话框，用户选择输入文件的类型"Select import file type"：*.LAD 文件。设定完成后，按"下一步"按钮。

c. 系统弹出"Import"对话框，提示用户选择输入文件的内容：标题信息、第一级程序、第二级程序、子程序。用户选中所需要内容的复选框，按下"完成"按钮。

d. 系统弹出对话框提示用户此项操作将更改程序内容，提问是否继续。按下"Yes"按钮，将指定程序输入到当前程序中；按下"No"按钮，取消输入操作，当前程序保持不变。

（三）RS-232-C 串行接口通信故障与排除

RS-232-C 串行接口故障报警主要有 85＃～87＃报警和 90＃报警。85＃～87＃报警产生的主要原因是与 CNC 接口故障、计算机接口故障以及通信软件适配和通信参数设置等有关。90＃报警产生的原因是系统返回零点时找不到栅格信号。

有关 85＃～87＃报警的诊断方法，如图 6-35 所示。

与 RS-232-C 连接的外部设备可以是 FANUC 公司手持单元（Handy File），也可以是符合 RS-232-C 协议的其他设备，如计算机等。但是与非 FANUC 公司产品通信时，必须有适配的通信软件，并且通信软件的参数应与 CNC 通信参数（如波特率、停止位、数据位等）相匹配，否则会出现 85#报警。

当接口出现故障（包括硬件或参数引起的故障）时，会出现 86#报警；当 87#报警出现时，一般是由于 CNC 硬件或外设硬件故障引起的。

1. 故障发生的原因

总体归纳有下述几个方面的原因会导致 85#～87#报警。

（1）有关输入/输出接口的参数设定不正确。

（2）外部输入/输出设备或主计算机不良。

（3）CNC 主板或输入/输出接口板不良。

（4）CNC 与外部设备间的电缆连接不良。

2. 解决方案

（1）输入/输出接口参数设定不正确的解决方案。如果 ISO 或 EIA 代码不匹配，会发生 86#报警。

在 CNC 侧，将参数设定正确。

图 6-35 RS-232-C 串行接口 85 # ～87 # 报警流程

（2）外部输入/输出装置或者主计算机不良的解决方案。确认输入/输出设备或主计算机的相关通信设定与 CNC 的设定（波特率、停止位等的设定）是否相同。若有不同，应改变设定值。

（3）主板或 CPU 板不良的解决方案。主板或 CPU 板有关 RS-232-C 接口芯片损坏，更换电路板。

　　FANUC RS-232-C 不具有"即插即拔"功能，带电插拔非常容易引起接口芯片损坏（CNC 系统与外部计算机不一定共地，容易造成高压导入），甚至导致 CNC 主板烧损。

（4）CNC 和输入/输出设备间的电缆连接不良解决方案。检查该电缆是否断线，接线是否正确。

任务实施

（一）焊接 RS-232-C 电缆

以焊接通信电缆 DB 头为例，按图 6-27 所示，使用电烙铁焊接 RS-232-C 串行 20 针转 9 针接口的引脚。焊接 DB 头接口时，注意两端引脚号排列，应美观使用；注意引脚露出长度要很短，导线部分要用屏蔽层或管包裹，保证相互绝缘和避免外界干扰。

电烙铁分为外热式和内热式两种，外热式一般功率较大。通信电缆头焊接大都用的是 20～30W 的内热式电烙铁，其体积较小，而且价格便宜。电烙铁是用来焊锡的，为方便使用，通常将焊锡做成"焊锡丝"，焊锡丝内一般都含有助焊的松香。焊锡丝由约 60% 的锡和 40% 的铅合成，熔点较低。松香是一种助焊剂，可以帮助焊接。松香可以直接用，也可以配置成松香溶液，就是把松香碾碎，放入小瓶中，再加入酒精搅匀。注意酒精易挥发，用完后记得把瓶盖拧紧。瓶里可以放一小块棉花，用时就用镊子夹住棉花，将酒精涂在元器件上。焊接方法如下。

（1）右手持电烙铁，左手用尖嘴钳或镊子夹持 DB 头或导线。焊接前，电烙铁要充分预热。烙铁头刃面上要吃锡，即带上一定量焊锡。

（2）将烙铁头刃面紧贴在焊点处。电烙铁与水平面大约成 60°角，以便于熔化的锡从烙铁头上流到焊点上。烙铁头在焊点处停留的时间控制在 2～3s。焊接时，一定要控制好时间。时间太长 DB 头将被烧焦，或造成变形。

（3）右手抬开烙铁头，左手仍持 DB 头不动。待焊点处的锡冷却凝固后，才可松开左手。

（4）用镊子转动引线，确认不松动，然后可用偏口钳剪去多余的引线。

焊接时，要保证每个焊点焊接牢固、接触良好。要保证焊接质量。好的焊点应是锡点光亮、圆滑而无毛刺，锡量适中。锡和被焊物融合牢固，不应有虚焊和假焊。虚焊是焊点处只有少量锡焊柱，造成接触不良，时通时断。假焊是指表面上好像焊住了，但实际上并没有焊上，有时用手一拔，引线就可以从焊点中拔出。

电烙铁是握在手里的，使用时千万注意安全。新买的电烙铁先要用万用表欧姆挡检查一下插头与金属外壳之间的电阻值，万用表指针应该不动，否则应该彻底检查。

（二）数控程序的上传与下载

利用自己焊接好的通信电缆，连接在 CNC 侧、机床侧和计算机侧。选择已编辑好的程序备份到计算机内和上传到 CNC 的 SRAM 中。如果电缆没有焊接好，使用时将出现"086"、"087"报警。

如果没有光电隔离器，使用台式计算机则必须将 PC 的地线与 CNC 的地线牢固地连接在一起接地，防止产生静电，烧毁 CNC 接口或主板。

1. 下载零件程序

（1）选择 EDIT（编辑）方式。

（2）按[PROG]键，再按[程序]键，显示程序内容。

（3）先按[操作]键，再按扩展键。

（4）用 MDI 输入要输出的程序号。要输出全部程序时，按键 0～9 999。

（5）启动计算机侧传输软件处于等待输入状态。

（6）按[PUNCH]、[EXEC]键后，开始输出程序。同时画面下部的状态显示上的"OUTPUT"闪烁，直到程序输出停止，按[RESET]键可停止程序的输出。

2. 上传零件程序

（1）选择 EDIT（编辑）方式。

（2）将程序保护开关置于 ON 位置。

（3）按[PROG]键，再按软键[程序]，选择程序内容显示画面。

（4）按软键[OPRT]，再按菜单扩展键。

（5）按软键[READ]，再按[EXEC]软键后，系统处于等待输入状态。

（6）计算机侧找到相应程序，启动传输软件，执行输出，系统就开始输入程序。同时画面下部的状态显示上的"INPUT"闪烁，直到程序输入停止，按[RESET]键可停止程序的输入。

（三）PMC 梯形图的备份与恢复

1. PMC 程序传入计算机进行备份

通过 CRT/MDI 上的按键，把系统中的梯形图顺序程序输出到计算机进行备份，方法如下。

（1）系统内部提供了内置编程器，将 PMC 参数 K17.1 置为 1，激活 PMC 编程基本菜单。

（2）按下 PMC 编程基本菜单中的软菜单 EDIT、LADDER，显示编辑画面。

（3）把上面的程序输出到计算机进行备份。

（4）退出编辑画面，保存 PMC 程序。

2. 利用 FANUC LADDER-Ⅲ 软件编制 PMC 程序

（1）编制处理需快速响应的信号的第一级程序。第一级程序每 8ms 执行一次，需被快速处理的信号包括急停信号、机床互锁信号，硬件超程、进给保持、计数信号等，其中地址固定的 PMC 输入到 CNC 的接口信号地址参见任务五。

（2）编制第二级程序。完成操作方式选择、进给轴的控制、主轴的控制、辅助功能的处理、手动操作、自动刀具交换、自动工作台交换、冷却液控制、润滑控制等。第二级程序中的几个典型组成部分，即具体实验内容还包括以下几个方面。

① 根据机床面板确定的操作方式方案、输入点地址，完成各种方式之间切换的程序设计。系统的操作方式主要包括自动运行、编辑、MDI、DNC、返回参考点、JOG、手轮操作、示教。这些操作方式的接口地址，以及用于确认所选信号的接口信号地址参见附录 A。要求系统只能处在一种操作方式下，各种方式间可切换。

② M 功能的处理。编制常用辅助功能指令的处理程序，来实现这些功能。常用辅助功能指令包括 M00——程序停止；M01——选择停；M02——程序结束；M03——主轴正转；M04——主轴反转；M05——主轴停止；M06——刀具自动交换；M08——冷却开；M09——冷却关。

③ 冷却液控制。实现手动和自动两种控制冷却液的形式，即手动时通过面板上的冷却液开和冷却液关按钮来控制冷却液的开关，自动执行时通过辅助指令 M08/M09 来控制冷却液的开关。

（3）编制润滑控制程序实现以下功能，并利用数控机床面板指示灯进行验证。

① 机床通电后，润滑 10s。

② 当按手动润滑按钮时，润滑 10s。

③ 润滑停止后，30min 再开始第二次 10s 的润滑。

④ 循环执行。

3. PLC 梯形图恢复

通过 CRT/MDI 上的按键，以梯形图形式把上面的程序输入系统，方法如下。

（1）系统内部提供了内置编程器，将 PMC 参数 K17.1 置为 1，激活 PMC 编程基本菜单。

（2）按下 PMC 编程基本菜单中的软菜单 EDIT、LADDER，显示编辑画面。

（3）把上面的程序输入系统。

（4）退出编辑画面，按下[RUN]键，执行 PLC 程序。

|（四）CNC 系统参数的备份与恢复　|

1. 输入/输出参数的设定

PRM0000 设定为 00000010；

PRM0020 设定为 0；

PRM0101 设定为 00000001；

PRM0102 设定为 0（用 RS-232-C 传输）；

PRM0103 设定为 10（传送速度为 4 800bit/s），设定为 11（传送速度为 9 600bit/s）。

2. 输出 CNC 参数

（1）选择 EDIT（编辑）方式。

（2）按[SYSTEM]键，再按[PARAM]软键，选择参数画面。

（3）按[OPRT]软键，再按连续菜单扩展键。

（4）启动计算机侧传输软件处于等待输入状态。

（5）系统侧按[PUNCH]软键，再按[EXEC]软键，开始输出参数。同时画面下部的状态显示上的"OUTPUT"闪烁，直到参数输出停止，按[RESET]键可停止参数的输出。

3. 输入 CNC 参数

（1）进入急停状态。

（2）按数次[SETTING]键，可显示设定画面。

（3）确认[参数写入=1]。

（4）按菜单扩展键。

（5）按[READ]软键，再按[EXEC]软键后，系统处于等待输入状态。

（6）计算机侧找到相应数据，启动传输软件，执行输出，系统就开始输入参数。同时画面下部的状态显示上的"INPUT"闪烁，直到参数输入停止，按[RESET]键可停止参数的输入。

（7）输入完参数后，关断一次电源，再打开。

技能拓展

（一）螺距误差补偿量的备份与恢复

1. 设置 PC WinPCIN 软件的通信协议

（1）运行 WinPCIN 软件后出现下列菜单：V24-INI、DATA-IN、DATA-OUT、FILE、SPECIAL、PC-FORMAT、AR-CHIV-FILE、EXIT。

（2）使用左、右光标键，选择 V24-INI，按"Enter"键确认，出现下列菜单：COM NUMBER 1（根据 PC 实际使用的通信端口选择）、BAUDRAIE 19200（波特率）、PARTIY EVEN（奇偶检验）、2 STOP BITS（停止位 2 位）、7 DATA BITS（数据位 7 位）、X ON/OFF SET UP、END W-M30 OFF、TIME OUT 0S、BINFINE OFF、TURBOMODE OFF、DONOT CHECK DSR。

其中 X ON/OFF SET UP 选项设置：X ON/OFF OFF、X ON CHARACTER:11、X OFF CHARACTER: 13、DONOT WAIT FOR XON、DONOT SEND XON。

（3）使用上、下光标键选择上述各菜单，使用左、右光标键选择各菜单内的选项，按上述要求设置完成后按"Enter"键确认，保存后返回至初始菜单。

（4）选择 SPECIAL 菜单设置 DISPLAY ON，返回至初始菜单。（如不设置 SPECIAL 菜单内 DISPLAY 选项，在 PC 屏幕上将不能看到 PC 接收或传送数据的动态显示。）

2. 螺距误差补偿表的传送（CNC 到 PC）

（1）PC 端选择 DATA-IN 菜单，按"Enter"键确认。

（2）在 FILE NAME 栏中填入数据的路径及文件名，按"Enter"键确认，PC 此时处于等待状态。

（3）选择 EDIT 方式。

（4）选择[SYSTEM]→▶→[PITCH]→[OPRT]→▶→[PUNCH]→[EXEC]，数据开始输出直到结束。

（5）PC 端选择 Esc 键。（PC 会自动保存接收的数据。）

3. 螺距误差补偿表的接收（PC 到 CNC）

（1）选择 EDIT 方式。

（2）将控制面板上的钥匙置于 O 状态（只有这样，才允许接收数据）。

（3）选择[SYSTEM]→▶→[PITCH]→[OPRT]→▶→[READ]→[EXEC]。

（4）PC 端选择 DATA-OUT 菜单，按"Enter"键确认。

（5）在 FIIE NAME 栏中填入要传送数据的路径及文件名，然后按"Enter"键确认，PC 端会动态显示零件程序直至传送结束。

（二）利用 Windows 超级终端传输数据

1. 计算机侧的设定步骤

（1）在 Windows 98 附件的通信中选择超级终端，并执行。该程序运行后显示如图 6-36 所示的画面。

（2）设定新建连接的名称 CNC（或其他），并选择连接的图标。设定方法如图 6-36 所示。

（3）在完成第（2）项的设定后，按"确定"按钮，则会出现如图 6-37 所示的画面，而后根据本计算机的资源情况设定进行连接的串口，本例选择为直接连接到串口 1。

图 6-36　超级终端界面

图 6-37　超级终端串口选择

（4）在完成第（3）项的设定后，按"确定"按钮，则会出现如图 6-38 所示的画面，该画面即为完成串行通信的必要参数设定。波特率：9 600（可根据系统设定的参数而定）；数据位：8；奇偶校验：无；停止位：1；流量控制：Xon/Xoff。

（5）完成第（4）项的设定后，进行该 CNC 连接的属性设定，在设置画面中按图 6-39 所示的选择设定。

图 6-38 串行通信参数设定

图 6-39 串行通信 CNC 属性设置

（6）在完成第（5）项的设定后，进行 ASCII 码的设定，在设置画面中按图 6-40 所示的选择设定。

2. 程序传输

在以上的设定工作完成后，则可进行计算机与数控系统的通信工作了，以程序名称 DEMO.TXT 为例，进行通信。

（1）当要接收数控系统的信息时，首先要将计算机的 CNC 连接打开，打开后从下拉菜单传送中选择捕获文本，并执行该程序，命名 DEMO.TXT 后，确认开始。

（2）当要发送数控系统的信息时，首先要将数控系统处于接收状态，然后设定计算机的状态，从下拉菜单传送中选择发送文本文件，并执行该程序，选择 DEMO.TXT 后，确认打开。

图 6-40 ASCII 码设定画面

3. 通信的编辑格式

（1）程序必须以"%"开始和"%"结束。

（2）程序号"O"不用，以":"开始。

（3）段尾"EOB（；）"不要。

示例如下。

```
% ………… .以"%"开始
:0001………… .以":"取代"O"
G00X100.Y100.Z100. ………… ."EOB（；）"不需输入
G01X100.Y100.Z100.F1000.
M02
:0002
G91G00X150.Y150.
G04X100.
M99
% ………… 以"%"结束
```

本任务重点学习了利用存储卡在引导系统屏幕画面和使用计算机及通信电缆两种不同方法进行的数据备份和恢复。掌握了 CNC 侧通信参数的设置和操作，能针对不同的数控系统焊接通信电缆接口引脚，保证通信的可靠性，会操作数控机床，完成加工程序的上传和下载，为自动编程的程序上传和 DNC 加工打下基础，并根据传输时系统的报警号正确分析传输错误的原因，能够解决简单的传输故障。

一、简答题

1. 当要求以 19 200bit/s 的波特率传送数据时，相应的参数应该怎么修改？

2. 用计算机的 RS-232-C 接口输入/输出参数时，系统应该处于什么方式？

3. 怎样用万用表检测出 CNC 侧与计算机侧电缆连接的正确性？

4. 相同的数控系统与相同规格的机床之间 CNC 的参数是不是可以通用，系统文件是不是一致？

5. 数据传输报警"085、086、087"，可能是什么故障引起的，怎样排除？

二、实训题

1. 利用存储卡对 CNC 参数、加工程序、螺距误差补偿量、PMC 程序及参数进行备份和恢复操作。

2. 利用焊接的通信电缆和计算机的超级终端，对 CNC 参数、加工程序、螺距误差补偿量、PMC 程序及参数进行备份和恢复操作。

任务七

| CNC 系统的故障诊断与维修 |

【学习目标】

- 通过实践操作能够掌握 FANUC 0i D/FANUC 0i Mate D 数控系统的故障报警类型。
- 了解 CNC 系统软硬件故障诊断与维修的方法。
- 能够正确对 FANUC 0i D/FANUC 0i Mate D 数控系统的常见故障进行诊断与排除。

任务导入

当发生故障时，为了更快地恢复机床，最重要的是正确把握故障情况，进行妥善处理。为此，应按图 7-1 所示流程确认故障情况。

图 7-1　数控系统故障确认流程

作为数控维修技术人员，全面地了解 CNC 系统报警类型，对于缩小故障范围，准确查找故障点帮助非常大。FANUC i 系列数控系统报警可以通过以下几种途径进行观察。

（1）CRT 或 LCD 上的报警信息提示——报警号+文字说明。

（2）系统电路板或单元模块上的 LED 状态——不同的组合反映不同的故障。

本项目就这几种报警分别予以简要说明，并就常见的报警进行深入讨论，实际现场维修时，还请参看 FANUC 维修说明书。

相关知识

（一）CNC 系统故障报警类型

1. CNC 故障诊断的基本方法

当数控机床发生故障时，在绝大多数情况下 CNC 都能显示报警号与提示信息。根据 CNC 报警显示进行故障的维修处理，是必须掌握的最基本方法之一。FANUC 0i D 可以在显示器上显示数千条报警信息。故障诊断与维修的基本步骤如下。

STEP 1：确认报警号。

STEP 2：根据 CNC 所显示的报警号，大致确定故障部位。

STEP 3：分析发生故障可能的原因。

STEP 4：进行相应的维修处理。

CNC 显示功能故障或报警含义不够明确，或无报警但动作无法正常进行时，需要根据 CNC 各组成模块的状态指示灯、PMC 的 I/O 信号状态等，借助 CNC 的自诊断功能进行检查。

2. 报警的分类

根据报警显示形式的不同，FANUC 0i D 的报警可以分为报警号显示报警与文本提示报警。前者既有报警号，还有相应的文本提示信息，CNC 的绝大部分报警属于此类情况；后者只显示提示文本，一般在 PMC 程序编辑与数据 I/O 时出现。

根据报警设计者的不同，FANUC 0i D 的报警可以分为系统报警和外围报警。前者由 CNC 厂家设计，所有 FANUC 0i D 通用；后者为机床生产厂家所设计，不同结构类型的机床就会有不同的外部故障错误代码和报警信息。

由于机床的外围报警只能用于特定的机床，所以，当出现此类报警时，操作者需根据机床生产厂家所提供的使用说明书进行维修与处理。

3. CNC 报警分类表

根据故障部位与引起故障原因的不同，FANUC 0i D 的 CNC 报警分类如表 7-1 所示，报警号对应的报警内容可以参见附录 C。

报警号	缩写	内容	备注
000～253	PROGRAM、EDIT	编程/操作错误	P/S 报警
300～309	APC	绝对位置编码器故障	APC 报警
360～387	SPC	串行编码器故障	SPC 报警
400～468	SV	伺服驱动报警 1	SV 报警
500～515	OVT	超程报警	
600～613	SV-2	伺服驱动报警 2	SV 报警
700～704	OH	过热报警	
740～742	RIGID	TAP	
749～784	SPINDLE	主轴报警	
900～976	SYSTEM	系统报警	CNC 系统报警
1 000～1 999	PMC	ALM	取决于机床生产厂家的设计，参见机床制造厂提供的使用说明书
2 000～2 999	PMC	ALM	
3 000～3 999	MACRO	PRO	
5 010～5 453	PROGRAM、EDIT	编程/操作错误	P/S 报警
7 000～		串行主轴报警	
ER01～ER99		PMC 报警	
WN02～WN48		PMC 程序或控制软件报警	
PC000～PC200		PMC 系统报警	
—		PMC 用户程序出错文本提示	用户程序编辑、检查时出现
—		数据 I/O 错误文本提示	数据 I/O 时出现

表 7-1   FANUC 0i D 的 CNC 报警分类一览表

说明：000#～253#区间的报警一般与设备故障关系不大，000#报警说明重要的参数已经被修改。

（二）CNC 系统软件故障检测与维修

一般而言，组成 CNC 的硬件模块与软件配置信息，可通过 CNC 自诊断功能进行检查，检查通常在开机过程中自动进行。

1. 电源接通时的检查

在 CNC 电源接通后，内部操作系统首先进行的是 CNC 硬件安装与故障检查，如果检测到硬件安装存在问题或硬件本身存在故障，将自动停止，并显示如图 7-2 所示的硬件安装与故障显示页面，以指示硬件的情况。

故障的模块可以通过安装模块的代号反映，代号由 8 位十六进制数组成，含义如图 7-3 所示。

其中模块的 ID 号反映了模块的类型，模块的 ID 号与产品的生产时间、软件功能等因素有关，在不同的 CNC 上有所区别。

在电源接通过程中还可以显示如图 7-4 和图 7-5 所示的模块设定与软件配置页面。

图 7-2　硬件安装与故障显示页面

图 7-3　模块代号的含义

图 7-4　模块设定页面

图 7-5　模块软件配置页面

2. 正常启动后的检查

当系统正常启动后，按 MDI 面板上的[SYSTEM]功能键，显示系统显示页面，再按[系统]软键，显示系统的配置页面，如图 7-6 所示，该页为主板安装（插槽、SLOT）检查。通过[选页]键可以选择显示的内容，如图 7-7 和图 7-8 所示。其中，图 7-7 显示 CNC 软件配置情况（SOFTWARE 显示）；图 7-8 显示模块配置（MODULE）情况，该页面显示了 CNC 所配置的硬件模块的 ID 号。

图 7-6　插槽显示页面

图 7-7　CNC 软件显示页面

3. CNC 基本工作状态的显示

当 CNC 正常启动后，通过 CNC 显示页面的状态行信息，可以大致了解 CNC 的基本状态，如图 7-9 所示。状态行从左到右依次显示以下几个区域：方式选择、自动运行状态、辅助功能执行状态、急停与复位状态、时间显示、程序编辑状态。状态显示以字符的形式出现，对于未定义的状态或与当前方式无关的状态以"***"显示或不显示。各显示区域可能的字符与所代表的意义如下。

图 7-8　CNC 模块显示页面

图 7-9　CNC 显示页面的状态行信息

（1）方式选择。该区域显示 CNC 当前所选择的操作方式，内容如下。

MEM：存储器运行方式；MDI：MDI 运行方式；EDIT：程序编辑方式；RMT：DNC 运行方式；JOG：手动连续进给方式；REF：手动回参考点方式；INC：增量进给方式；HND：手轮进给方式；TJOG：JOG 示教方式；THND：手轮示教方式。

（2）自动运行状态。该区域显示 CNC 当前所运行的自动运行状态，内容如下。

START：自动运行中；HOLD：进给保持状态；STOP：自动运行停止状态；MSTR：坐标轴回退有效；MTN：轴运动中；DWL：程序暂停；***：程序执行完成或其他状态。

（3）辅助功能执行状态。该区域显示 CNC 当前所执行的辅助功能指令情况，内容如下。

FIN：辅助功能执行中，等待完成信号 FIN；***：辅助功能执行完成或其他状态。

（4）急停或复位状态。该区域显示 CNC 的急停输入、复位输入的情况，内容如下。

ALM：CNC 存在报警；BAT：电池电压过低。

（5）时间显示。该区域显示 CNC 时钟（现行的时间：时/分/秒）。

（6）程序编辑状态。该区域显示 CNC 的程序输入/输出与编辑状态，内容如下。

INPUT：程序输入中；OUTPUT：程序输出中；SRCH：程序检索中；EDIT：程序编辑中；LSK：数据输入有效；AIAPC：前瞻控制程序预处理中。

4. 数控系统的软件故障及维修

检查软件可以避免拆卸机床而引发的许多麻烦。软件故障只要把相应的软件内容恢复正常之后，就可排除，所以说软件故障也称为可恢复性故障。

（1）软件配置。以 FANUC 系统为例说明系统软件的配置。总的来说系统软件包括以下 3 部分。

① 数控系统的生产厂家研制的启动芯片、基本系统程序、加工循环、测量循环等。

② 机床厂家编制的 CNC 机床数据、PLC 机床程序、PLC 机床数据、PLC 报警文本。

③ 机床用户编制的加工主程序、加工子程序、刀具补偿参数、零点偏置参数、R 参数等。

（2）软件故障发生的原因。

① 误操作。在调试用户程序或修改机床参数时，操作者删除或更改了软件参数，从而造成软件故障。

② 供电电池电压不足。为 RAM 供电的电池经过长时间的使用后，电池电压降低到监测电压以下，或在停电情况下拔下为 RAM 供电的电池、电池电路断路或短路、电池电路接触不良等都会造成 RAM 得不到维持电压，从而使系统丢失软件和参数。

③ 干扰信号引起软件故障。有时电源的波动及干扰脉冲会窜入数控系统总线，引起时序错误或造成数控装置停止运行等故障。

④ 软件死循环。运行复杂程序或进行大量计算过程中，有时会造成系统死循环，引起中断，造成软件故障。

⑤ 操作不规范。这里指操作者违反了机床操作的规程，从而造成机床报警或停机现象。

⑥ 用户程序出错。由于用户程序中出现语法错误、非法数据，运行或输入中出现故障报警等现象。

（3）软件故障的排除。

① 对于软件丢失或参数变化造成的运行异常、程序中断、停机故障，可采取对数据程序更改或清除，然后重新再输入的方法来恢复系统的正常工作。

② 对于程序运行或数据处理中发生中断而造成的停机故障，可采用硬件复位或关掉数控机床总电源开关，然后再重新开机的方法排除故障。

③ CNC 复位、PLC 复位能使后继操作重新开始，而不会破坏有关软件和正常处理的结果，以消除报警。亦可采用清除法，但对 CNC、PLC 采用清除法时，可能会使数据全部丢失，应注意保护不想清除的数据。

④ 重新启动系统上电自检是清除软件故障的常用方法，但在出现故障报警后或开关机之前一定要将报警的内容记录下来，以便排除故障。

（三）CNC 系统硬件故障诊断与维修

CNC 系统硬件出现故障时，应从以下几个方面入手进行检查。

（1）常规检查。系统发生故障后，首先进行外观检查，包括连接端及接插件检查、恶劣环境下工作的元器件检查、易损部位的元器件检查、定期保养的部件及元器件检查、电源电压检查。

（2）故障现象分析。寻找故障的特征，组织机械、电子技术人员及操作者会诊，捕捉出现故障时机器的异常现象，分析产品检验结果及仪器记录的内容，必要（会出现故障发生时刻的现象）和可能（设备还可以运行到这种故障再现而无危险）时可以让故障再现，经过分析可能找到故障规律和线索。

（3）面板显示与指示灯显示分析法。面板显示器可把大部分被监控的故障识别结果以报警的方式给出。对于各个具体的故障，系统有固定的报警号和文字显示给予提示。

（4）系统分析法。判断系统存在故障的部位时，可对控制系统框图中的各方框单独考虑。根据每一方框的功能，将方框划分为一个个独立的单元。在对具体单元内部结构了解不透彻的情况下，可不管单元内容如何，只考虑其输入和输出。

（5）信号追踪法。按照控制系统框图从前往后或从后向前地检查有关信号的有无、性质、大小及不同运行方式的状态，与正常情况比较，观察有什么差异或是否符合逻辑。

（6）静态测量法。使用万用表测量元器件的在线电阻及晶体管上的 PN 结电压；用晶体管测试仪检查集成电路块等元件的好坏。

（7）动态测量法。根据电路原理图，在 CNC 电路板上加上必要的交直流电压、同步电压和输入信号，然后用万用表、示波器等对电路板的输出电压、电流及波形等进行全面诊断并排除故障。动态测量有电压测量法、电流测量法和信号注入及波形观察法。

当硬件模块出现故障时，最为常用的方法是通过安装在模块上的状态指示灯检查，来分析故障原因，如是模块本身的问题则必须予以更换。

1. 主板工作状态指示

FANUC 0i D 主板上的状态指示灯安装如图 7-10 所示。指示灯布置在 CNC 单元的背面，共有 8 个指示灯，其中 4 个为红色报警指示灯，4 个为绿色工作状态指示灯。

系统报警发生时，红色 LED 点亮，表示有硬件故障。报警指示灯亮代表的含义如表 7-2 所示。

图 7-10　CNC 系统指示灯

表 7-2　　　　　　　　　　　　　　　报警指示灯的含义

报警 LED	含义
LOWV	可能由于主板不良所致
□■□	电池电压下降
■■□	软件检测出错误而使得系统停止运行
□□■	硬件检测出系统内故障
■□■	轴卡上发生了报警，可能由于轴卡不良、伺服放大器不良、FSSB 断线等原因所致
□■■	SRAM 的数据中检测出错误，可能由于 FROM/SRAM 模块不良、电源电压下降或主板不良所致
■■■	电源异常，可能由于噪声影响或电源单元不良所致

■：亮　　□：暗，以下相同。

主板上 7 段 LED 工作状态指示灯的不同组合反映了 CNC 当前的工作状态，7 段 LED 工作状态指示灯所代表的含义如表 7-3 所示。

表 7-3　　　　　　　　　　　　　7 段 LED 工作状态指示灯的含义

LED 显示（点亮）	含义	LED 显示（闪烁）	含义
0	初始化结束、可以动作	0	ROM PARITY 错误
1	CPU 开始启动（BOOT 系统）	2	不能创建用于程序存储器的 FROM
2	各类 G/A 初始化（BOOT 系统）		
3	各类功能初始化	3	软件检测的系统报警
4	任务初始化	4	DRAM/SRAM/FROM 的 ID 非法
5	系统配置参数的检查	5	发生伺服 CPU 超时
6	各类驱动程序的安装文件	6	在安装内装软件时发生错误
7	标头显示、系统 ROM 测试	7	显示器没有能够识别
8	通电后，CPU 尚未启动的状态	8	硬件检测的系统报警
9	BOOT 系统退出，NC 系统启动	9	没有能够加载可选板的软件
A	FROM 初始化	A	在与可选板进行等待的过程中发生了错误
b	内装软件的加载		
c	IPL 监控执行中	b	BOOT FROM 被更新
d	DRAM 测试错误	c	显示器的 ID 非法
E	BOOT 系统错误	d	DRAM 测试错误

2. 附加功能板工作状态指示

（1）DNC2 板。DNC2 板用于 RS-232-C 接口扩展与 RS-422 接口输出。状态指示灯布置于板上，如图 7-11 所示。共有 5 个指示灯，其中 2 个为绿色工作状态指示灯，3 个为红色报警指示灯。当系统发生报警时，报警指示灯所代表的含义如表 7-4 所示。

图 7-11   DNC2 板的指示灯

表 7-4   DNC2 板报警指示灯的含义

指示灯 1~3 的状态	含义
□□□	正常工作
■□□	DNC2 总线出错
□■□	DNC2 总线出错或 RAM 检验出错
■■□	CNC 复位
□□■	I/O Link 总线出错
■□■	备用
□■■	SRAM 校验出错
■■■	I/O SRAM 校验出错

（2）HSSB 板。HSSB 板是利用光缆连接的高速串行接口板，板上有 2 个红色报警指示灯和 4 个绿色工作状态指示灯，如图 7-12 所示。

图 7-12   HSSB 板的指示灯

报警指示灯所代表的含义如下。

AL1：HSSB 通信中断；AL2：RAM 校验出错。

4 个工作状态指示灯的含义如表 7-5 所示。

表 7-5　　　　　　　　　　HSSB 板工作状态指示灯的含义

指示灯 ST4～ST1 的状态	含义
□□□□	电源关闭
■■■■	电源接通中
■■■□	HSSB 初始化
■■□■	等待外部设备启动
■■□□	传送 CNC 显示画面
■□□□	正常工作状态
□■■□	温升过高
□■□■	HSSB 通信中断
□■□□	RAM 校验出错
□□■□	HSSB 通信出错
□□■□	电池报警

任务实施

（一）P/S 程序报警诊断与恢复

程序编制错误与操作不当引起的报警，通常在编程人员或操作人员不熟悉 CNC 与机床，或者是在试制新品、开发新功能时发生。此类报警的处理比较简单，只需要修改加工程序或者进行正确的操作即可排除故障。在 FANUC 0i D/0i Mate D 上最为常见的程序编制错误与操作不当报警有以下几种。

（1）P/S010 报警。这是由于 CNC 没有配备相应的选择功能，而在程序中使用了需要选择功能支持的 G 代码，或者是指令的 G 代码在 CNC 中不能使用而产生的报警。应修改程序或调整功能参数或位参数的设定。

（2）P/S011 报警。这是由于因为没有在切削程序段（G01、G02/03 等指令）编入进给速度 F，或者是使用的进给速度不正确引起的报警。应检查程序编制确认 F 代码的输入，或检查与进给有关的参数设定。

（3）P/S015 报警。这是由于程序中指令的联动轴数超过了 CNC 的允许联动轴数引起的报警。

（4）P/S020 报警。这是由于程序中的圆弧插补指令中的圆心或半径、终点计算错误，CNC 无法实现所需要的圆弧加工而产生的报警。

（5）P/S034 报警。在同一程序段中同时使用了 G02/03 与 G40/41/42 指令，即出现了 G02G42X100Y200F100 或 G02G40X100Y200F100 指令而产生的报警。

（6）P/S070 报警。CNC 存储器容量不足报警。当存储的加工程序超过系统存储器容量时，将引起存储器的溢出，并发生报警。该报警产生时，必须清除已有的加工程序，再继续存储新的程序。

（二）系统黑屏诊断与维修

1. 维修实例一

故障现象：数控系统上电后 LCD 上没有任何显示，停留在显示 "LOADING GRAPHIC SYSTEM（加载图形系统）" 的情形。

可能的原因：① LCD 电缆、背光灯电缆的连接不良或者连接器的连接不良；② 所需软件尚未安装；③ 主板、变频器板不良。

解决方法：有如下 3 种方法。

（1）确认 LED 显示。请参照表 7-2 和表 7-3 主板的 LED 显示项，确认主板的 LED 点亮情况。如果主板正常启动，LED 的显示为通常运行中的情况，则可能是由于电缆连接不良，或逆变器电路板不良等显示系统的不良所致。在启动处理过程中停止，可能是由于硬件的不良（包括安装不良），或没有安装所需软件等所致。

（2）确认 LCD 电缆、背光灯的布线。请确认背光灯连接器及 LCD 连接器是否与电缆确实连接。这些电缆在 FANUC 公司出厂时已经连好，但需要进行维修而拆下电缆时，特别要引起注意。

（3）确认是否已经安装所需软件。FROM 中没有储存所需软件时，CNC 可能无法启动。

2. 维修实例二

故障现象：配置 928TE/DA98A 系统，偶然出现黑屏。

现场分析和处理：客户反映系统偶然会出现黑屏，但过了一会儿屏幕又自己亮起来，严重影响正常的工作。开始以为是受到什么大型设备的干扰影响，但到了客户现场一看基本没什么大型设备，测量电网电压也很稳定。在现场观察了 30min 左右，故障出现了，就是屏幕自己黑了，过了 1min 左右又自己亮起来，感觉有点莫明其妙。通过分析认为是电源环节有问题，决定用两个万用表来监测开关电源输入和输出电压的稳定性，结果在屏幕又出现黑屏时，测量 AC-220V 的万用表显示正常，而测量 DC 24V 的万用表就显示 0V 了，该电源盒是 PC-2 的，由于没有 PC-2 的电源盒，就更换了一个 PC 的电源盒，然后就可以正常工作了，工作了一个星期，回访用户，再没有出现类似故障。

四、技能拓展

（一）系统开机急停诊断与维修

急停不能解除是一个常见故障，当故障发生时显示器下方显示"紧急停止"或"EMERGENCY STOP"，机床操作面板方式开关不能切换，MCC 不吸合，伺服及主轴放大器不能工作，系统并不发出具体的报警号，根据机床厂 PMC 报警编辑不同，有时会出现 1000#以后的 PMC 报警。

出于安全考虑，机床厂将一些重要的安全信号与紧急停止信号串联，包括紧急停止开关。首先要考虑的是紧急停止开关连接不良或超程开关连接不良，如果排除上述两种故障情况就越发复杂了。下面从硬件连接到 PMC 处理，分析紧急停止处理的工作过程。

如图 7-13 所示，急停信号是由"急停按钮"和"各轴超程开关"串联的，在这个串联回路中还串接着一个 24V 继电器线圈，继电器的触点控制 CNC 系统、驱动放大器回路和其他重要设备。在这 3 个输出控制对象中，最关键的是对 CNC 系统的控制，因为这个去 CNC 的信号实际上首先要进入 PMC 进行处理，再由 PMC 处理后通知 CNC。

图 7-13　急停线路连接方法

参见任务五，急停的 G 地址为 G8.4（*EMG），前面的"*"表示"非"信号——低电平有效。另外，X8.4 为急停输入（从机床侧输入到 PMC）地址。这里需要强调的是真正造成 CNC"紧急停止"的信号是 G8.4。结合图 7-13 和图 7-14，发现许多现场维修工程师在出现"紧急停止"故障时只查找图 7-13 中的信号，而并没有从图 7-14 中的 G8.4 去"追根寻源"。如图 7-14 所示，梯形图在 X8.4 后面又串接了一个 Xn.m 信号，如刀库门开关等（进口机床经常这样处理），那么即便把图 7-13 中的急停按钮、超程开关全部检查完毕，确认良好，有可能还不能够解除"紧急停止"，因为并不知道 Xn.m 信号是否良好。

图 7-14　G8.4 的 PMC 定义

所以检查"紧急停止"信号不能释放的根本原因，应该从 G8.4 入手查起，从 CNC 向 PMC 再向外围开关查找，因为 G8.4 是这一信号树的"根"，而其他外围 X 信号和 R 信号是这一信号树上的"枝"。

实例分析：

摩尔数控坐标磨床，紧急停止不能释放，检查所有紧急停止开关，均良好，并且没有硬件超程发生。

查看梯形图，如图 7-15 所示，发现在 G8.4 之前串接了许多输入信号，其中 X8.4（*ESP）状态良好，但是 X2.6 断开、R18.7 激活由闭触点变为开触点，所以 G8.4 断开，变为低电平，*ESP 触发，CNC 紧急停止。

图 7-15　摩尔数控急停 PMC 梯形图

参照机床说明书，了解到X2.6是伺服信号，R18.7是伺服保护中间继电器信号，进一步检查伺服装置，发现伺服装置报警，导致X2.6和R18.7无法正常工作，修复伺服放大器后，问题解决，CNC紧急停止信号释放。

（二）系统死机故障诊断与维修

故障现象：开机后，屏幕显示系统版本号页面后，不能进入后面的页面，所有按键无反应，始终显示系统版本号这一页。

可能的原因：

① 做DNC通信中，在M51（DNC开）执行动作完成后，M50（DNC关）尚未解除M51时不能执行M30自动断电功能，否则会出现"死机"现象。

② 在执行M51动作，进行DNC通信期间若断电，可能会出现"死机"。

③ 在更换电池时，没有开机或断电，就会使参数丢失。若长期不开机，电池耗尽，也会丢失参数。

④ 误操作，误消除了CNC参数。

⑤ 处理P/S报警有时会引起参数丢失。

解决方法：经检查电气线路都正常，由于系统的所有数据都在存储板上，当系统上电后初始化，读取各种所需数据，如系统、伺服、PMC的版本数据，然后加载，屏幕显示系统版本号页面，加载完成后，显示坐标位置页面。

根据该机故障现象分析，估计是系统参数错乱，造成启动后系统死机，使数据加载失败所致，故先清除数据，同时按下[复位]、[删除]键，再按CNC启动，系统正常启动，能进入任何页面，重新输入机床参数后恢复正常。

小结

通过实践操作能够掌握FANUC 0i D/0i Mate D数控系统的故障报警类型，了解CNC系统软件、硬件故障诊断与维修的方法，能够正确对FANUC 0i D/0i Mate D数控系统的常见故障进行诊断与排除。

自测题

一、简答题

1. 数控系统的自诊断功能是如何对系统的运行状态进行监控的?

2. FANUC 0i D数控系统的报警分哪几类?

3. CNC主板报警指示灯的含义是什么?

4. 系统开机后就死机，其诊断流程是什么?

二、实训题

一台日本 H500/50 卧式加工中心，开机时黑屏，操作面板上的 NC 电源开关已按下，红、绿灯都亮，查看电柜中开关和主要部分无异常，关机后重开，故障一样。试根据故障现象写出诊断流程，并分析可能存在的故障原因及解决方法。

任务八

| 伺服系统的故障诊断与维修 |

【学习目标】

- 通过实践操作能够掌握 FANUC 0i D/FANUC 0i Mate D 伺服系统的故障报警类型。
- 了解伺服进给装置和伺服位置反馈装置故障诊断与维修的方法。
- 能够正确对 FANUC 0i D/FANUC 0i Mate D 数控系统的常见伺服故障进行诊断与排除。

任务导入

　　数控机床的伺服系统是由伺服轴卡、伺服驱动器和伺服电动机组成的。伺服系统接受 CNC 所发出的位置指令来驱动电动机进行定位控制，它是由伺服控制理论、变流技术、电动机控制技术来组成位置、速度、电流的三环控制，如图 8-1 所示。

　　对进给伺服系统的要求是伺服刚性好、响应速度快、稳定性好、分辨率高，这样才能高速、高精度地加工出高质量的工件。当进给伺服系统出现故障时，通常有 3 种表现形式：一是在 CRT 或操作面板上显示报警内容或报警信息；二是进给伺服驱动单元上用报警灯或数码管显示驱动单元的故障；三是运动不正常，但无任何报警。根据以上 3 种形式和工作原理进行伺服系统的放大和驱动硬件、参数、反馈等方面的故障诊断与排除。

图 8-1　进给伺服系统简图

数控机床的伺服电动机与滚珠丝杠通过联轴器直接相连，如图 8-1 所示。这样由于传动链短，运动损失小，且反应迅速，因此可获得高精度。CNC 插补器在每个插补周期内串行输出的位置脉冲数表示位置的移动量（一个脉冲所移动的直线位移为一个脉冲当量）；脉冲的频率（即在单位时间内输出的脉冲数的多少）表示进给的速度；脉冲的符号表示轴的进给方向。

图 8-1 中只画出了一个进给轴，实际的机床有几个轴，但是控制原理都是一样的。几个轴在同一插补周期接收到插补指令时，由于在同一时间内的进给量不同，进给速度不同，运动方向不同，其合成的运动就是曲线，刀具依此曲线轨迹运动即可加工出程序所要求的工件轮廓曲线。

（一）伺服系统的常见报警与处理方法

1．伺服系统的常见报警

诊断伺服系统的故障，一般可利用状态指示灯诊断法、数控系统报警显示的诊断法、系统诊断信号的检查法、原理分析法等。

（1）进给伺服系统出错报警故障。进给伺服系统出错报警大多是速度控制单元方面的故障，或是主控电路板与位置控制或伺服信号有关部分的故障引起的。FANUC PWM 速度控制单元的控制板上有 7 个报警指示灯，分别是 BRK、HCAL、HVAL、OVC、LVAL、TGLS 及 DCAL；在它们下方还有 PRDY（位置控制已准备好信号）和 VRDY（速度控制单元已准备好信号）2 个状态指示灯，其含义如表 8-1 所示。

表 8-1　　　　　　　速度控制单元报警指示灯和状态指示灯一览表

代号	含义	备注	代号	含义	备注
BRK	驱动器主回路熔断器跳闸	红色	TGLS	转速太高	红色
HCAL	驱动器过电流报警	红色	DCAL	直流母线过电压报警	红色
HVAL	驱动器过电压报警	红色	PRDY	位置控制准备好	绿色
OVC	驱动器过载报警	红色	VRDY	速度控制单元准备好	绿色
LVAL	驱动器欠电压报警	红色	—	—	—

（2）检测元件或检测信号方面引起的故障。例如，某数控机床显示"主轴编码器断线"，引起的原因有以下几方面。

① 电动机动力线断线。如果伺服电源刚接通，尚未接到任何指令时，就发生这种报警，则由于断线而造成故障的可能性最大。

② 伺服单元印制电路板设定错误，如将检测元件脉冲编码器设定成了测速发电机等。

③ 没有速度反馈电压或时有时无，这可用显示其速度反馈信号来判断。这类故障除检测元件本身存在故障外，多数是由于连接不良或接通不良引起的。

④ 光电隔离板或中间的某些电路板上存在劣质元器件。当有时开机运行相当长一段时间后，出现"主轴编码器断线"，这时重新开机，故障可能会自动消除。

（3）参数被破坏。参数被破坏报警表示伺服单元中的参数由于某些原因引起混乱或丢失。引起此报警的可能原因及处理措施如表 8-2 所示。

表 8-2　　　　　　　　　参数被破坏报警综述

报警内容	报警发生状况	可能原因	处理措施
参数破坏	在接通控制电源时发生	正在设定参数时电源断开	进行用户参数初始化后重新输入参数
		正在写入参数时电源断开	
		超出参数的写入次数	更换伺服驱动器（重新评估参数写入法）
		伺服驱动器 EEPROM 以及外围电路故障	更换伺服驱动器
参数设定异常	在接通控制电源时发生	装入了设定不适当的参数	进行用户参数初始化处理

（4）主电路检测部分异常。引起此报警的可能原因及处理措施如表 8-3 所示。

表 8-3　　　　　　　　主电路检测部分异常报警综述

报警内容	报警发生状况	可能原因	处理措施
主电路检测部分异常	在接通控制电源时或者运行过程中发生	控制电源不稳定	将电源恢复正常
		伺服驱动器故障	更换伺服驱动器

（5）超速。引起此报警的可能原因及处理措施如表8-4所示。

表8-4　　　　　　　　　　　　　超速报警综述

报警内容	报警发生状况	可能原因	处理措施
超速	接通控制电源时发生	电路板故障	更换伺服驱动器
		电动机编码器故障	更换编码器
	电动机运转过程中发生	速度标定设定不合适	重设速度设定
		速度指令过大	使速度指令减到规定范围内
		电动机编码器信号线故障	重新布线
		电动机编码器故障	更换编码器
	电动机启动时发生	超跳过大	重设伺服调整使启动特性曲线变缓
		负载惯量过大	将负载惯量减到规定范围内

（6）限位动作。限位报警主要指的就是超程报警，引起此报警的可能原因及处理措施如表 8-5 所示。

表8-5　　　　　　　　　　　　　限位报警综述

报警内容	可能原因	处理措施
限位开关动作	限位开关有动作（即控制轴实际已经超程）	参照机床使用说明书进行超程解除
	限位开关电路开路	依次检查限位电路，处理电路开路故障

（7）过热报警故障。所谓过热是指伺服单元、变压器及伺服电动机等的过热，其可能原因和处理措施如表8-6所示。

表8-6　　　　　　　　　　　　伺服单元过热报警综述

报警内容	过热的具体表现	可能原因	处理措施
过热	过热的继电器动作	机床切削条件较苛刻	重新考虑切削参数，改善切削条件
		机床摩擦力矩过大	改善机床润滑条件
	热控开关动作	伺服电动机电枢内部短路或绝缘不良	加绝缘层或更换伺服电动机
		电动机制动器不良	更换制动器
		电动机永久磁钢去磁或脱落	更换电动机
	电动机过热	驱动器参数增益不当	重新设置相应参数
		驱动器与电动机配合不当	重新考虑配合条件
		电动机轴承故障	更换轴承
		驱动器故障	更换驱动器

（8）电动机过载。过载的可能原因及处理措施如表8-7所示。

表 8-7　　　　　　　　　　伺服驱动系统过载报警综述

报警内容	报警发生状况	可能原因	处理措施
过载（一般有连续最大负载和瞬间最大负载）	在接通控制电源时发生	伺服单元故障	更换伺服单元
	在伺服 ON 时发生	电动机配线异常（配线不良或连接不良）	修正电动机配线
		编码器配线异常（配线不良或连接不良）	修正编码器配线
		编码器有故障（反馈脉冲与转角不成比例变化，而有跳跃）	更换编码器
		伺服单元故障	更换伺服单元
	在输入指令时伺服电动机不旋转的情况下发生	电动机配线异常（配线不良或连接不良）	修正电动机配线
		编码器配线异常（配线不良或连接不良）	修正编码器配线
		启动转矩超过最大转矩或者负载有冲击现象；电动机振动或抖动	重新考虑负载条件、运行条件或者电动机容量
		伺服单元故障	更换伺服单元
	在通常运行时发生	有效转矩超过额定转矩或者启动转矩大幅度超过额定转矩	重新考虑负载条件、运行条件或者电动机容量
		伺服单元存储盘温度过高	将工作温度下调
		伺服单元故障	更换伺服单元

（9）伺服单元过电流报警。引起过电流的可能原因及处理措施如表 8-8 所示。

表 8-8　　　　　　　　　　伺服单元过电流报警综述

报警内容	报警发生状况	可能原因		处理措施
过电流（功率晶体管产生过电流）或者散热片过热	在接通控制电源时发生	伺服驱动器的电路板与热开关连接不良		更换伺服驱动器
		伺服驱动器电路板故障		
	在接通主电路电源时发生或者在电动机运行过程中产生过电流	接线错误	U、V、W 与地线连接错误	检查配线，正确连接
			地线缠在其他端子上	
			电动机主电路用电缆的 U、V、W 与地线之间短路	修正或更换电动机主电路用电缆
			电动机主电路用电缆的 U、V、W 之间短路	
			再生电阻配线错误	检查配线，正确连接
			伺服驱动器的 U、V、W 与地线之间短路	更换伺服驱动器
			伺服电动机的 U、V、W 与地线之间短路	更换伺服单元
			伺服电动机的 U、V、W 之间短路	

报警内容	报警发生状况		可能原因	处理措施
过电流（功率晶体管产生过电流）或者散热片过热	在接通主电路电源时发生或者在电动机运行过程中产生过电流	其他原因	因负载转动惯量大并且高速旋转，动态制动器停止，制动电路故障	更换伺服驱动器（减少负载或者降低使用转速）
			位置、速度指令发生剧烈变化	重新评估指令值
			负载过大，超出再生处理能力等	重新考虑负载条件、运行条件
			伺服驱动器的安装方法（方向、与其他部分的间隔）不适合	将伺服驱动器的环境温度降到55℃以下
			伺服驱动器的风扇停止转动	更换伺服驱动器
			伺服驱动器故障	
			驱动器的功率晶体管损坏	最好是更换伺服驱动器
			电动机与驱动器不匹配	重新选配

（10）伺服单元过电压报警。引起过电压的可能原因及处理措施如表8-9所示。

表8-9　　　　　　　　　　伺服单元过电压报警综述

报警内容	报警发生状况	可能原因	处理措施
过电压（伺服驱动器内部的主电路直流电压超过其最大限值，在接通主电路电源时检测）	在接通控制电源时发生	伺服驱动器电路板故障	更换伺服驱动器
	在接通主电源时发生	AC电源电压过大	将AC电源电压调节到正常范围
		伺服驱动器故障	更换伺服驱动器
	在通常运行时发生	检查AC电源电压（是否有过大的变化）	
		使用转速高，负载转动惯量过大（再生能力不足）	检查并调整负载条件、运行条件
		内部或外接的再生放电电路故障（包括接线断开或破损等）	最好是更换伺服驱动器
		伺服驱动器故障	更换伺服驱动器
	在伺服电动机减速时发生	使用转速高，负载转动惯量过大	检查并调整负载条件、运行条件
		加减速时间过小，在降速过程中引起过电压	调整加减速时间常数

（11）伺服单元欠电压报警。引起欠电压的可能原因及处理措施如表8-10所示。

表 8-10   伺服单元欠电压报警综述

报警内容	报警发生状况	可能原因	处理措施
电压不足（伺服驱动器内部的主电路直流电压低于其最小限值，在接通主电路电源时检测）	在接通控制电源时发生	伺服驱动器电路板故障	更换伺服驱动器
		电源容量太小	更换容量大的驱动电源
	在接通主电路电源时发生	AC 电源电压过低	将 AC 电源电压调节到正常范围
		伺服驱动器的熔丝熔断	更换熔丝
		冲击电流限制电阻断线（电源电压是否异常，冲击电流限制电阻是否过载）	更换伺服驱动器（确认电源电压，减少主电路 ON/OFF 的频度）
		伺服 ON 信号提前有效	检查外部使能电路是否短路
		伺服驱动器故障	更换伺服驱动器
	在通常运行时发生	AC 电源电压低（是否有过大的压降）	将 AC 电源电压调节到正常范围
		发生瞬时停电	通过警报复位重新开始运行
		电动机主电路用电缆短路	修正或更换电动机主电路用电缆
		伺服电动机短路	更换伺服电动机
		伺服驱动器故障	更换伺服驱动器
		整流器件损坏	建议更换伺服驱动器

（12）位置偏差过大。引起此故障的可能原因及处理措施如表 8-11 所示。

表 8-11   位置偏差过大报警综述

报警内容	报警发生状况	可能原因	处理措施
位置偏差过大	在接通控制电源时发生	位置偏差参数设得过小	重新设定正确参数
		伺服单元电路板故障	更换伺服单元
	在高速旋转时发生	伺服电动机的 U、V、W 的配线不正常（缺线）	修正电动机配线
			修正编码器配线
		伺服单元电路板故障	更换伺服单元
	在发出位置指令时电动机不旋转的情况下发生	伺服电动机的 U、V、W 的配线不良	修正电动机配线
		伺服单元电路板故障	更换伺服单元
	动作正常，但在长指令时发生	伺服单元的增益调整不良	上调速度环增益、位置环增益
		位置指令脉冲的频率过高	缓慢降低位置指令频率
			加入平滑功能
			重新评估电子齿轮比
		负载条件（转矩、转动惯量）与电动机规格不符	重新评估负载或者电动机容量

（13）再生故障。引起此故障的可能原因及处理措施如表 8-12 所示。

表 8-12　　　　　　　　　　再生故障及排除综述

报警内容	报警发生状况	可能原因	处理措施
再 生 故障	在接通控制电源时发生	伺服单元电路板故障	更换伺服单元
	在接通主电路电源时发生	6kW 以上时未接再生电阻	连接再生电阻
		再生电阻配线不良	修正外接再生电阻的配线
		伺服单元故障（再生晶体管、电压检测部分故障）	更换伺服单元
	在通常运行时发生	再生电阻配线不良、脱落	修正外接再生电阻的配线
		再生电阻断线（再生能量过大）	更换再生电阻或者更换伺服单元(重新考虑负载、运行条件)
		伺服单元故障（再生晶体管、电压检测部分故障）	更换伺服单元
	在接通控制电源时发生	伺服单元电路板故障	更换伺服单元
	在接通主电路电源时发生	电源电压超过 270V	校正电压
	在通常运行时发生（再生电阻温度上升幅度大）	再生能量过大（如放电电阻开路或阻值太大）	重新选择再生电阻容量或者重新考虑负载条件、运行条件
		处于连续再生状态	
	在通常运行时发生(再生电阻温度上升幅度小)	参数设定的容量小于外接再生电阻的容量（减速时间太短）	校正用户参数的设定值
		伺服单元故障	更换伺服单元
	在伺服电动机减速时发生	再生能量过大	重新选择再生电阻容量或者重新考虑负载条件、运行条件

（14）编码器出错。引起此故障的可能原因及处理措施如表 8-13 所示。

表 8-13　　　　　　　　　　编码器出错及排除综述

报警内容	报警发生状况	可能原因	处理措施
编码器出错	编码器电池警报	电池连接不良、未连接	正确连接电池
		电池电压低于规定值	更换电池，重新启动
		伺服单元故障	更换伺服单元
	编码器故障	无 A 和 B 相脉冲	建议更换脉冲编码器
		引线电缆短路或破损而引起通信错误	
	客观条件	接地、屏蔽不良	处理好接地

（15）漂移补偿量过大报警。引起此故障的可能原因及处理措施如表 8-14 所示。

表 8-14　　　　　　　　　　　漂移补偿量过大报警综述

报警内容	可能原因	处理措施
漂移补偿量过大	动力线连接不良、未连接	正确连接动力线
	检测元件之间的连接不良	正确连接反馈元件连接线
	CNC 系统中有关漂移量补偿的参数设定错误	重新设置参数
	速度控制单元的位置控制部分硬件故障	更换此电路板或直接更换伺服单元

2. 常用伺服报警号

通过 LCD 显示的伺服报警号，借助系统维修说明书一般都可以查找到故障原因，伺服系统常见报警详见附录 C。

3. 伺服诊断画面的使用

伺服驱动系统所配套的位置检测编码器状态、驱动器工作状态等信息可以通过 CNC 的 FSSB 总线从驱动器传送到 CNC 中，在 CNC 上可以通过诊断数据检查驱动系统的工作状态，这些状态大部分以二进制位信号的形式在 CNC 诊断页面显示，它们是 CNC 发生伺服驱动报警时的故障判别依据。

与伺服驱动有关的诊断数据状态所代表的含义如表 8-15 所示。

表 8-15　　　　　　　　　　　伺服驱动状态诊断数据表

诊断数据	位（bit）	代号	含义
DGN200	7	OVL	1：驱动器过载
	6	LV	1：驱动器输入电压过低
	5	OVC	1：驱动器过电流
	4	HCA	1：驱动器电流异常
	3	HVA	1：驱动器过电压
	2	DCA	1：驱动器放电回路故障
	1	FBA	1：测量反馈线连接不良
	0	OFA	1：计数器溢出
DGN201	7	ALD	1：电动机过热或反馈线连接不良
	4	EXP	1：分离型位置编码器连接不良
DGN202	6	CSA	1：编码器硬件不良
	5	BLA	1：电池电压过低
	4	PHA	1：测量反馈电缆故障或编码器故障
	3	RCA	1：编码器零位脉冲信号不良
	2	BZA	1：电池电压为 0
	1	CKA	1：编码器无信号输出
	0	SPH	1：编码器计数信号不良
DGN203	7	DTE	1：编码器通信不良（无应答信号）
	6	CRC	1：编码器通信不良（CRC 校验出错）

续表

诊断数据	位（bit）	代号	含义
DGN203	5	STB	1：编码器通信不良（停止位出错）
	4	PRM	1：驱动器参数设定错误
DGN204	6	OFS	1：A/D 转换出错
	5	MCC	1：驱动器主接触器无法断开
	4	LDA	1：编码器光源不良
	3	PMS	1：编码器故障或连接不良
DGN205	7	OHA	1：分离型编码器过热
	6	LDA	1：分离型编码器光源不良
DGN205	5	BLA	1：分离型编码器电池电压过低
	4	PHA	1：分离型编码器测量反馈电缆故障或编码器故障
	3	CMA	1：分离型编码器计数信号不良
	2	BZA	1：分离型编码器电池电压为 0
	1	PMA	1：分离型编码器故障或连接不良
	0	SPH	1：分离型编码器计数信号不良
DGN206	7	DTE	1：分离型编码器通信不良（无应答信号）
	6	CRC	1：分离型编码器通信不良（CRC 校验出错）
	5	STB	1：分离型编码器通信不良（停止位出错）
DGN208	6	AXS	1：电动机代码设定错误（PRM2020）
	4	DIR	1：电动机每转速度反馈脉冲数设定错误（PRM2023）
	3	PLS	1：电动机每转位置反馈脉冲数设定错误（PRM2024）
	2	PLC	1：电动机旋转方向设定错误（PRM2023）
	0	MOT	1：伺服轴号设定错误（PRM1023）
DGN308	—	—	伺服电动机温度（单位℃）
DGN309	—	—	编码器温度（单位℃）
DGN352	—	—	伺服参数设定错误报警号显示
DGN358 （1字）	14	SRDY	CNC 准备好信号
	13	DRDY	驱动器准备好
	12	INTL	驱动器直流母线（DB）"互锁"
	11	RLY	驱动器直流母线（DB）接通
	10	CRDY	CNC 至驱动器的接口电路（转换器）准备好
	9	MCOFF	CNC 至驱动器的接口电路 MCOFF（主接触器关闭）信号输出
	8	MCONA	驱动器上的 MCON（主接触器接通）信号输出
	7	MCONS	CNC 上的 MCON（主接触器接通）信号输出
	6	*ESP	驱动器的 CX4 急停信号输入状态
	5	HRDY	驱动器硬件准备好
DGN700	1	HOK	HRV 控制生效
	0	HON	HRV 硬件配置生效

当 CNC 发生伺服驱动报警或者驱动器发生故障时，除了利用状态指示灯、报警信号进行检查外，还可以通过 CNC 的伺服调整页面进行故障的检测与诊断。

（二）伺服位置反馈装置故障诊断方法

FANUC 数控系统既可以用于半闭环工作，也可以用于全闭环工作，半闭环位置检测装置为伺服电动机尾部的光电编码器，全闭环位置检测装置来自于机床上直线光栅尺等直线位移检测器件。数控系统伺服反馈故障常见的是断线故障，断线报警根据产生的原因不同，分为硬件断线报警和软件断线报警。

（1）硬件断线报警。当使用电动机尾部的脉冲编码器作为位置检测时，若脉冲编码器断线，则由硬件检测电路检查，就会发生硬件断线报警；若直线位置断线也会检测报警。

（2）软件断线报警。系统的连接基本正常，但由于机械传动机构的反向间隙过大，引起伺服电动机侧的反馈脉冲数与分离式直线位置检测（直线光栅）的反馈脉冲数的偏差超过标准设定值，产生伺服反馈软件断线报警，如图 8-2 所示。

图 8-2　CNC 闭环连接系统

【例 8-1】　某立式加工中心，数控系统采用 FANUC 0i MD 系统，伺服电动机为 αi12/3000，外加直线光栅构成全闭环，在使用过程中产生 Z 轴 445# 报警，系统停止工作。

故障报警过程： 当数控系统设计和调试为全闭环位置控制方式时，数控系统除实时检测编码器是否有断线报警外，还实时对半闭环检测的位置数据与分离式直线位置检测反馈的脉冲数进行偏差计算，若超过参数 NO.2064 设置值，就会产生 445# 报警。

故障产生原因： 根据直线位置检测反馈工作过程，故障可能是由于直线位置检测器件断线或插座没有插好、直线位置反馈装置的电源电压偏低或没有、位置反馈检测器件本身故障、光栅适配器（闭环位置检测器件是通过光栅适配器进入伺服位置控制回路的）故障等产生的。

故障排除：（1）在正常通电情况下，多按几次"SYSTEM"，进入"诊断"画面，按"200"，按"搜索"，出现画面 No.200，发现 No.200#1=1，通过查阅 FANUC 0i D 维修说明书可知，编码器断线，到底是内置编码器断线还是外置编码器断线，是硬件断线还是软件断线，分析 No.201 的#4、#7，同样查阅 FANUC 0i D 维修说明书可知，系统报警原因是软件断线报警。

（2）根据故障产生原因的控制环节，逐步排除。

① 检查直线光栅硬件连接情况，硬件连接正常。

② 检查光栅适配器，有工作电压电源指示。

③ 单独给直线光栅施加+5V 电压，用示波器检测光栅输出信号，信号正常。

④ 据此，可以判断是外围的机械问题。

⑤ 使用 μm 仪表检测丝杠间隙，发现丝杠间隙太大，达到 0.1mm。经检查参数 Z 轴丝杠间隙补偿参数 No.1815 原来为 0.03mm，现在的间隙太大，当 Z 轴伺服电动机运转时，直线位置检测还没检测到，超过了参数 No.2064 设置的范围（原来 No.2064 设了 0.08mm），就会产生 445# 报警。

故障解决：（1）重新把 Z 轴检测的丝杠间隙设置在 No.1815 参数中。

（2）重新通电测试，故障消除。

（3）在机床精度要求不高的情况下，也可以把全闭环使用条件屏蔽掉，使用半闭环。只要把参数 No.1815#1 设为 0，就能屏蔽了，下次有条件可以再恢复。

（三）伺服进给装置故障诊断方法

进给伺服的常见故障如下。

（1）超程。其有软件超程、硬件超程和急停保护 3 种。

（2）过载。当进给运动的负载过大、频繁正反向运动，以及进给传动润滑状态和过载检测电路不良时，都会引起过载报警。

（3）窜动。在进给时出现窜动现象的原因有测速信号不稳定、速度控制信号不稳定或受到干扰、接线端子接触不良、反馈间隙或伺服系统增益过大。

（4）爬行。发生在启动加速段或低速进给时，一般是由于进给传动链的润滑状态不良、伺服系统增益过低以及外加负载过大等因素所致。

（5）振动。分析机床振动周期是否与进给速度有关。

（6）伺服电动机不转。进给单元除了速度控制信号外，还有使能控制信号，使能信号是进给动作的前提。

（7）位置误差。当伺服运动超过允许的误差范围时，会产生位置误差过大报警，包括跟随误差、轮廓误差和定位误差等。其主要原因有系统设定的允差范围过小、伺服系统增益设置不当、位置检测装置有污染、进给传动链累积误差过大、主轴箱垂直运动时平衡装置不稳。

（8）漂移。当指令为零时，坐标轴仍在移动，从而造成误差，通过漂移补偿或驱动单元上的调整来消除。

由于伺服系统是由位置环和速度环组成的，当伺服系统出现故障时，为了快速定位故障的部位，可以采用如下两种方法。

1. 模块交换法

数控机床有些进给轴的驱动单元具有相同的当量，如立式加工中心的 X 轴和 Y 轴的驱动单元往往是一致的，当其中的某一轴发生故障时，可以用另一轴来替代，观察故障的转移情况，快速确定故障的部位。图 8-3 所示为采用模块交换法诊断故障。

（a）系统简图　　　　　　　（b）诊断流程图

图 8-3　采用模块交换法诊断故障

其中，X 和 Y 针形插座为 CNC 系统位置控制模块至 X 轴和 Y 轴驱动模块的控制信号，包括速度控制信号和伺服使能信号等；XM 和 YM 为伺服电动机动力线端子；XF 和 YF 针形插座为伺服电动机上检测装置反馈信号。

2. 外接参考电压法

当某轴进给发生故障时，为确定是否是驱动单元和伺服电动机故障，可以脱开位置环，检查速度环。由干电池和电位器组成直流回路（外接参考电压法），如图 8-4 所示。

首先断开闭环控制模块上的 X331-56 速度给定输入正端和 X331-14 速度给定输入负端两接点，外加 9V 干电池和电位器组成的直流回路，再短接该模块上的 X331-9 使能电压＋24V 和 X331-65 使能信号两接点。接通机床电源，启动数控系统，然后短接电源和监控模块上的 X141 63 脉冲使能和 X141-9 使能电压＋24V 两接点。使能信号时序如图 8-5 所示。

由图 8-5 可知，只有当 3 个使能信号都有效时，电动机才能工作。当使能端子 63 无效时，驱动装置立即禁止所有进给轴运行，伺服电动机无制动地自然停止；当使能端子 64 无效时，驱动装置立即置所有进给轴的速度给定值为零，伺服电动机进入制动状态，200ms 后电动机停转；当使能端子 65 无效时，对应轴的速度给定值立即置零，伺服电动机进入制动状态，200ms 后电动机停转。正常情况下，伺服电动机就在外加的参考电压控制下转动，调节电位器可控制电动机的转速，参考电压的正、负则决定电动机的旋转方向。这时可判断驱动装置和伺服电动机是否正常，以判断故障是在位置环还是在速度环。

图 8-4　采用外接参考电压法诊断故障　　　　图 8-5　使能信号时序图

任务实施

（一）伺服轴跟踪误差过大报警及排除

410#报警是伺服轴停止时，误差计数器读出的实际误差值大于参数 1829 中的限定值，如图 8-6（a）所示；411#报警是伺服轴在运动过程中，误差计数器读出的实际误差值大于参数 1828 中的极限值，如图 8-6（b）所示。

（a）　　　　　　　　　　　（b）

图 8-6　1829 和 1828 的参数限定值

这两种报警在日常生产中也是比较常见的。那么机床在什么情况下容易发生这两种报警呢？如何解决呢？首先还是从工作原理入手去分析。误差计数器的读数过程如图8-7所示。

图 8-7　误差计数器的读数过程

伺服环的工作过程是一个"动态平衡"过程。

（1）当系统没有移动指令时。

情况1：机床比较稳定，伺服轴没有任何移动。

> 指令脉冲 =0 ⇨ 反馈脉冲数 =0 ⇨ 误差值 =0 ⇨ VCMD=0 ⇨ 电动机静止

情况2：机床受外界影响（如震动、重力等），伺服轴移动。

> 指令脉冲 =0 ⇨ 反馈脉冲数 ≠0 ⇨ 误差值 ≠0 ⇨ VCMD≠0 ⇨ 电动机调
> 整直到指令脉冲 =0 ⇨ 反馈脉冲数 =0 ⇨ 误差值 =0 ⇨ VCMD=0

（2）当系统有移动指令时。

初始状态——机床待启动：

> 指令脉冲 =10000 ⇨ 反馈脉冲数 =0 ⇨ 误差值 =10000 ⇨ VCMD 输出指
> 令电压 ⇨ 电动机启动

电动机运行：

> 指令脉冲 =10000 ⇨ 反馈脉冲数 =6888 ⇨ 误差值 =3112 ⇨ VCMD 输出
> 指令电压 ⇨ 电动机继续转动

定位完成：

> 指令脉冲数 =0 ⇨ 反馈脉冲数 =0 ⇨ 误差值 =0 ⇨ VCMD =0 电动机停止

通过上面的分析可以看出，每当伺服使能接通时，或者轴定位完成时，都要进行上述的调整。当上面的调整失败后，就会出现410#报警——停止时的误差过大。

当伺服轴执行插补指令时，指令值随时分配脉冲，反馈值随时读入脉冲，误差计数器随时计算实际误差值。当指令值、反馈值其中之一不能够正常工作时，均会导致误差计数器数值过大，即产生411#报警——移动中误差过大。

通过统计，上述报警多数情况是发生在反馈环节上。另外，机械过载、全闭环振荡等也都容易导致上述报警发生，现将典型情况归纳如下。

（1）编码器损坏。

（2）光栅尺脏或损坏。

（3）光栅尺放大器故障。

（4）反馈电缆损坏，断线、破皮等。

（5）伺服放大器故障，包括驱动晶体管击穿、驱动电路故障、动力电缆断线或虚接等。

（6）伺服电动机损坏，包括电动机进油、进水，电动机匝间短路等。

（7）机械过载，包括导轨严重缺油、导轨损伤、丝杠损坏、丝杠两端轴承损坏、联轴器松动或损坏。

上述的典型故障现象其实说明一个问题，即指令脉冲与反馈脉冲两者之一出现了问题。上面（1）～（4）是由于反馈环节不良导致反馈信息不能准确传递到系统；（5）～（7）反映的是虽然指令已经发出，但是在执行过程中出现了问题，有可能是在系统内部，也有可能是出在伺服放大器上，还有可能是由于机械负载阻止电动机正常转动。

【例8-2】　某立式数控铣床FANUC 0i MD数控系统（半闭环），Y轴解除急停开关后数秒钟随即产生410#报警。

410#报警是由停止时误差过大引起的，一般也是由反馈、驱动和外围机械这3种因素引起的。凡是这类误差过大的报警，首先要观察伺服运转（SV-TUN）画面，如图8-8所示。

通过观察发现，松开急停开关后"位置偏差"数值快速加大，并出现报警，此时机床攒动一下并停止。

如何简易快速地判断位置编码器故障？可以先按下紧急停止开关，用手或借助工具使电动机转动。此时，如果伺服TUN画面中的"位置偏差"也跟着变化，说明编码器基本没有问题。

图8-8　伺服运转画面

使用此方法，通过伺服诊断画面看到反馈脉冲良好，基本排除脉冲编码器及反馈环节的问题。经过仔细观察发现，通电时间不长，电动机温升可达60℃～70℃。通过绝缘电阻表测量，发现电动机线圈对地短路，更换电动机后，机床工作正常。

（二）伺服轴进给抖动、爬行故障诊断与排除

伺服轴工作过程中有振动或爬行现象。引起此故障的原因及常规处理如表8-16所示。

表 8-16　　　　　　工作过程中振动或爬行故障的原因及排除综述

可能原因	排除方法	措施
负载过重	重新考虑此机床所能承受的负载	减轻负载，让机床工作在额定负载以内
机械传动系统不良	依次察看机械传动链	保持良好的机械润滑，并排除传动故障
位置环增益过高	查看相关参数	重新调整伺服参数
伺服不良	通过交换法，一般可快速排除	更换伺服驱动器

发生在启动加速段或低速进给时的爬行一般是由于进给传动链的润滑状态不良、伺服系统增益过低及外加负载过大等因素所致。尤其要注意的是，伺服和滚珠丝杠连接用的联轴器，由于连接松动或联轴器本身的缺陷，如裂纹等，造成滚珠丝杠转动或伺服的转动不同步，从而使进给忽快忽慢，产生爬行现象。其可能原因及排除措施如表 8-17 所示。

表 8-17　　　　启动加速段或低速进给时爬行现象的可能原因及排除综述

可能原因	检查步骤	排除措施
进给传动链的润滑状态不良	听工作时的声音，观察工作状态	做好机床的润滑，确保润滑的电动机工作正常并且润滑油足够
伺服系统增益过低	检查伺服的增益参数	依参数说明书正确设置相应参数
外加负载过大	校核工作负载是否过大	改善切削条件，重新考虑切削负载
联轴器的机械传动有故障	可目测联轴器的外形	更换联轴器

【例 8-3】　一台配套某系统的加工中心，进给加工过程中，发现 X 轴有震动现象。

分析与处理过程： 加工过程中坐标轴出现震动、爬行现象与多种原因有关，故障可能是机械传动系统的原因，亦可能是伺服进给系统的调整与设定不当等。

为了判定故障原因，将机床操作方式置于手动方式，用手摇脉冲发生器控制 X 轴进给，发现 X 轴仍有震动现象。在此方式下，通过较长时间的移动后，X 轴速度单元上 OVC 报警灯亮，证明 X 轴伺服驱动器发生了过电流报警。根据以上现象，分析可能的原因如下。

① 负载过重；②机械传动系统不良；③位置环增益过高；④伺服不良，等等。

维修时通过互换法，确认故障原因出在直流伺服上。卸下 X 轴，经检查发现 6 个电刷中有 2 个的弹簧已经烧断，造成了电枢电流不平衡，使输出转矩不平衡。另外，发现轴承亦有损坏，故而引起 X 轴的震动与过电流。更换轴承与电刷后，机床恢复正常。

【例 8-4】　配套某系统的加工中心，在长期使用后，手动操作 Z 轴时有震动和异常响声，并出现移动过程中 Z 轴误差过大报警。

为了分清故障部位，考虑到机床伺服系统为半闭环结构，通过脱开与丝杠的连接，再次开机试验，发现伺服驱动系统工作正常，从而判定故障原因在机床机械部分。手动转动机床 Z 轴，发现丝杠转动困难，丝杠的轴承发热。经仔细检查，发现 Z 轴导轨无润滑，造成 Z 轴摩擦阻力过大。重新修理 Z 轴润滑系统后，机床恢复正常。

（三）光栅尺的拆装与调试实训

在数控机床中，为了实现位置控制，必须有位置检测装置用于检测机床运动部件的位移。数控机床常用的位置检测装置有光栅尺、编码器等。光栅尺是一种高精度的直线位移检测装置，通过光电转换，对莫尔条纹进行计数，得到移动部件的位移及方向等信号；光电编码器除了用于位移测量外，还可用于数字式测速等场合。光电编码器和光栅输出的信号均可通过倍频处理来提高位移测量精度，并通过高、低电平来判别运动部件的正反向。这些位置检测装置的检测信号均作为位置反馈量，用于伺服控制的位置比较。

1. 光栅尺的基本结构

光栅有长光栅和圆光栅两种，长光栅用于检测直线位移量，圆光栅用于检测转角位移量。

光栅位置检测装置由光源、标尺光栅（长光栅）、指示光栅（短光栅）和光电元件等组成，如图 8-9 所示。光栅是在一块长条形的光学玻璃上均匀地刻上线条。线条之间的距离称为栅距，记为 P。栅距决定精度，一般是每毫米 50、100、200 条线。长光栅 G1 装在机床的移动部件上，短光栅 G2 装在机床的固定部件上。两块光栅互相平行并保持一定的间隙（如 0.05mm 或 0.1mm 等），且两块光栅的栅距相同。

图 8-9　光栅尺的结构简图

2. 莫尔条纹及其作用

如果将指示光栅在其自身的平面内转过一个很小的角度 θ，以便它的刻线与标尺光栅的刻线间能保持一个很小的夹角 θ，如图 8-10 所示。这样，在光源的照射下，由于光的衍射和干涉效应，在与两光栅刻线角 θ 的平分线相垂直的方向上形成了明暗相间的宽条纹，即莫尔条纹。两个亮带或暗带间的距离称为莫尔条纹的节距，记为 W。节距的大小与两光栅尺刻线间夹角 θ 有关，即

$$W = \frac{P}{2\sin\dfrac{\theta}{2}}$$

莫尔条纹的作用如下。

（1）放大作用。如图 8-10 所示，当 θ 很小时，莫尔条纹的节距 W 约为 P/θ。

这表明莫尔条纹的节距对光栅的栅距有放大作用。例如，光栅的刻线为 100 条，即栅距 P=0.01mm、θ=0.002rad≈0.11° 时，$W \approx P/\theta = 5$mm，相当于将栅距放大 500 倍。栅距小，光栅的刻线难以分辨，而光栅产生的莫尔条纹却可以分辨，所以莫尔条纹是一种栅距的放大机构。

图 8-10 莫尔条纹

（2）条纹移动与光栅移动成比例。当标尺光栅移动时，莫尔条纹就沿垂直于光栅移动方向移动。当光栅移动一个栅距 P 时，莫尔条纹就相应准确地移动一个节距 W，也就是说两者一一对应。因此，只要读出移动过莫尔条纹的数目，就可以知道光栅移过了多少个栅距，而栅距在制造光栅时是已知的，所以光栅的移动距离就可以通过电气系统自动地测量出来。同时，光栅移动方向改变，条纹移动的方向也随之改变，即可以从条纹移动的方向得知光栅尺的运动方向。

（3）均化误差的作用。莫尔条纹是光线通过光栅尺的多根刻线衍射而成的，条纹节距是光栅尺上多根刻线综合作用产生的，这样光栅尺刻线间的栅距误差被均化，从而保证了作为测量标尺的条纹节距的准确性。

3. 光栅尺的拆装

用于数控机床的直线光栅尺采用封闭式结构，铝制外壳保护光栅尺、扫描单元和轨道免受灰尘、切削和切削液的影响，自动向下的弹性密封条保持外壳的密封。图 8-11 所示为光栅尺的安装图。

图 8-11 光栅尺的安装图

安装光栅尺时，密封条朝下或远离溅水的方向，如图8-12所示。

安装封闭式光栅尺非常简单，只需在多点位置处将光栅尺与机床导轨对正，也可以用限位面或者限位销对正光栅尺，如图8-13所示。

图8-12　密封条的安装

图8-13　采用限位销对正光栅尺

安装辅助件以将光栅尺和扫描单元间的间隙以及横向公差调整正确。如安装空间有限，必须在安装光栅尺前先安装辅助件，精确地调定光栅尺和扫描单元的间隙，还必须确保符合横向公差要求，如图8-14所示。

除了采用两个M8的螺栓将直线光栅尺固定在平面上的标准安装方法外，还可以采用安装板安装（如果测量长度超过1 240mm，必须使用安装板安装）。

用安装板安装时，安装板可以作为机床的一部分安装在机床上，最后安装时只需将光栅尺夹紧即可，因此，可以很容易地更换光栅尺，便于维修，如图8-15所示。

图8-14　安装辅助件

图8-15　使用安装板安装光栅尺

4. 光栅尺的维护

防污：避免受到冷却液的污染，从而造成信号丢失，影响位置控制精度。

防振：光栅尺拆装时要用静力，不能用硬物敲击，以免引起光学元件的损坏。

技能拓展

（一）伺服电动机过载或过热报警故障诊断与排除

1. 检测原理

伺服放大器具有过热检测信号，该信号由放大器内的智能逆变模块发出。当放大器的逆变模块温度超过规定值时，通过 PWM 指令传递到 CNC 系统，CNC 系统发出 400#过热报警，如图 8-16 所示。

图 8-16　CNC 系统伺服过热报警检测原理

伺服电动机的过热信号是由伺服电动机定子绕组的热偶开关检测的，当伺服电动机的温度超过规定值时，电动机的热偶开关（动断触点）动作，通过伺服电动机的串行编码器（数字伺服）传递给 CNC 系统，CNC 系统发出 400#过热报警。FANUC 0i D 系统 430#伺服报警为伺服电动机过热报警，431#伺服报警为伺服放大器过热报警。

2. 诊断方法

当发生伺服过热报警时，若 DGN200 的#7 位为"1"，则为电动机过热；若该位为"0"，则为放大器过热。其诊断流程图如图 8-17 所示。

3. 故障产生的可能原因

（1）过载。可以通过测量电动机电流是否超过额定值来判断。

（2）电动机线圈绝缘不良。可用 500V 绝缘电阻表检查电枢线圈与机壳之间的绝缘电阻，如果在 1MΩ 以上，表示绝缘正常。

（3）电动机线圈内部短路。可卸下电动机，测电动机空载电流，如果此电流与转速成正比变化，则可判断为电动机线圈内部短路。

（4）电动机磁铁退磁。可通过快速旋转电动机时，测定电动机电枢电压是否正常。如电压低且发热，则说明电动机已退磁，应重新充磁。

（5）制动器失灵。当电动机带有制动器时，如电动机过热则应检查制动器动作是否灵活。

图 8-17　伺服过热报警诊断流程图

（6）CNC 装置的有关印制电路板不良。

（7）系统伺服参数整定不良。可进行伺服参数初始化操作。

【例 8-5】　某 FANUC 0i Mate TD 系统，机床经常出现 438#报警。

报警解释： 438#报警表示电动机电流过高。

故障分析： 438#报警和下列原因有关。

（1）参数设定不合适，要按标准设定伺服参数，初始化参数时，要设定正确的电动机代码。

（2）是否电动机负载太大，是否只发生在一个轴上，还是所有轴都有。如果只发生在某一个轴上，可能那个轴负载太大，可通过观察伺服诊断电流来确认。

（3）是否长期在电动机的高速段运行，检查机床的最高速对应的电动机转速（柔性齿轮比、快速进给速度等相关参数）。

（4）硬件方面，伺服放大器、电动机等。

处理结果：经检查为电动机损坏导致该故障。

【例8-6】 FANUC 0i TD 系统，加工中偶发 409#X 轴转矩报警，同时出现 EMG 报警。一天出现 1～2 次，现场观察询问得知出现故障时工件过切被挤歪，过切后由于负载太大出现上述报警而停止，但恢复后继续加工，一切又恢复正常。

报警解释：409#报警表示伺服电动机出现了异常负载。

故障分析：409#和 EMG 报警是由于工件过切闷刀导致 X 轴电动机转矩超过极限值而引发的，首先从现象和经验分析，发生这种故障有以下几种可能性。

（1）工件没有安装正确。

（2）刀具补偿没有正确设定。

（3）车削过程中误操作。

（4）液压卡盘夹紧力不足，或 3 爪受力不均，合力作用点偏离卡盘中心。

（5）个别工件硬度太高。

（6）刀盘不正。

处理结果：后经检查发现由于刀盘曾因撞刀而导致刀盘中心有偏差，刀盘在 Z 向移动 60mm 就有 40μm 的偏差，调整至 4μm 内后故障彻底排除。

（二）伺服轴进给失控故障诊断与排除

机床失控指的是机床在开机时或工作过程中突然改变速度、改变位置的情况，如伺服启动时突然冲击、工作台停止时突然向某一方向快速运动、正常加工过程中突然加速等。

机床在加工过程中突然失控，坐标轴快速运动，此类故障通常破坏性较大，属于严重故障，维修时应特别注意。对于半闭环系统应立即脱开伺服电动机与编码器的连接，防止机床再次失控，这样才能做进一步的诊断。其故障原因、检查和处理方法如表 8-18 所示。

表 8-18　　　　机床失控的原因与检查、处理方法

故障原因	检查步骤	措施
位置检测、速度检测信号不良	检查连线，检查位置、速度环是否为正反馈	改正连线
位置编码器故障	可以用交换法	重新进行正确的连接
主板、速度控制单元故障	用排除法确定故障	更换印制电路板

机床失控（即飞车）这类故障在安装调整机床时出现，原因多数是位置或速度检测信号不正常，或是断线，或是极性接反变成正反馈。如果在机床运行时突然出现，则多数是信号反馈线因机床移动而被拉断，或是数控系统的控制板及进给伺服速度控制单元的故障造成。

【例8-7】 某加工中心，在加工过程中，突然出现 X 轴、Y 轴、Z 轴同时快速运动，导致机床碰撞，引起刀具与工件的损坏。

故障分析：坐标轴突然失控的原因通常是由于位置环开环引起的。当某一轴出现以上问题时，一般是由于该伺服系统的位置测量系统故障引起的。但在本机床上，由于机床的所有轴同时出现问题，因此故障原因应与系统公共部分有关。考虑到机床的全部位置编码器均由统一的电源模块进行供电，如果电源模块的+5V不良，将导致系统的三轴位置环同时故障。

仔细测量机床的电源模块并与同类机床比较，该机床的+5V电源在空载时，电压正常。但连接负载后测量发现，该电源模块在输出电流为 4A 时，输出电压降到 4.25V；输出电流为 10A（额定输出）时，输出电压降到 2V。但在正常的机床上，输出电流为 10A（额定输出）时，输出电压仍然保持 5V，由此确认本故障与电源模块有关。

处理结果：直接更换电源模块后，机床恢复正常。

【例 8-8】　某数控车床出现 Y 轴进给失控，无论是点动还是程序进给，导轨一旦移动起来就不能停下，直到按下紧急停止为止。

故障分析：根据数控系统位置控制基本原理，可以确定故障出在 X 轴位置环上，并很可能是位置反馈信号丢失，这样，一旦数控装置给出进给量指令位置，反馈实际位置始终为零，位置误差始终不能消除，导致机床进给失控。拆下位置测量装置脉冲编码器进行检查，发现编码器里灯丝已断，导致无反馈输入信号。

处理结果：更换 Y 轴编码器后，故障排除。

小结

本任务应该掌握 FANUC 0i D/ 0i Mate D 伺服系统的故障报警类型，了解伺服进给装置和伺服位置反馈装置故障诊断与维修的方法，对光栅尺能够进行拆装和调试，能够正确对 FANUC 0i D/ 0i Mate D 数控系统的常见伺服故障进行诊断与排除。

自测题

一、简答题

1. 简述伺服系统的组成及其在数控机床上的地位和作用。

2. 简述增量式编码器与绝对式编码器的区别。

3. 进给伺服系统常见故障有哪些？常用的诊断方法有哪些？

4. 光栅测量装置在数控机床中应用要注意哪些问题？

5. 脉冲编码器出现的故障现象有哪些？如何排除？

二、实训题

1. 光栅尺的拆装与调试实训。

2. 编码器的拆装与调试实训。

3. 某数控车床在加工过程中出现 414#、410#报警，动力停止。关闭电源再开机，X 轴移动时机床震颤，后又出现报警并动力停止。查系统维修手册，报警信息为伺服报警，检测到 X 轴位置偏差大。分析故障原因。

任务九

| 主轴系统的故障诊断与维修 |

【学习目标】

- 能够识记主轴驱动模块的结构，了解主轴驱动系统的类型和特点。
- 知道变频主轴和伺服主轴的区别，掌握主轴部件的拆装。
- 利用伺服报警信息和主轴的工作状态，排除主轴不转、主轴不准停或准停位置不准确、主轴转动噪声大及震动大、主轴转速与实际指令值不匹配等异常故障。

任务导入

  主轴是数控机床重要部件之一，其结构和性能直接影响被加工零件的尺寸精度和表面质量。本任务是根据图 9-1 所示 CK7815 型数控车床主轴部件结构，对该主轴进行硬件拆装，通过拆装熟知主轴驱动模块的结构和性能，了解主轴驱动电动机的分类、原理和应用，排除主轴不转、主轴不准停或准停位置不准确、主轴转动噪声大及震动大、主轴转速与实际指令值不匹配等异常故障。

1—主轴脉冲发生器　2—螺钉　3—支架　4、5、7、8、15—螺母

6—主轴　9—角接触球轴承　10—前端盖　11—前支承套

12—圆柱滚子轴承　13—同步带轮　14—带轮

图 9-1　CK7815 型数控车床主轴部件结构图

相关知识

　　机床的主轴驱动系统与进给伺服驱动系统差别很大。机床主轴的运动是旋转运动,机床进给运动主要是直线运动。早期的数控机床一般采用三相感应同步电动机配上多级变速器,作为主轴驱动的主要方式。现代数控机床对主轴驱动提出了更高的要求,主要体现在以下几方面。

　　(1)要求主轴具有很高的转速,液压冷却静压主轴可以在 20 000 r/min 的高速下连续运行。

　　(2)电动机具有很宽的无级调整范围,能在调速比 1:100~1:1 000 内进行恒转矩调整和在 1:5~1:30 内进行恒功率调整。

　　(3)主传动电动机应具有 2.2~250kW 的功率,既要能输出大的功率,又要求主轴结构简单。

　　(4)为了使数控车床进行螺纹车削加工,要求主轴和进给驱动实现同步控制,还要求主轴能实现正反方向和加速、减速控制。

　　(5)在加工中心上,为了保证每次自动换刀时刀柄上的键槽对准主轴上的端面键,以及精镗孔后退刀时不会划伤已加工表面,要求主轴能进行高精度的准停控制。

　　(6)为了保证端面加工质量,要求主轴具有恒线速度切削功能。

（7）有的数控机床还要求具有角度分度控制功能。

现代数控机床绝大部分采用交流主轴驱动系统，由 PLC 进行控制。

调速比是在额定负载下可长期稳定运行的最小速度和最大速度之比。恒转矩运行时最大速度为额定速度，假设电动机为 50Hz/4 极电动机，理论空载速度为 1 500r/min，如果调速比是 1:1 000，则最小速度为 1.5r/min，在 1.5～1 500r/min 之间驱动电动机在额定转矩（负载）下稳定运行。恒功率运行时最小速度为额定速度，其最大速度等于 $K\times$ 额定速度，如果调速比是 1:5，则 $K=5$，考虑额定速度 1 500r/min，则最大速度为 7 500r/min，也就是在 1 500～7 500 r/min 范围内驱动电动机可以恒功率运行。

（一）伺服主轴与变频主轴的区别

1. 概念区别

目前，FANUC 系统的主轴电动机主要的控制有两种接口：模拟（DC 0～10 V）和数字（串行传送）接口。模拟接口靠变频器和三相异步电动机来控制驱动；数字串行口靠全数字伺服电动机来控制驱动。通常说用变频器驱动的主轴就是模拟主轴，用伺服电动机来驱动的主轴就是伺服主轴。两者都能满足数控机床主轴的控制要求。

2. 控制硬件区别

随着自动控制领域的技术发展，特别是微电子和电力技术的不断更新，伺服控制系统从早期的模拟控制逐步发展到全数字控制系统，并随着伺服系统硬件的软件化，使其控制性能有了更大的提高。驱动元件从早期的可控硅（晶闸管）SCR、大功率晶体管 GTR 等，发展到目前的智能型功率器件 IPM。

在模拟交流伺服系统中，位置控制部分是由大规模集成电路 LSI 完成的。在全数字的伺服系统中，速度环和电流环都是由单片机控制，FANUC 的系统设计将该部分电路设计在系统内部，作为系统控制的一部分，通常叫作轴卡（AXES CARD），该部分实现了位置、速度和电流的控制。

3. 原理上的区别

（1）变频主轴电动机在变频器的驱动下，具有低频时输出转矩大、高速时输出平稳、转矩动态响应快、稳速精度高、减速停车速度快且平稳、抗干扰能力强等性能。

（2）变频器是利用电力半导体器件的通断作用将工频电源变换为另一频率的电能控制装置，能实现对交流异步电动机的软启动、变频调速，提高运转精度，改变功率因数，过电流、过电压、过载保护等功能。变频器的主电路大体上可分为两类：一是电压型，是将电压源的直流变换为交流的变频器，其直流回路的滤波元件是电容器；二是电流型，是将电流源的直流变换为交流的变频器，其直流回路的滤波元件是电感器。

（3）使用变频器最大的问题是变频低速时转矩下降，因为机床对主轴运行的要求是恒功率曲线。速度越低转矩要求越大，所以变频主轴在铣床上的主要应用是中高速铣，而对于铰孔、镗孔无能为力。对于车床要采取换挡的方式增加低速转矩。

（4）伺服主轴是靠伺服驱动器驱动的，伺服系统中控制机械元件运转的发动机，是一种补助马达间接变速装置。伺服电动机可使控制速度、位置精度非常准确，将电压信号转化为转矩和转速以驱动控制对象。

4. 市场应用上的区别

变频主轴经济，变速功能好，容易实现高速和大功率，能满足大多数加工要求，用于大多数数控车床和数控铣床上，但其速度有波动，受变频器 v/f 影响，定位差。另外，变频主轴也可进行对主轴的定位控制，刚性攻丝等也可实现，但要看所选主轴电动机及变频器，当然效果肯定是没有伺服主轴好。这主要是取决于数控系统实现刚性攻丝的方法，国内数控系统刚性攻丝主要是依照每转进给的方式，这样只要主轴在攻丝时速度波动不大就能完成，而真正的刚性攻丝需要的是两轴的插补，对主轴要求能同伺服轴一样有很高的响应速度和加减速特性，还有就是调速比，主轴必须能工作在1r/min甚至更低的转速上，国内的加工中心机大多使用带反馈编码器的主轴电动机、高性能变频器、PG 反馈脉冲卡来实现精确定位控制和刚性攻丝。

伺服主轴精度高，但价格昂贵，由于速度、定位精度相当高，多用于多功能加工中心、专门攻丝的数控钻铣床以及精车螺纹的车床上。

（二）机床主轴部件的拆装与调整

图 9-1 为 CK7815 型数控车床主轴部件结构图，该主轴工作转速范围为 15～5 000r/min。主轴6 前端采用 3 个角接触球轴承 9，通过前支承套 11 支承，由螺母 8 预紧；后端采用圆柱滚子轴承12 支承，径向间隙由螺母 15 和螺母 4 调整。螺母 5 和螺母 7 分别用来锁紧螺母 4 和螺母 8，防止螺母 4 和螺母 8 的回松。带轮 14 直接安装在主轴 6 上（不卸荷）。同步带轮 13 安装在主轴 6 后端支承与带轮之间，通过同步带和安装在主轴脉冲发生器 1 轴上的另一同步带轮，带动主轴脉冲发生器 1 和主轴同步运动。在主轴前端，安装有液压卡盘或其他夹具。

1. 主轴部件的拆卸

主轴部件在维修时需要进行拆卸。拆卸前应做好工作场地清理、清洁工作和拆卸工具及资料的准备工作，然后进行拆卸操作。拆卸操作顺序大致如下。

（1）切断总电源及主轴脉冲发生器电源线路。拆下熔断器，防止他人误合闸而引起事故。

（2）切断液压卡盘（图 9-1 中未画出）油路，排放掉主轴部件及相关各部件润滑油。油路切断后，应放尽管内余油，避免油溢出污染工作环境，管口应包扎好，防止灰尘及杂物侵入。

（3）拆下（液压）卡盘及主轴后端液压缸等部件，排尽油管中余油并包扎好管口。

（4）拆下电动机传动带及主轴后端带轮 14 和键。

（5）拆下主轴后端螺母 15。

（6）松开螺钉 2，拆下支架 3 的螺钉，拆去主轴脉冲发生器（含支架、同步带）。

（7）拆下同步带轮 13 和后端油封件。

（8）拆下主轴后支承处轴向定位盘螺钉。

（9）拆下主轴前支承套螺钉。

（10）拆下（向前端方向）主轴部件。

（11）拆下圆柱滚子轴承12和轴向定位盘及油封。

（12）拆下螺母4和螺母5。

（13）拆下螺母7和螺母8以及前油封。

（14）拆下主轴6和前端盖10。主轴拆下后要轻放，不得碰伤各部件螺纹及圆柱表面。

（15）拆下角接触球轴承9和前支承套11。

以上各部件、零件拆卸后，应进行清洗及防锈处理，并妥善存放保管。

2. 主轴部件的装配及调整

装配前，各零部件需要预先加涂油的部位应加涂油。装配设备、装配工具以及装配方法，应根据装配要求及配合部位的性质选取。操作者必须注意，不正确或不规范的装配方法，将影响装配精度和装配质量，甚至损坏被装配件。

对CK7815型数控车床主轴部件的装配过程，可大体依据拆卸顺序逆向操作，这里就不再叙述了。主轴部件装配时的调整，应注意以下几个部位的操作。

（1）前端3个角接触球轴承，应注意前面两个大口向外，朝向主轴前端，后一个大口向里（与前面两个相反方向）。预紧螺母8的预紧量应适当，预紧后一定要注意用螺母7锁紧，防止回松。

（2）后端圆柱滚子轴承的径向间隙由螺母4调整。调整后通过螺母5锁紧，防止回松。

（3）为保证主轴脉冲发生器与主轴转动的同步精度，同步带的张紧力应合理。调整时，先略微松开支架3上的螺钉，然后调整螺钉2，使之张紧同步带。同步带张紧后，再旋紧支架3上的紧固螺钉。

（4）液压卡盘装配调整时，应充分清洗卡盘内锥面和主轴前端外短锥面，保证卡盘与主轴短锥面的良好接触。卡盘与主轴连接螺钉旋紧时，应对角均匀施力，以保证卡盘的工作定心精度。

（5）卡盘液压缸安装时，应调整好卡盘拉杆长度，保证驱动液压缸有足够的、合理的夹紧行程储备量。

（三）主轴变频器的调试

本项目采用三菱公司生产的 FR-S500 变频器，它是具有免测速机矢量控制功能的通用型变频器。它可以计算出所需输出电流及频率的变化量以维持所期望的电动机转速，而不受负载条件变化的影响。

1. 变频器控制原理

通常交流变频器将普通电网的交流电能变为直流电能，再根据需要转换成相应的交流电能，驱动电动机运转。电动机的运转信息可以通过相应的传感元件反馈至变频器进行闭环调节。根据公式 $n=60f/p$ 可知，交流异步电动机的转速与电源频率 f 成正比，与电动机的极对数成反比，因此改变电动机的频率可调节电动机的转速。通常为了保证在一定的调速范围内保持电动机的转矩不变，在调节电源频率 f 时，

必须保持磁通 Φ 不变。由公式 $U \approx E = 4.44fWK\Phi$ 可知，$\Phi \propto U/f$，所以改变频率 f 时，同时改变电源电压 U，可以保持磁通 Φ 不变。目前大部分变频器都采用了上述原理，用同时改变 f 和 U 的方法来实现电动机转速 n 的调速控制，并使得输出转矩在一定范围内保持不变。

2. FR-S500 变频器接线

（1）强电连接。FR-S500 变频器电源及电动机强电接线端子排列如图 9-2 所示。变频器电源接线位于变频器的左下侧，由单相交流电 220V 供电，接线端子 L1、N 及接地 P1 引线接电源。变频器电动机接线位于变频器的右下侧，接线端子 U、V、W 及接地 P1 引线接三相电动机。

（a）FR-S500S 0.2k、0.4k、0.75k CH（R）　　　（b）FR-S500S 1.5k CH（R）

图 9-2　FR-S500 变频器电源及电动机强电接线端子排列

电源进线及电动机接线均为交流高电压线路，请在接通电源之前或在通电工作中，确信变频器的盖子已经盖好。以防触电！

（2）弱电连接。FR-S500 变频器弱电控制接线端子排列如图 9-3 所示。该端子是易损件，请按端子螺钉尺寸 M2、M3 的要求使用螺钉旋具。由于螺钉较小，要避免螺钉掉下丢失。

图 9-3　变频器弱电控制接线端子排列

（3）变频器接线框图如图 9-4 所示。

3. FR-S500 变频器的应用与调试

（1）变频器的操作面板说明如图 9-5 所示。

图 9-4　变频器接线框图

图 9-5　变频器的操作面板

（2）变频器的基本操作与调试键如图9-6所示。

图9-6　变频器的基本操作与调试键

（3）三菱变频器的功能参数如表9-1所示。当Pr.30"扩张功能显示选择"的设定值为"1"时，扩张功能参数有效，具体参数详见使用手册。

表9-1　　　　　　　　　　　三菱变频器的功能参数调试表

参数	显示	名称	设定范围	最小设定单位	出厂时设定	客户设定值
0	P 0	转矩提升	0~15%	0.1%	6%	
1	P 1	上限频率	0~120Hz	0.1Hz	50Hz	
2	P 2	下限频率	0~120Hz	0.1Hz	0Hz	
3	P 3	基波频率	0~120Hz	0.1Hz	50Hz	
4*	P 4	3速设定（高速）	0~120Hz	0.1Hz	50Hz	
5*	P 5	3速设定（中速）	0~120Hz	0.1Hz	30Hz	
6*	P 6	3速设定（低速）	0~120Hz	0.1Hz	10Hz	
7	P 7	加速时间	0~999s	0.1s	5s	
8	P 8	减速时间	0~999s	0.1s	5s	
9	P 9	电子过电流保护	0~50A	0.1A	额定输出电流	
30*	P30	扩张功能显示选择	0, 1	1	0	
79	P79	运行模式选择	0~4, 7, 8	1	0	

（4）参数禁止写入功能。在变频器使用过程中为防止参数值被修改，可设定参数 Pr.77 "参数写入禁止选择"。"0"：仅限于 PU 运行模式的停止中可以写入；"1"：不可写入参数 Pr.22、Pr.30、Pr.75、Pr.77、Pr.79；"2"：即使运行时也可以写入，与运行模式无关均可写入。

（四）主轴伺服系统的故障形式与诊断

当主轴伺服系统发生故障时，通常有 3 种表现形式：一是在 CRT 或操作面板上显示报警内容或报警信息；二是在主轴驱动装置上用报警灯或数码管显示主轴驱动装置的故障；三是主轴工作不正常，但无任何报警信息。主轴伺服系统常见故障如下。

1. 外界干扰

由于受到电磁干扰、屏蔽和接地措施不良的影响，主轴转速指令信号或反馈信号受到干扰，使主轴驱动出现随机和无规律性的波动。判别有无干扰的方法是，当主轴转速指令为零时，主轴仍往复转动，调整零速平衡和漂移补偿也不能消除故障，则表明存在外界干扰。

2. 过载

切削用量过大，或频繁地正、反转变速等均可引起过载报警，具体表现为主轴电动机过热、主轴驱动装置显示过电流报警等。

3. 主轴定位抖动

主轴的定向控制（也称主轴定位控制）是将主轴准确停在某一固定位置上，以便在该位置进行刀具交换、精镗退刀及齿轮换挡等，以下 3 种方式可实现主轴准停定向。

（1）机械准停控制。由带 V 形槽的定位盘和定位用的液压缸配合动作。

（2）磁性传感器的电气准停控制。发磁体安装在主轴后端，磁性传感器安装在主轴箱上，其安装位置决定了主轴的准停点，发磁体和磁性传感器之间的间隙为（1.5±0.5）mm。

（3）编码器型的电气准停控制。通过在主轴电动机内安装或在机床主轴上直接安装一个光电编码器来实现准停控制，准停角度可任意设定。

主轴定向控制，实际上是在主轴速度控制基础上增加一个位置控制环。为检测主轴的位置，需要采用磁性传感器或位置编码器等检测元件，它们的连接方式如图 9-7 所示。采用位置编码器作为位置检测元件时，由于安装不方便，一般要通过一对传动比为 1:1 的齿轮连接。当采用磁性传感器作为位置检测元件时，其磁性元件可直接装在主轴上，而磁性传感头固定在主轴箱体上。为了减少干扰，磁性传感头和放大器之间的连接线需要屏蔽，且两者的连接线越短越好。这两种控制方案各有优缺点，需根据机床的实际情况来选用。产生主轴定位抖动故障的原因如下。

（1）上述准停均要经过减速的过程，减速或增益等参数设置不当，均可引起定位抖动。

（2）采用位置编码器作为检测元件的准停方式时，定位液压缸活塞移动的限位开关失灵，引起定位抖动。

（3）采用磁性传感头作为位置检测元件时，发磁体和磁性传感器之间的间隙发生变化或磁性传感器失灵，引起定位抖动。

（a）用位置编码器时的连接

（b）用磁性传感器时的连接

图 9-7 主轴定向控制连接图

4. 主轴转速与进给不匹配

当进行螺纹切削或用每转进给指令切削时，可能出现停止进给，主轴仍继续转动的故障。系统要执行每转进给的指令，主轴每转必须由主轴编码器发出一个脉冲反馈信号。出现主轴转速与进给不匹配故障，一般是由于主轴编码器有问题，可用以下方法来确定。

（1）CRT 界面有报警显示。

（2）通过 CRT 调用机床数据或 F0 状态，观察编码器的信号状态。

（3）用每分钟进给指令代替每转进给指令来执行程序，观察故障是否消失。

5. 转速偏离指令值

当主轴转速超过技术要求所规定的范围时，要考虑的因素如下。

（1）电动机过载。

（2）CNC 系统输出的主轴转速模拟量（通常为 0～10V）没有达到与转速指令对应的值。

（3）测速装置有故障或速度反馈信号断线。

（4）主轴驱动装置故障。

6. 主轴异常噪声及震动

首先要区别异常噪声及震动发生在主轴机械部分还是在电气驱动部分。

（1）在减速过程中发生异常噪声，一般是由驱动装置造成的，如交流驱动中的再生回路故障。

（2）在恒转速时产生异常噪声，可通过观察主轴电动机自由停车过程中是否有噪声和震动来区别，如有，则是主轴机械部分有问题。

（3）检查震动周期是否与转速有关，如无关，一般是主轴驱动装置未调整好；如有关，应检查主轴机械部分是否良好，测速装置是否不良。

7. 主轴电动机故障

目前多用交流主轴，直流电动机故障报警内容与之基本相同，下面就以交流主轴电动机为例介绍其故障。

（1）主轴电动机不转。CNC 系统至主轴驱动装置除了转速模拟量控制信号外，还有使能控制信号，一般为 DC+24V 继电器线圈电压。检查 CNC 系统是否有速度控制信号输出；检查使能信号是否接通；通过 CRT 观察 I/O 状态，分析机床 PLC 梯形图（或流程图），以确定主轴的启动条件，如润滑、冷却等是否满足；主轴驱动装置故障；主轴电动机故障。

（2）电动机过热。其可能的原因有电动机负载太大、电动机冷却系统太脏、电动机内部风扇损坏、主轴电动机与伺服单元间连线出现断线或接触不良。

（3）电动机速度偏离指令值。其原因：电动机过载，有时转速限值设定过小时也会造成电动机过载。如果报警是在减速时发生，则故障多发生在再生回路，可能是再生控制不良或再生用晶体管模块损坏，若只是再生回路的熔丝熔断，则大多数是因为加速/减速频率次数太高所致。如果报警是在电动机正常旋转时产生，可在急停后用手转动主轴，用示波器观察脉冲发生器的信号，如波形不变，则说明脉冲发生器有故障，或速度反馈断线；如波形有变化，则可能是印制电路板不良或速度反馈信号有问题。

（4）电动机速度超过最大额定速度值。引起本报警可能的原因是印制电路板上设定有误或调整不良、印制电路板上的 ROM 存储器不对、印制电路板有故障。

（5）交流主轴电动机旋转时出现异常噪声与震动。对这类故障可按下述方法进行检查和判断。检查异常噪声和震动是在什么情况下发生的，如在减速过程发生，则再生回路可能有故障，此时应着重检查再生回路的晶体管模块及熔丝是否已熔断。若是在稳速旋转时发生，则应确认反馈电压是否正常，如果反馈电压正常，可在电动机旋转时拔下指令信号插头，观察电动机停转过程中是否有异常噪声，如有噪声，说明机械部分有问题；如无噪声，说明印制电路板有故障。如果反馈电压不正常，则应检查震动周期是否与速度有关，如与速度无关，则可能是调整不好或机械问题或印制电路不良；如与速度有关，则应检查主轴与主轴电动机的齿数比是否合适，主轴的脉冲发生器是否不好。

（6）交流主轴电动机不转或达不到正常转速。检查步骤和可能的原因：观察 CNC 给出速度指令后，报警灯是否亮，如报警灯亮，则按显示的报警号处理；若不亮，则检查速度指令 VCMD（VCMD 就是 CNC 送来的速度指令信号。在模拟的控制中，它是一个 0～+10V 的信号，这个信号是判断伺服系统好坏的一个关键参考点。没有这个信号，伺服就不应该运动。如果有了这个信号，而伺服还不动，就是伺服的问题）是否正常。如果 VCMD 指令不正常，则应检查指令是否为模拟信号，如果是模拟信号，则 CNC 系统内部有问题；如果不是，则是 D/A 变换器有故障。如果 VCMD 指令正常，应观察是否有准停信号输入，若有这个信号输入，则应解除这个信号；否则，可能是设定错误、印制电路板调整不良或印制电路板不良。主轴不能启动还可能是传感器安装不良，而磁性传感器没有发出检测信号、电缆连接不好也会引起此故障。

三、任务实施

（一）主轴电动机正反转互换实训

1. 主轴的正反转控制

如图9-8所示，当按下机床控制面板上主轴正转按钮或执行M03指令时，I/O口Y1.0输出一个信号，继电器线圈KA3得电吸合，从而接通变频器正转指令，实现主轴的正转；当按下主轴反转按钮或执行M04指令时，I/O口Y1.1输出一个信号，继电器线圈KA4得电吸合，从而接通变频器反转指令，实现主轴的反转。

根据图9-8所示主轴正反转电气原理图，进行主轴正反转互换设置，想想可用多少种方法来实现，通过实训进一步验证自己的想法。

2. 通过PMC实现主轴正反转控制

详见任务六。

3. 操作步骤

（1）根据电气原理图，查看机床硬件和电气线路的正确连接，检测故障并排除。

（2）了解各元器件逻辑控制及各部件上电时序。

（3）实现机床主轴正反转方向的互换设置（至少3种方法）。

（4）通电前线路检查。

① 通电前务必断开数控系统、伺服驱动单元、变频器等设备。

② 测量各电源输出端对地是否短路。

③ 通电前，测量各电源电压是否正常。

（5）系统通电。

① 按下启动按钮，观察各继电器、接触器的吸合情况及先后顺序。

② 选择MDI方式，用M03、M04指令实现主轴的正反转。

图9-8　主轴正反转系统连接电路图

（二）变频器常见故障及排除

1. 变频器常见故障及处理方法

（1）电动机不运转。

① 电动机不运转首先考虑变频器输出端子U、V、W不能提供电源，检查变频器是否上电，是否已提供给端子；其次考虑运行命令是否有效，是否选择正确的工作方式和运行指令；最后查看Rs

（复位）功能或自由运行停车功能是否处于开启状态。

② 查看电动机负载是否太重，电动机是否过热。过热可能是负载过重，超出电动机载荷范围。

③ 机械故障，电动机烧毁；V 带过长打滑，带不动主轴；带轮的键或键槽损坏，带轮空转等。

（2）电动机转动方向与指令方向相反。

① 输出端子 U/T1、V/T2、W/T3 的连接是否正确，查看电动机正反转的相序是否与 U/T1、V/T2、W/T3 相对应。通常来说，正转（FWD）=U–V–W，反转（REV）=U–W–V。

② 控制端子 FW 和 RV 连线是否正确，查看变频器连接电路和控制端子及继电器的线路连接。端子 FW 用于正转，端子 RV 用于反转。

（3）电动机转速不能到达。

① 如果使用模拟输入，电流或电压应为"0"或"0I"。若是，检查电路连接，检查电位器或信号发生器，分别用万用表测量。

② 可能负载过重，重负载激活了过载限定（根据需要不让此过载信号输出）。若是，减少负载。

（4）转动不稳定。

① 最大可能是负载波动过大，可增加电动机容量（变频器及电动机）。

② 其次是电源不稳定，可增压稳压电源。

③ 如果该现象只是出现在某一特定频率下，可以稍微改变输出频率，使用调频设定将此有问题的频率跳过去试一试。

（5）过电流报警。

① 若是加速中过电流报警，那么检查电动机是否短路或局部短路，输出线绝缘是否良好；或是延长加速时间；或是变频器配置不合理，增大变频器容量；还有就是降低转矩提升设定值。

② 若是恒速中过电流报警，那么也要先检查电动机是否短路或局部短路，输出线绝缘是否良好；还要检查电动机是否堵转，机械负载是否有突变；若变频器容量太小，可以增大变频器容量；还有就是电网电压是否有突变，可用示波器检查。

③ 减速中或停车时过电流，检查输出连线绝缘是否良好，电动机是否有短路现象，可以延长减速时间或更换容量较大的变频器；还有可能是直流制动量太大，可减少直流制动量；也有可能是机械故障，需送厂维修。

（6）短路。如果电动机对地短路，检查电动机连线是否短路；检查输出线绝缘是否良好，若良好，只能送修。

（7）过电压。过电压有停车中过电压、加速中过电压、恒速中过电压和减速中过电压几种情况，处理方法都是延长减速时间，或加装刹车电阻，再者改善电网电压，检查是否有突变电压产生。

（8）欠电压。欠电压比较简单，主要检查输入电压是否正常、负载是否有突变、是否电源缺相等。

（9）变频器过热、过载。

① 变频器过热要检查风扇是否堵转、散热片是否有异物、环境温度是否正常、通风空间是否足够、空气是否能对流。

② 变频器过载是指连续超负载 150% 达 1min 以上。要检查变频器容量是否配小，若是，加大

容量；检查机械负载是否有卡死现象；若 v/f 曲线设定不良，重新设定。

（10）电动机过载。电动机过载也是指连续超负载 150% 达 1min 以上。要检查和考虑机械负载是否有突变、电动机配用是否太小、电动机发热绝缘变差、电压是否波动较大、是否存在缺相、机械负载增大等原因。

> 电源电压不能过高，变频器一般允许电源电压向上波动的范围是 10%，超过此范围时，就进行保护。降速也不能过快，如果将减速时间设定得太短，在再生制动过程中，制动电阻来不及将能量放掉，会导致直流回路电压过高，形成高电压。

2. 通用变频器故障维修实例

（1）加工时，出现变频器电压报警现象。

故障现象： FANUC 0i 系统的数控车床，主轴驱动采用三菱公司的 E540 变频器，在加工过程中，变频器出现过电压报警。

分析与处理过程： 仔细观察机床故障产生的过程，发现故障总是在主轴启动、制动时发生，因此，可以初步确定故障的产生与变频器的加/减速时间常数设定有关。当加/减速时间设定不当时，如主轴启动/制动频繁或时间设定太短，变频器的加/减速无法在规定的时间内完成，则通常容易产生过电压报警。

修改变频器参数，适当增加加/减速时间值后，故障消除。

（2）机床换刀时，变频主轴出现随动现象。

故障现象： FANUC 0i 系统的数控车床，当机床进行换刀动作时，安川变频主轴也随之转动。

分析与处理过程： 由于该机床采用的是安川变频器控制主轴，主轴转速是通过系统输出的模拟电压控制的。根据以往的经验，安川变频器对输入信号的干扰比较敏感，因此，初步确认故障原因与线路有关。

为了确认，再次检查了机床的主轴驱动器、刀架控制的原理图与实际接线，可以判定在线路连接、控制上两者相互独立，不存在相互影响。

进一步检查变频器的输入模拟量屏蔽电缆布线与屏蔽线连接，发现该电缆的布线位置与屏蔽线均不合理，将电缆重新布线并对屏蔽线进行重新连接后，故障消除。

 四、 **技能拓展**

（一）车螺纹乱牙、节距不准故障与维修

1. 故障原因及排除方法

数控加工中碰到乱牙、节距不准、螺牙不完整等现象，首先检查发生故障的原因是机械故障还

是电气故障，其次根据判断再深入检查。机械故障主要检查丝杠有没有窜动，是不是轴反向间隙过大，主轴同心度不平衡，跳动过大或者皮带破损、松紧不一致；主轴转速相差太多（5r/min 以上），不稳定；驱动电动机与丝杠的联轴器的销子有没有松动，丝杠两头的轴承座有没有松动，刀架底座的螺钉有没有松动。电气故障主要检查编码器插头有没有松动，屏蔽线是否牢固；用万用表检查控制电压有无，脉冲 A 相、B 相、C 相有没有断路；编码器的外壳有没有破裂现象，必要时需要用短路追踪仪来检查。车螺纹乱牙或节距不准故障原因与排除方法如表 9-2 所示。

表 9-2　　　　　　　　　　　车螺纹乱牙或节距不准故障原因与排除方法

故障原因	排除方法
主轴编码器损坏、主轴编码器与系统连接线断开、接触不良或线路连接错误	用万用表测量编码器信号线是否断裂，将两端连接头连接处插紧，接触不良处重新焊紧或更换新的主轴编码器
主轴编码器信号线干扰	使用带屏蔽的主轴编码器信号线，确保两端的屏蔽接头可靠连接
参数设置不合理	检查快速移动速度设置是否过大，检查线性加/减速时间常数是否合理，检查螺纹指数加/减速常数，检查螺纹各轴指数加/减速的下限值，检查进给指数加/减速时间常数，检查进给指数加/减速的低速下限值是否合理
电子齿轮比未设置好或步距角未调好	检查电子齿轮比是否计算准确并设置好，若使用步进驱动器，检查步距角是否正确，检查各传动比是否正确
系统或驱动器失步	可通过驱动器上的脉冲数显示或是打百分表判断；让程序空跑，查看刀架回到加工起点后百分表是否变动，若无变动，则检查参数
主轴转速不稳定	排除外部干扰，检查机械传动部分是否稳定
性能超负荷	每种配置其主轴转速与螺距的乘积有一定上限，超出此上限则有可能出现加工异常，应确保各性能指标在合理范围以内
机械故障或电动机问题	测量定位精度是否合格，测量丝杠间隙是否用系统参数将间隙消除；检查电动机轴承，阻尼盘是否存在问题；检查丝杠轴承，滚珠是否存在问题；检查刀架定位精度，负载时是否松动；检查主轴，夹具和刀具安装是否正确，刀具对刀及补偿是否正确
操作方式不对或编程不正确	查阅操作说明书，熟练编程格式及操作方式
系统内部的螺纹接收信号电路故障	返厂维修或更换主板

2. 螺纹加工的故障维修实例

（1）螺纹加工时出现"乱牙"现象。

故障现象：某配套 FANUC 系统的数控车床，在 G92 车螺纹时，出现起始段螺纹"乱牙"的故障。

分析与处理过程：数控车床加工螺纹，其实质是主轴的角位移与 Z 轴进给之间进行的插补，"乱牙"是由于主轴与 Z 轴进给不能实现同步引起的。

由于该机床使用的是变频器作为主轴调速装置，主轴速度为开环控制，在不同的负载下，主轴的启动时间不同，且启动时的主轴速度不稳，转速亦有相应的变化，导致了主轴与 Z 轴进给不能实现同步。

解决上述故障的方法有如下两种。

① 通过在主轴旋转指令（M03）后、螺纹加工指令（G92）前增加 G04 延时指令，保证在主轴速度稳定后，再开始螺纹加工。

② 更改螺纹加工程序的起始点，使其离开工件一段距离，保证在主轴速度稳定后，再接触工件，开始螺纹的加工。

通过采用以上方法的任何一种都可以解决该例故障，实现正常的螺纹加工。

（2）不执行螺纹加工的故障维修。

故障现象：某配套 FANUC 0 TD 系统的数控车床，在自动加工时，发现机床不执行螺纹加工程序。

分析与处理过程：数控车床加工螺纹，其实质是主轴的转角与 Z 轴进给之间进行的插补。主轴的角度位移是通过主轴编码器进行测量的。在本机床上，由于主轴能正常旋转与变速，故障原因主要有以下几种。

① 主轴编码器与主轴驱动器之间的连接不良。

② 主轴编码器故障。

③ 主轴驱动器与数控之间的位置反馈信号电缆连接不良。

经查主轴编码器与主轴驱动器的连接正常，故可以排除第一项；通过 CRT，可以正常显示主轴转速，因此说明主轴编码器的 A、*A、B、*B 信号正常；再利用示波器检查 Z、*Z 信号，可以确认编码器零脉冲输出信号正确。

根据检查，可以确定主轴位置检测系统工作正常。根据数控系统的说明书，进一步分析螺纹加工功能与信号的要求，可以知道螺纹加工时，系统进行的是主轴每转进给动作，因此它与主轴的速度到达信号有关。

在 FANUC 0 TD 系统上，主轴的每转进给动作与参数 PRM24#2 的设定有关，当该位设定为"0"时，Z 轴进给时不检测"主轴速度到达"信号；设定为"1"时，Z 轴进给时需要检测"主轴速度到达"信号。在本机床上，检查发现该位设定为"1"，因此只有"主轴速度到达"信号为"1"时，才能实现进给。

通过系统的诊断功能，检查发现当实际主轴转速显示值与系统的指令值一致时，"主轴速度到达"信号仍然为"0"。进一步检查发现，该信号连接线断开；重新连接后，螺纹加工动作恢复正常。

（二）主轴不准停故障与排除

1. 主轴不准停故障分析与排除

主轴准停装置是加工中心的一个重要装置，它直接影响到刀具能不能顺利交换。如图 9-7 所示，主轴不准停是指加工程序中有 M19 或手动输入了 M19 后，主轴不能在指定位置上停止，一直慢慢转动，或是停在不正确位置上，主轴无法更换刀具。

主轴旋转时，实际转速显示值由脉冲传感器提供，脉冲的个数反映主轴的实际转速。在 M19 准停时，主轴若一直缓慢转动，说明主轴已经减速进入爬行转速，而没有接收到脉冲传感器的零位脉冲（参考点），因此，可以判断不准停故障多数是由脉冲传感器引起的，进而应对其进行检测以确诊故障。应首先检查接插件和电缆有无损坏或接触不良，必要时再检查传感器的固定螺栓和连接器上的螺钉是否良好、紧固。如果没有发现问题，则需对传感器进行检修或更换。

2. 主轴准停不准的故障维修

故障现象：加工中心主轴准停不准，引发换刀过程发生中断。

分析及处理过程：开始时，出现的次数不很多，重新开机后又能工作，但故障反复出现。故障出现后，对机床进行仔细观察，发现故障的真正原因是主轴准停的位置发生了偏移。主轴在准停后如用手碰一下（和工作中换刀时刀具插入主轴的情况相近），主轴则会产生相反方向的漂移。检查电气单元无任何报警。该机床的准停采用的是编码器方式，从故障的现象和可能发生的部位来看，电气部分的可能性比较小。机械部分又很简单，最主要的是连接，所以决定检查连接部分。在检查到编码器的连接时发现编码器上连接套的紧固螺钉松动，使连接套后退造成与主轴的连接部分间隙过大，以致旋转不同步，将紧固螺钉按要求固定好后故障消除。图 9-9 所示为主轴与编码器连接图。

图 9-9　主轴与编码器连接图

值得注意的是发生主轴定位故障时，应根据机床的具体结构进行分析处理，先检查电气部分，如确认正常后再考虑机械部分。

（三）主轴震动和噪声异常的故障与排除

1. 主轴震动和噪声异常故障分析

（1）电气方面的可能原因。

① 在现场调查震动或噪声是在什么情况下发生的。震动或噪声如果是在减速过程中发生的，则一般是再生回路的故障。此时，应检查该回路处的熔丝是否熔断，晶体管是否损坏。如果是在快速转动下发生的，则应检查反馈电压是否正常。如果反馈电压正常，则突然切断电动机，观察电动机在自由停转过程中是否有异常噪声。若有噪声，则可以认定故障出在机械部分；否则，故障多数在印制电路板上。如果反馈电压不正常，应检查震动周期是否与主轴的转速有关。如果有关，则应检查主轴与主轴电动机连接是否合适，主轴及装在交流主轴电动机尾部的脉冲发生器是否良好，检

查主轴机械部分是否良好；如果无关，则可能是速度控制回路的印制电路板不良或主轴驱动装置调整不当。

② 系统电源缺相或相序不对。

③ 主轴控制单元上的电源频率开关（50Hz/60Hz 切换）设定错误。

④ 控制单元上的增益电路调整不当。

（2）机械方面的可能原因。

① 主轴箱与床身的连接螺钉松动。

② 轴承预紧力不够，或预紧螺钉松动，游隙过大，使主轴产生轴向窜动。这时应调整轴承后盖，使其压紧轴承端面，然后拧紧锁紧螺钉。

③ 轴承拉毛或损坏，应更换轴承。

④ 主轴部件上动平衡不好。如大、小带轮平衡不好，平衡块脱落或移位等造成失衡，应重新做动平衡。

⑤ 齿轮有严重损伤，或齿轮啮合间隙过大，应更换齿轮或调整啮合间隙。

⑥ 润滑不良。因润滑油不足，应改善润滑条件，使润滑油充足。

⑦ 主轴与主轴电动机的连接带过紧（移动电动机座调整），或连接主轴与电动机的联轴器故障。

⑧ 主轴负载太大。

2. 主轴出现噪声的故障维修

故障现象：主轴噪声较大，主轴无载荷情况下，负载表指示超过 40%。

分析及处理过程：首先检查主轴参数设定，包括放大器型号、电动机型号及伺服增益等，在确认无误后，则将检查重点放在机械部分。发现主轴轴承损坏，经更换轴承之后，在脱开机械侧的情况下检查主轴电动机旋转情况，发现负载表指示已正常但仍有噪声。随后，将主轴参数 00 号设定为"1"，即让主轴驱动系统开环运行，结果噪声消失，说明速度检测元件有问题。经检查发现安装不正，调整位置之后再运行主轴电动机，噪声消失，机床能正常工作。

（四）主轴转速不正常的故障与排除

故障现象：某配套 FANUC 系统的数控车床，发现主轴转动时，所设置的转数与实际主轴转数刚好减少一半。

现场处理：经检查，系统参数设置无误，主轴编码器确定无问题（客户已更换过）。测量系统输出变频模拟电压时发现主轴在最高转速时，电压只有 5V，断开模拟电压线与变频器的连接，再测量电压时还是没有改变，只有 5V，由此判断该故障与主轴变频器无关。问题可能是系统主板输出不正常引起的，测量系统电源盒+5V、+24V 都在正常值，启动主轴时也不会变化；更换系统主板通电试机，故障还是存在，输出电压还是只有一半，这样也排除了系统主板故障。怀疑是外部连线短路拉低系统内部电压所致，将系统外部接口插头全部断开，另外单独焊接变频模拟电压触点，单独连接再测量时电压就正常了，然后逐一将外部插头连接测试转速，在接到电动机信号线插头时，转速马上降了一半，电压也只有 5V 了，怀疑是电动机或驱动短路造成系统输出异常，单独连接 X 轴或 Z 轴信号线，发现只有在 X 轴连接时故障才会出现，但驱动运行正常移动时也没有任何异响，互换驱动故障依然存在 X 轴，这样也排除了驱动和信号线故障。用万用表测量电动机绝缘为零，拆开电动机护罩，未见有进水现象，拔除电动机电源线单独测量电动机绝缘正常，问题应该就在电动机插头，拆开插头，发现电动机插头后端接线部分已进入很多铜屑，造成相间短路，处理干净后，测量绝缘正常，通电试机，主轴转数输出正常，故障排除。

小结

本任务完成了主轴部件的基本结构认知和拆装，掌握了伺服主轴和变频主轴常见的故障及排除方法，可以通过说明书和相关资料能找到主轴不转动、主轴转动速度上不来、主轴振动和噪声、主轴不能准停或准停位置不正确、主轴速度与指令值不匹配、主轴正反转失控等影响被加工零件精度和质量的原因和突破口，会分析和处理以上简单的故障。明白只有在实践中不断地调试和维修，才能掌握数控维修的内涵。

自测题

一、简答题

1. 如何判断是变频器自身故障？（检查变频器是否有报警；检查 A、B、C 端子之间是否有状态变化。）

2. 若一机床主轴实际转速与系统屏幕上显示的转速不相符，可能的原因有哪些？

3. 伺服主轴和变频主轴的区别是什么？

4. 为什么说主轴编码器在一般情况下既不是速度反馈元件，也不是位置反馈元件？

5. 若一车床，执行 M3 时主轴转速显示为负值，执行 M4 时主轴转速显示为正值，要做怎样的修改，才能予以更正？

二、实训题

1. 利用图样对 CK7815 主轴进行拆装或阐述其拆装过程。

2. 主轴变频器设定频率运行实训。

（1）使用变频器操作面板修改参数，具体步骤如图 9-10 所示。

（2）用变频器操作面板对变频器进行控制，正转、反转、停止、改变电动机转速等。

图 9-10 变频器参数设定

（3）用 CNC 系统对变频器进行控制，正转、反转、停止、改变电动机转速等，同时通过拨码开关断开主轴正转、反转模拟量信号，观察主轴运行情况。

任务十

系统与 I/O 模块的故障 诊断与维修

【学习目标】

- 能够识记系统与 I/O 及 I/O Link 模块的连接，能手动连接 I/O 模块的接口和硬件。
- 会利用系统参数调试和检查各接口功能的有效性。
- 能使用万用表等工具检测各接口连接的可靠性。
- 能排除由系统和 I/O 模块所造成的异常故障。

任务导入

通过 FANUC 0i 系统与 I/O 模块的连接和工作原理，如图 10-1 所示，能找到数控系统通电后屏幕不显示、手动进给故障、机床不能自动运行、手摇脉冲发生器 MPG 进给无效、工作方式选择无效、进给倍率修调按钮无效、RS-232-C 传输报警等故障的解决思路，掌握相应的维修方法。

图 10-1　FANUC 0i 系统控制单元 I/O 板综合连接图

相关知识

（一）系统主板与 I/O Link 模块

如图 10-1 所示,FANUC 0i 系统的 I/O 板上共有 4 个内置的机床输入/输出（DI/DO）接口:CB104～CB107,从机床来的输入信号或 PMC 给机床发送的输出信号从这些接口连接。这些接口上有很多引脚,基本上每个引脚对应一个输入或输出地址,提供的 I/O 总点数是 96/64。当 I/O 基本配置不够使用时,可通过 FANUC I/O Link 来扩展,下面详细介绍。

1. 系统主板与 I/O Link 的连接

（1）FANUC 0i Mate D 系统的连接。连接图如图 10-2 所示。详见任务三。

图 10-2　I/O Link 连接图

如图 10-2 所示，I/O Link 插座（JD1A 接口），这个串行接口连接的信息（bit 位数据流）等同于 PMC 的输入/输出地址信息。详见项目五 "PMC 与 CNC、MT 之间的接口地址"。

（2）连接方法与地址分配。

① 0i D 系列和 0i Mate D 系列中，JD1A 插座位于主板上。

② I/O Link 分为主单元和子单元。作为主单元的 0i/0i Mate 系列控制单元与作为子单元的分布式 I/O 相连接。子单元分为若干个组，一个 I/O Link 最多可连接 16 组子单元（0i Mate 系统中 I/O 的点数有所限制）。

③ 根据单元的类型以及 I/O 点数的不同，I/O Link 有多种连接方式。

④ PMC 程序可以对 I/O 信号的分配和地址进行设定，用来连接 I/O Link。详见任务五。

⑤ 对于 I/O Link 中的所有单元来说，JD1A 和 JD1B 的引脚分配都是一致的。详见任务三。

（3）检查硬件连接的结果。按[PMC]软键→按[PMCDGN]软键→按[I/O CHK]软键→按[I/O LINK]软键，则显示如图 10-3 所示画面。如果硬件连接正常，硬件本身也没有故障，则在这个画面中显示出各个模块的信息；否则，应该检查硬件连接。

图 10-3　PMC I/O Link 显示画面

2. FANUC I/O Link 输入/输出模块

FANUC I/O Link 的输入/输出模块如图 10-4 所示。模块上所有插头严禁带电拔插，以防 I/O 模块和插头烧坏。

I/O Link 模块上的接口说明如下。

（1）CE56、CE57：PLC 输入/输出点，用 50 芯灰排线引到后面 I/O 板上，再由彩排线引到各输入/输出接口。

（2）I/O Link 的两个插座 JD1A、JD1B：基本的输入/输出信息通道，通过转换连接 CE56 和

CE57 模块。

图 10-4　FANUC I/O Link 输入/输出模块

（3）JA3：连接手摇脉冲发生器。

3. RS-232-C 接口的连接

FANUC 0i 系统的 RS-232-C 接口连接在主板的 JD5A 和 JD5B 上，FANUC 0i Mate 系统的 RS-232-C 接口连接在主板装置插座 JD36A 左和 JD36B 右上。它们都是输入/输出设备接口，用来将 CNC 的程序、参数等各种信息，通过外部设备输入到 CNC 中，或从 CNC 中输出给外部设备的装置；也经常通过 RS-232-C 与 FANUC LADDER Ⅱ 、Ⅲ软件连接，监控梯形图和上传、下传梯形图。

（二）系统与 I/O Link 模块故障的诊断方法

1. 通电后屏幕不显示的故障诊断

出现通电后屏幕不显示的故障，可从以下两方面查找原因。

（1）显示部件系统有问题。

（2）CNC 系统处在不能工作的状态。

对故障做进一步检查确认的方法是，查看在 CNC 侧接口板（高速串行总线接口板）上的 STATUS LED 状态显示。CNC 侧接口板上有 4 个 LED（发光二极管），可以显示 CPU 的状态，显示的各种状态说明如表 10-1 所示。

表 10-1　高速串行总线接口板上 LED 状态显示（●：灯亮；○：灯灭）

序号	LED 显示状态	CPU 状态说明
	ST4～ST1	
1	4 3 2 1 ● ● ● ●	电源接通后的状态
2	● ● ● ○	高速串行总线板初始化中
3	● ● ○ ○	PC 正执行 BOOT 操作
4	● ● ○ ○	PC 侧屏幕显示 CNC 界面

续表

序号	LED 显示状态	CPU 状态说明
	ST4～ST1	
5	●○○○	启动正常，系统处于正常操作状态
6	○●●○	智能终端，因过热出现温度报警
7	○●○●	通信中断
8	○●○○	CNC 侧的公共 RAM 出现奇偶报警
9	○○●●	出现通信错误
10	○○●○	智能终端，出现电池报警

如果是表 10-1 中序号 5 所示的亮灯状态，则 CNC 系统本体工作正常，问题出现在显示部件系统，否则是显示部件以外的硬件出现了问题。

（1）显示部件系统有问题。系统出现通电后屏幕不显示的故障，而高速串行总线接口板上的 LED（见表 10-1 中序号 5 所示）处于亮灯状态，说明系统工作正常，初步判断问题出现在显示部件。然后从以下几方面检查，以确认故障原因。

① 检查电源对显示器是否供电。如果显示系统供电不良，可以考虑更换电源单元。

② 检查视频信号电缆是否连接，有无断线、接触不良。如果电缆接线不良，进行正确接线。

③ 检查 I/O 板上 CRT 控制回路，如果 CRT 控制回路不良，应该更换 I/O 板。

④ 检查显示器，如果显示器不良，则更换显示器。

（2）CNC 系统有问题。如果 LED 不是表 10-1 中序号 5 所示亮灯状态，则是 CNC 系统出现了问题。根据表 10-1 中指示 LED 亮灯情况说明，进一步确认故障原因及不良的电路板，进行相应的处置。例如，更换不良的印制电路板等。

2. 手动进给故障的处理

数控机床发生手动、自动均不能执行的故障时，应进行下述检查。

首先确认屏幕上是否进行位置显示。如果在屏幕界面上有位置显示，那么故障一般在 PMC 的输出端，可能是连接电缆、伺服系统等部件有故障。

然后用 CNC 的状态显示来确认。分析系统是处在允许手动操作或是自动运行的状态，还是处在不允许机床进给运动的状态。

最后用 CNC 诊断功能确认系统内部状态，即检查 PMC 的 I/O 状态。

（1）根据屏幕上的 CNC 状态显示来排除。打开并观察 CNC 状态显示界面，从屏幕上显示的 CNC 状态中，查找坐标轴不动原因。当前状态是否为"EMG（急停）"、"RESET（复位）"，显然在这两种状态下，坐标轴是不能动的。

① 系统处于紧急停止状态（紧急停止信号为 ON）。此时界面状态显示为"EMG"。可以用 PMC 的诊断功能（PMCDGN）做进一步的确认，调出 PMCDGN 界面，查参数 X8.4 和 G0008 如图 10-5 所示。

参数	参数位：	#7	#6	#5	#4	#3	#2	#1	#0
X8.4					*ESP				
G0008		ERS	RRW		*ESP				

图 10-5 查参数

*ESP 为 "0"，则紧急停止信号被输入。

② 系统处于复位状态（复位为 ON）。复位时系统已进行初始化，系统中已没有进给指令，所以坐标轴不运动，此时界面显示为 "RESET"。可利用 PMC 侧的诊断功能（PMCDGN），进一步确认复位原因。调出 PMCDGN 界面，查参数 G0008。

a. 如果系统正在执行从 PMC 输入的信号，可查参数 G0008 确认。ERS 为 "1"，外部复位信号被输入；RRW 为 "1"，复位和倒带信号被输入。

b. 如果 MDI 键盘的 RESET 键误动作，用万用表检测。当前一项中的信号为 OFF 时，如果 RESET 键损坏，有可能是键盘误动作引起复位。所以可用万用表确认 RESET 的接点，有异常时，应更换键盘板。

③ 确认方式选择的状态显示。在系统显示界面的下部，显示操作面板所处的操作方式状态，机床的手动、自动操作需要系统处于表 10-2 所列举的几种方式，若显示的不是表 10-2 所示的方式，则方式选择信号输入不正确。用 PMC 侧的诊断功能（PMCDGN），可以进一步确认方式状态选择信号。可以从参数 G0043 中的信号 MD4、MD2、MD1（见图 10-6）得到确认，如表 10-2 所示。

G0043	参数位：	#7	#6	#5	#4	#3	#2	#1	#0
							MD4	MD2	MD1

图 10-6 G0043 参数位

表 10-2　　　　　　　　　参数 G0043 所确定的操作方式

操作方式	MD4	MD2	MD1
手动连续进给（JOG）方式	1	0	1
手轮（MPG）方式	1	0	0
手动数据输入（MDI）方式	0	0	0
自动运行（存储器）方式	0	0	1
EDIT（存储器编辑）方式	0	1	1
回参考点（回零）方式	1	1	1

（2）利用启动系统自诊断功能诊断。用 CNC 的 000～015 号诊断功能来判断、确认故障原因。在自诊断界面上，显示如表 10-3 所示的各项信息。对于表 10-3 信息中的右端显示为 "1" 的项目，应进行检查。例如，表 10-3 中 005 号信息显示为 "1"，则需要对 005 号诊断内容进行检查。

表 10-3　　　　　　　　　　　　诊断号 000～015 所显示的内容

备注	诊断号	信息	显示
a	000	WAITING FOR FIN SIGNAL	1
b	001	MOTION	0
c	002	DWELL	0
d	003	IN-POSITION CHECK	0
e	004	FEEDRATE OVERRIDE 0%	0
f	005	INTERLOCK/START LOCK	1
g	006	SPINDLE SPEED ARRIVAL CHECK	0
	010	PUNCHING	0
	011	READING	0
	012	WAITING FOR (UN) CLAMP	0
h	013	JOG FEEDRATE OVERRIDE 0%	0
i	014	WAITING FOR RESET,ESP,RRW OFF	0
	015	EXTERNAL PROGRAM NUMRFR SEARCH	0

表 10-3 诊断中的 a～i 项与自动运行有关，详细内容分述如下。

a 项说明系统正在执行辅助功能（等待结束信号）。这是程序中指令的辅助功能（M/S/T/B）没有结束的状态，即系统正在执行辅助功能，还没进入自动运行状态。

b 项说明系统正在执行自动运行中的轴移动指令。读取程序中轴移动指令（X/Y/Z），发指令信号。

c 项说明系统正在执行自动运行中的暂停。读取程序中的暂停指令（G04），执行暂停指令。

d 项说明系统正处在到位检测（确认定位）中。表示指定轴的定位（G00）还没有到达指令位置。

e 项说明系统当前进给速度倍率为 0%。

f 项说明系统已输入了互锁（禁止轴移动、启动锁住信号）。

g 项说明系统等待输入主轴速度到达信号。这是表示实际转速没有达到程序中指令的主轴转速。

h 项说明系统手动进给速度倍率为"0"。

i 项说明 CNC 系统为复位状态。

（3）屏幕显示了机床坐标值的变化，但移动轴不动。如果是输入了机床锁住信号（MLK），机床应该移动的轴不会动。可由参数 G0044#1 和 G0108 的 MLKn 各轴锁定信号，确认是否输入了机床锁住信号 MLK = 1。

（4）机床不能运行手动连续进给（JOG）。机床不能运行手动连续进给（JOG）的操作时，从屏幕上的轴位置显示中确认机床是否能动作、从 CNC 状态显示中确认、用 CNC 诊断功能确认内部状态这 3 点上查找故障。

当界面上位置显示（相对、绝对机械坐标）全不动作时，可按以下步骤诊断。

① 确认界面上的方式选择状态显示。确认系统当前是否选择了 JOG 方式，若在状态显示上显示"JOG"方式，则为正常；否则，方式选择不对，用 PMC 侧诊断功能（PMCDGN），可查诊断号 G0043。

② 没有输入选择进给轴方向信号。用PMC侧的诊断功能（PMCDGN），查参数G0100和G0102，确认选择进给轴方向信号是否输入，如图10-7所示。

参数	参数位：	#7	#6	#5	#4	#3	#2	#1	#0
G0100						+J4	+J3	+J2	+J1
G0102						−J4	−J3	−J2	−J1

图 10-7 G0100 和 G0102 参数位

这两个参数中信号"±Jn"是"1"时，进给轴方向选择被输入。

例如，系统正常时，按操作面板上的[+X]键，信号+J1显示"1"。此信号在检测出信号的上升沿后为有效。所以在JOG方式选择以前，方向选择信号被输入时，不进行轴移动。可将此信号断开后再接通。

③ 利用CNC自诊断功能000～015号来确认。

④ 手动进给速度（参数）不正确。可以查参数号1423，设置每轴进给的进给速度，如图10-8所示。

⑤ 选择手动每转进给（限于T系列中使用）。在主轴运转时，进给轴与主轴同步运转的功能中，是否使用本功能，由下面的参数来决定。

参数 1402	参数位	#7	#6	#5	#4	#3	#2	#1	#0
					JRV				

图 10-8 1402 参数位

信号JRV为"0"时，不进行手动每转进给；JRV为"1"时，进行手动每转进给。

在JRV设定"1"时，要按主轴同步旋转计算轴的进给速度，所以应使主轴运转，才能使进给轴运动。当主轴旋转了，而轴仍不移动时，应检查安装在主轴侧的检测器（位置编码器）及位置编码器和CNC间的电缆是否断线、短路等。

（5）机床不能进行手轮运行。当机床发生不能进行手轮运行故障时，首先要确认在不能进行手轮操作的同时，是否能进行JOG运行。如果JOG等手动运行也不能进行时，采取同前面叙述的"不能手动及自动运行"或"不能JOG运行"相同的措施，排除故障。如果只是不能手轮运行时，可以通过确认CNC状态显示，进一步查找原因。

① 判断系统是否处于手轮状态。在CNC界面上若显示"HND"，则方式选择正常；若不显示"HND"，则方式选择信号输入不正确。利用PMC诊断功能（PMCDGN），确认方式选择信号。手轮方式时，参数诊断G0043中MD4为"1"，MD2为"0"，MD1为"0"。

② 判断是否输入了手轮进给轴选择信号。利用PMC的诊断功能（PMCDGN）确认G0018和G0019信号，如图10-9所示。

如果选择了机床操作面板的手轮进给选择开关，G0018和G0019中所置的信号如表10-4所示，则为正常。

参数	参数位：	#7	#6	#5	#4	#3	#2	#1	#0
G0018		HS2D	HS2C	HS2B	HS2A	HS1D	HS1C	HS1B	HS1A
G0019			MP2	MP1	HS3D	HS3C	HS3B	HS3A

图 10-9   G0018 和 G0019 参位数

表 10-4   G0018 和 G0019 信号状态

选择轴	HSnD	HSnC	HSnB	HSnA
无选择	0	0	0	0
第 1 轴	0	0	0	1
第 2 轴	0	0	1	0
第 3 轴	0	0	1	1
第 4 轴	0	1	0	0

注：① 表中 n 为手摇脉冲发生器（MPG）的号，最多可有 3 台手摇脉冲发生器。

② 用 HSnA～HSnD 的 4 位代码进行轴选择。

③ 手轮进给倍率选择不正确。手轮进给倍率选择不正确，轴也可能不动。用 PMC 的 PMCDGN 界面来确认是否选择了正确倍率信号。根据参数清单（G0019、7113、7114、7102、7110）确认的相关参数就可以获得相关信息。

参数 G0019 内置进给倍率，其 MP2、MP1 信号的用途如表 10-5 所示。

表 10-5   参数 G0019 中 MP2、MP1 信号用途

倍率	MP2	MP1
×1	0	0
×10	0	1
×m	1	0
×n	1	1

参数 7113：内置手动手轮进给倍率，即表 10-5 中的 m 值，m 为 1～127。

参数 7114：内置手动手轮进给倍率，即表 10-5 中的 n 值，n 为 1～1 000。

参数 7102：内置手摇脉冲发生器的旋转方向和机械移动方向的关系，如图 10-10 所示。

参数 7102	参数位：	#7	#6	#5	#4	#3	#2	#1	#0
									HNGx

图 10-10   7102 参数位

HNGx=0，手摇脉冲发生器的旋转方向和机械移动方向相同（顺时针旋转为移动正方向）。

HNGx=1，手摇脉冲发生器的旋转方向和机械移动方向相反（顺时针旋转为移动负方向）。

参数 7110：内置手摇脉冲发生器的使用台数。台数为 1～3。

④ 手摇脉冲发生器的确认。

a. 故障是连接电缆不良（断线等）。调查连接电缆是否有异常断线、短路等。

b. 手摇脉冲发生器不良。旋转手摇脉冲发生器时，则图 10-11 中所示信号输出。用示波器测量手摇脉冲发生器背面的螺钉端子（见图 10-11），能够检测出该信号。如果没有输出信号，则要测量+5V 电压，还要确认 ON 与 OFF 信号比例 HA/HB 的相位差。检测方法如图 10-11 所示。

图 10-11 检测手摇脉冲发生器

3. 不能自动运行故障处理

数控机床发生自动操作不能执行的故障时，检查的要点是确认手动运行是否动作，当手动运行也不动作时，可以参照前面所述"不能 JOG 运行"的内容，进行检查；确定机床操作面板的启动灯的状态；确认 CNC 状态显示，根据 CNC 界面状态显示的"方式选择状态"的内容，确认方式选择是否正确；并且，同样确认在"自动运行状态"的自动运行中，可以进行启动、暂停、停止的操作。

（1）循环启动灯不亮时，机床不能自动运行的故障排除。

如果执行了启动自动运行操作，但机床面板上自动运行指示灯不亮，机床不动，查看屏幕界面下部分的 CNC 状态显示为"****"。故障原因有下述几种。

① 因方式选择信号不正确使机床自动运行失灵。利用 PMC 的诊断功能（PMCDGN 界面），确认 G0043 的状态信号，判断方式选择信号是否正确。

② 没有输入自动运行启动信号。利用 PMC 的诊断功能（PMCDGN），确认参数 G0007 中信号 TS 的状态。自动运行启动信号"ST"为"1"，松开此按钮时为"0"。

③ 输入了自动运行暂停（进给暂停）信号。利用 PMC 的诊断功能（PMCDGN），确认进给暂停信号的状态。查诊断号 G0008#5，*SP=0 为自动运行暂停（进给暂停），*SP=1 是正常的。

（2）启动灯亮，但是机床不能自动运行的故障排除。

如果执行了启动自动运行操作，自动运行指示灯亮，显示界面的 CNC 状态显示为"STRT"，但是机床不动。排查故障的方法有以下几种。

① 利用系统诊断功能。打开系统的自诊断页，CNC 诊断号 000～015 所显示的内容如表 10-3 所示，检查表中显示为"1"的项目。

② 坐标轴只在快速进给定位（G00）时不动作，可从下面的参数及 PMC 的信号进行检查。

a. 检查快速进给速度的设定值。查看参数 1420，参数 1420 内置各轴的快速进给速度。

b. 有关快速进给倍率信号。查看参数 G0014 和 G1096。

③ 仅在切削进给（非 G00）时不动作，诊断方法如下。

a. 最大切削进给速度的参数设定有误。参数 1422 内置最大切削进给速度，切削进给速度（非 G00）以此上限速度为限制值。

b. 进给速度用每转进给指定时，若位置编码器不转，检查主轴与位置编码器的连接是否存在问题。可能有以下不良情况：同步皮带断了、键掉了、联轴器松动了、信号电缆的插头松脱了，还可能是位置编码器有故障。

c. 螺纹切削指令不执行。这种情况表明位置编码器有故障。使用串行主轴时，位置编码器与主轴放大器相连。使用模拟接口时，位置编码器与 CNC 相连。

任务实施

（一）将系统上电启动和关闭按钮功能调换实训

1. 系统的启动与停止

（1）数控系统的启动。CNC ON/OFF 启动电路如图 10-12 所示。

按下系统的启动按钮 SB4（常开），继电器线圈 KA1 得电，使得它的一组触点吸合，实现自锁功能；另一组触点吸合，使接触器线圈 KM1 得电吸合，数控系统上电。

（2）强电回路的接通。待数控系统启动完成后，输出一个信号送至 X 轴驱动器的 MCC，使控制 MCC 的接触器 KM2 得电吸合，使所有驱动器同时上电启动。

与此同时数控系统 I/O 输出端的 Y1.7 输出一个信号，如图 10-13 所示。继电器线圈 KA2 得电吸合，使控制变频器电源接通的接触器 KM3 得电吸合，从而变频器上电。实现整个强电电源的接通，数控机床得以启动。

（3）系统的停止。按下停止按钮 SB1（常闭），控制驱动器电源接通及数控系统上电的接触器线圈 KM1 失电，触点断开，数控系统断电停止，驱动器断电停止。所有的输出信号都没有，继电器线圈 KA2 失电断开，使控制变频器接通的接触器线圈 KM3 失电，触点断开，变频器断电。数控机床停止工作。

图 10-12　CNC ON/OFF 启动电路图

图 10-13　变频器准备好信号图

2. 上电启动和关闭按钮功能调换

根据 CNC ON/OFF 电路原理和图 10-14 所示的开关引脚，将数控铣床备用开关按钮设计成按

SB5 开机、按 SB1 关机。要求通过改变端子排接线来实现。

（a）开关引脚电路

（c）CNC ON/OFF 电路图　　　　（b）端子排转接

图 10-14　启动和关闭按钮引脚图

（二）回零故障诊断

1. 回零动作过程异常，无法找到零点

【例 10-1】　某台 FANUC 0M 立式加工中心，X 轴有回零动作，但找不到零点，系统报警显示回零错误。

　　分析处理：机床 X 轴能进行回零操作，说明控制、伺服系统基本无问题。检查和回零操作有关的元器件，安装位置、状态均正常。观察 I/O 接口状态，发现零点脉冲输入口无信号，最终确认测量元件——脉冲编码器损坏，无法发出零点脉冲信号，更换后，故障消失。

　　这类回零故障产生的原因有以下几方面。

　　（1）零点开关损坏（未给出系统减速信号），致使回零轴高速通过零点。

　　（2）检测元件损坏（未给出零点标志脉冲信号），致使系统零点查询失败。

　　（3）接口电路损坏（系统接收不到零点开关、零点脉冲信号）。可重点检查零点开关、检测元件以及接口电路的工作状态。

2. 回零动作过程正常，所回零点不准确

【例10-2】 一台使用 FANUC 0i TB 系统的数控车床，Z轴方向加工尺寸不稳定，系统无报警显示。

分析处理：检查机床回零动作、机械传动系统的传动间隙、系统的控制脉冲及伺服系统的稳定性均正常。再检查其回零机械控制结构，发现零点开关轴部压块紧固螺钉松动，压块移动，导致回零无规律漂移，Z轴位移尺寸超差，工件报废。调整紧固压块后，故障消失。

这类回零故障产生的原因有以下几方面。

（1）零点开关位置不当，使真正零点脉冲出现在回零减速过程中，系统查询速度小于坐标轴运动速度，丢失当前零点脉冲信号，当下一个零点脉冲出现后才减速停下，所停位置超过零点。

（2）机械结构运动间隙产生漂移现象，所停位置小距离偏离零点。

（3）参数设置不当（诸如位移计数器、回零操作速度、栅格屏蔽量及零点偏移量等），所停位置偏离零点。可重点检查零点开关、回零轴压块位置、机械结构间隙状态和回零参数。

处理机床回零故障应先搞清其回零方式（详见任务十一），根据故障现象本着由简到难，由外到内，由机械部分到电气部分的原则进行检查，循环执行。

（三）手轮无动作故障与维修

1. 手轮工作不正常的故障维修

故障现象：某配套 FANUC 0i MB 系统的数控铣床，当用手摇脉冲发生器（手轮）工作时，出现有时能动，有时却不动的现象，而且在不动时，CRT 的位置显示画面也不变化。

分析及处理过程：此类故障一般都是由于手摇脉冲发生器发生故障或系统主板不良等原因引起的，为此，一般可先进行系统的状态诊断（如通过检查诊断参数 DGN100 的第7位的状态，可以确认系统是否处于机床锁住状态）。

在本例中，由于转动手摇脉冲发生器时，有时系统工作正常，可以排除机床锁住、系统参数、轴互锁信号、方式选择信号等方面的错误，检查应重点针对手摇脉冲发生器和手摇脉冲发生器接口电路进行。

进一步检查，故障原因是手摇脉冲发生器接口板上 RV05 专用集成块不良，经更换后，故障消除。

2. 手轮常见其他故障与维修

（1）用手摇轮各轴出现抖动现象，可能是手轮盒内的电路板有问题，更换损坏元器件。

（2）手摇轮有时好用有时不好用，没有规律，可能是手轮内部或手轮延长线的阻值太大，更换备用线。

（3）手摇轮反应不灵敏，出现严重的脉冲丢失现象，可能是插头连接处的插针没到位。

（4）手摇轮不能用，也有可能是信号线的小插头 A/B 即 X1/X2 插反了。

（5）手摇轮不能用或手摇轮出现脉冲丢失现象，可能是电缆分线器跳针错了，应该跳两边留中

间；也可能是信号电缆断线或虚接了。

（6）手摇轮不能用，最坏的情况是脉冲发生器坏了，只能更换。

技能拓展

（一）加工中出现自动复位故障与排除

故障现象：某配套 FANUC 0i TC 系统的数控车床，客户反映机床在自动加工过程中偶尔出现突然停止，主轴、冷却液和进给拖板都停止了。系统无报警现象，但是出现故障后坐标已经不同了，要重新对过刀才能继续加工。大概一两天出现一次，或一天出现两三次。

分析及处理过程：这种故障应该属于偶尔出现自动复位现象，于是就怀疑是主板复位芯片的故障，因为以前也遇到过这种故障，更换主板就可以了。由于这种故障是偶尔出现的，不好观察，也没有太多时间等故障出现。于是就先更换主板，更换主板后修改参数，机床能正常工作。在现场观察半小时都没出现故障。

可是更换主板后加工不到两天同样的故障又出现了。经过上次的维修已排除系统主板原因，那现在就要从电气方面找原因了。出现自动复位也有可能是供给系统 220V 电路中的线路连接不好，机床偶尔摇晃时，220V 线路的连接线的端口瞬间松落，再连接上，机床的全部动作都停止了；或者是 PC 电源盒故障，输出的 5V 或 24V 电压偶尔不稳定，而出现自动复位故障。于是先更换 PC 电源盒，并把电路上的螺钉都上紧，继续使用，此故障再也没有出现，故障排除。

（二）系统死机的故障与排除

故障现象：某配套 980TD/DA98A 按键无效，系统死机。

分析及处理过程：根据用户反映此机床在正常生产过程中就出现系统死机现象，面板所有操作按键都无效，显示正常无报警。现场检查系统面板外接附加按钮正常，没有短路，输入、输出电源也正常，所有外部电路也没有异常现象，将所有外部电路和接线脱开试用还是死机，所以判定系统自身故障。拆开系统检查没有发现内部有烧坏的迹象，重新更换主板后装上机床上电、开机还是死机，故障现象还是一模一样，过后又将按键板拆下来，每个按键都一一检查了一次，没发现短路或是不对的地方。在没有办法的情况下，现场还重新把系统 I/O 板也更换过一次，故障还是没有解除。

最后把系统带到厂家，更换系统显示板后就可以了，第二天把系统装在机床上试用正常，故障解除（此故障比较少见）。

所谓的维修最主要是诊断，就是不用任何的仪表、设备，对故障进行人工诊断。在维修中最常用的直接诊断方法有"看、闻、听、问、试"，维修人员在这些方面积累了丰富的经验，充分利用成熟的维修经验是非常必要的。以上方法不是独立的，综合应用各种方法对维修、判断故障有很大的帮助。

本任务重点学习了系统和I/O模块的故障及排除方法，知道了系统主板和I/O Link的连接方法、方式；掌握了系统开机不显示或不正常、手动进给异常、自动运行异常、回零点操作不准确或异常、手轮无动作或不正常等故障的诊断方法；会动手操作完成系统上电启动和关闭按钮功能调换实训，将看似简单实际动手却较复杂的操作牢记心中。

一、简答题

1. 数控系统的I/O Link输入/输出模块与PMC模块有什么关系？

2. 数控系统启动的过程是什么？

3. 数控机床回零操作会有哪些故障，怎样排除？

二、实训题

1. 完成数控系统的循环启动键和进给保持键功能互换。

2. 完成数控系统I/O Link模块的连接，要求CE57和CE56的引脚也要重新连接。

任务十一

数控机床机械故障
诊断与维修

【学习目标】

- 通过实践操作能够掌握数控机床常见机械故障的类型。
- 了解数控机床机械故障诊断与维修的方法。
- 能够正确对数控机床的常见机械故障进行诊断，快速找到机械故障的突破口和故障原因，加以分析和排除。

任务导入

　　机床在运行过程中，机械零部件受到力、热、摩擦及磨损等多种因素的作用，使传动副之间的间隙加大，运动件间的连接松动，产生相互撞击、振动，直接影响机床的传动精度和工件的加工质量，严重时将会损坏零部件，或者产生机械结构变形，致使执行机构不能完成功能任务或达不到质量要求。其机械故障主要分为动作性故障、功能性故障、结构性故障和使用性故障。本章的任务是快速找到机械故障的突破口和故障原因，加以分析和排除。

相关知识

（一）数控机床常见机械故障的类型

数控机床机械故障主要发生在机床本体部分，可以分为机械部件故障、液压系统故障、气动系统故障和润滑系统故障等。

数控机床常见机械部件故障有以下几种。

1. 主轴部件故障

由于使用调速电动机，数控机床主轴箱结构比较简单，容易出现故障的部位是主轴内部的刀具自动夹紧机构、自动调速装置等。为保证在工作中或停电时刀夹不会自行松脱，刀具自动夹紧机构采用弹簧夹紧，并配行程开关发出夹紧或放松信号。若刀具夹紧后不能松开，则考虑调整松刀液压缸压力和行程开关装置，或调整碟形弹簧上的螺母，减小弹簧压合量。此外，主轴发热和主轴箱噪声问题，也不容忽视，此时主要考虑清洗主轴箱、调整润滑油量、保证主轴箱清洁度和更换主轴轴承、修理或更换主轴箱齿轮等。

2. 进给传动链故障

在数控机床进给传动系统中，普遍采用滚珠丝杠副、静压丝杠螺母副、滚动导轨、静压导轨和塑料导轨。所以进给传动链有故障，主要反映是运动质量下降，如机械部件未运动到规定位置、运行中断、定位精度下降、反向间隙增大、爬行、轴承噪声变大（撞车后）等。对于此类故障可以通过以下措施预防。

（1）提高传动精度。调节各运动副预紧力，调整松动环节，消除传动间隙，缩短传动链和在传动链中设置减速齿轮，通过这些措施可提高传动精度。

（2）提高传动刚度。调节丝杠螺母副、支承部件的预紧力及合理选择丝杠本身尺寸，是提高传动刚度的有效措施。刚度不足还会导致工作台或拖板产生爬行和振动以及造成反向死区，影响传动准确性。

（3）导轨。滚动导轨对脏物比较敏感，必须要有良好的防护装置，而且滚动导轨的预紧力选择要恰当，过大会使牵引力显著增加。静压导轨应有一套过滤效果良好的供油系统。

3. 自动换刀装置故障

自动换刀装置故障主要表现为刀库运动故障、定位误差过大、机械手夹持刀柄不稳定、机械手运动误差较大等。故障严重时会造成换刀动作卡住，机床被迫停止工作。

（1）刀库运动故障。若连接电动机轴与蜗杆轴的联轴器松动或机械连接过紧等机械原因，造成刀库不能转动，此时必须紧固联轴器上的螺钉。若刀库转动不到位，则属于电动机转动故障或传动误差造成的。若出现刀套不能夹紧刀具，则需调整刀套上的调节螺钉，压紧弹簧，顶紧卡紧销。当出现刀套上/下不到位时，应检查拨叉位置或限位开关的安装与调整情况。

（2）换刀机械手故障。若刀具夹不紧、掉刀，则调整卡紧爪弹簧，使其压力增大，或更换机械手卡紧销。若刀具夹紧后松不开，应调整松锁弹簧后的螺母，使最大载荷不超过额定值。若刀具交换时掉刀，则属于换刀时主轴箱没有回到换刀点或换刀点漂移造成的，应重新操作主轴箱，使其回到换刀位置，并重新设定换刀点。

4. 各轴运动位置行程开关压合故障

在数控机床上，为保证自动化工作的可靠性，采用了大量检测运动位置的行程开关装置。经过长期运行，运动部件的运动特性发生变化，行程开关压合装置的可靠性及行程开关本身品质特性的改变，对整机性能会产生较大影响。一般要适时检查和更换行程开关，以消除因此类开关不良对机床的影响。

5. 配套辅助装置故障

（1）液压系统。液压泵应采用变量泵，以减少液压系统的发热油箱内安装的过滤器数量，应定期用汽油或超声波振动清洗。常见故障主要是泵体磨损、裂纹和机械损伤，此时一般必须大修或更换零件。

（2）气压系统。用于刀具或工件夹紧、安全防护门开关以及主轴锥孔吹屑的气压系统中，分水滤气器应定时放水，定期清洗，以保证气动元件中运动零件的灵敏性。阀心动作失灵、空气泄漏、气动元件损伤及动作失灵等故障均由润滑不良造成，故油雾器应定期清洗。此外，还应经常检查气动系统的密封性。

（3）润滑系统。其包括对机床导轨、传动齿轮、滚珠丝杠、主轴箱等的润滑。润滑泵内的过滤器需定期清洗、更换，一般每年应更换一次。

（4）冷却系统。它对刀具和工件起冷却和冲屑作用。冷却液喷嘴应定期清洗。

（5）排屑装置。排屑装置是具有独立功能的附件，主要保证自动切削顺利进行和减少数控机床的发热。因此，排屑装置应能及时自动排屑，其安装位置一般应尽可能靠近刀具切削区域。

（二）机床参考点与返回参考点的故障与维修

1. 机床参考点及返回参考点方式

参考点是数控机床确定机床坐标系原点（零点）的参考位置点，它在机床出厂时已调整好。一般在机械坐标系中可以设置4个机床参考点，例如，可以为自动刀具交换的动作设置一个机床参考点，保证各伺服轴移动到与机床动作无干涉的安全区域。

回参考点的目的是把机床的各轴移动到正方向的极限位置，使机床各轴的位置与 CNC 的机械位置吻合，从而（通过第一参考点参数 1240 反找）建立机床坐标系。能否正确回参考点影响零件的加工质量，并且也是各种补偿的基准。

机床厂在制造机床时，可以给各个坐标轴的位置检测装置配置绝对位置编码器和增量位置编码器，也可以选择绝对光栅尺和增量光栅尺，如图 11-1 所示。

（a）FANUC位置编码器　　　　　　　　　　　（b）光栅尺

图 11-1　常用位置检测元件

当选择绝对位置编码器时，由于该编码器始终处于工作状态（不管系统是否工作），在系统断电时由单独的电池（6V）提供工作电源，使得机床的零点一直存在。当使用增量编码器时，系统在通电后，机床的零点还没有建立，所以必须进行回参考点操作。

回参考点的方式因数控系统的类型和机床生产厂家而异。目前，采用脉冲编码器或光栅尺作为位置检测的数控机床多采用栅格法来确定机床的参考点。脉冲编码器或光栅尺都会产生零标志信号，脉冲编码器的零标志信号又称"一转信号"。每产生一个零标志信号相对于坐标轴移动一个位移，将该位移按一定等分数分割得到的数据即为栅格间距，其大小由机床参数决定。当伺服电动机（带脉冲编码器）与滚珠丝杆采用 1:1 直接连接时，一般设定栅格间距为丝杆螺距。光栅尺的栅格间距为光栅尺上两个零标志之间的距离。采用这种增量式检测装置的数控机床一般具有以下 4 种回参考点方式。

（1）回参考点方式一。回参考点前，先用手动方式以速度 v_1 快速将轴移动到参考点附近，然后启动回参考点操作，轴便以速度 v_2 慢速向参考点移动；碰到参考点开关后，数控系统即开始寻找位置检测装置上的零标志；当到达零标志时，发出与零标志脉冲相对应的栅格信号，轴即在此信号的作用下速度制动到零，然后再以 v_2 速度前移参考点偏移量而停止，所停止位置即为参考点，如图 11-2 所示。偏移量的大小通过测量由机床参数设定。

（2）回参考点方式二。回参考点时，轴先以速度 v_1 向参考点快速移动，碰到参考点开关后，在减速信号的控制下，减速到速度 v_2 并继续前移，脱开挡块后，再找零标志；当到达测量系统零标志发出的栅格信号时，轴即制动到速度为零，然后再以 v_2 速度前移参考点偏移量而停止于参考点，如图 11-3 所示。

图 11-2　回参考点方式一　　　　　　　　　　图 11-3　回参考点方式二

（3）回参考点方式三。回参考点时，轴先以速度 v_1 快速向参考点移动，碰到参考点开关后速度制动到零，然后反向以速度 v_2 慢速移动；到达测量系统零标志发出的栅格信号时，轴即制动到速度为零，然后再以 v_2 速度前移参考点偏移量而停止于参考点，如图 11-4 所示。

（4）回参考点方式四。回参考点时，轴先以速度 v_1 快速向参考点移动，碰到参考点开关后速度制动到零，然后再反向微动直至脱离参考点开关；随后又沿原方向微动撞上参考点开关，并且以速度 v_2 慢速前移，到达测量系统零标志产生的栅格信号时，轴即制动到速度为零，再前移参考点偏移量而停止于参考点，如图 11-5 所示。

图 11-4　回参考点方式三

图 11-5　回参考点方式四

在 FANUC 系统中，回参考点的控制采用栅格回零的方法，具体控制是采用软件和硬件电路一起实现的，零点的位置取决于电动机的一转信号的位置。参考点设定方法如表 11-1 所示。

表 11-1　　　　　　　　　　　　常见的参考点设定方法

回参考点的方法		减速挡块	脉冲编码器	
			增量式	绝对式
对准标记设定参考点		不要	不建议采用	建议采用
栅格方式	无挡块参考点的设定	不要	不建议采用	建议采用
	有挡块方式参考点返回	必要	建议采用	可以采用

2. 返回参考点的故障与排除方法

回参考点故障主要有：出现超程并报警；回不到参考点，参考点指示灯不亮；回参考点的位置不稳定；回参考点整螺距偏移；回参考点时报警，并有报警信息。

（1）出现超程并报警分为两种情况。一种情况是回参考点前，坐标轴的位置离参考点距离过小造成的。解除超程保护后，并将坐标轴移动到行程范围内，重新回参考点操作，即可排除故障。另一种情况是"参考点减速"挡块松动或位置发生变化引起的，重新调整固定挡块就可以排除故障。

（2）回不到参考点，参考点指示灯不亮。可通过调整对应的"位置跟随误差"排除故障。

（3）回参考点的位置不稳定。可通过检查挡块的位置和接触情况、脉冲编码器"零脉冲"、电动机与丝杠之间的间隙排除故障。

（4）回参考点整螺距偏移。参考点整螺距偏移需要重新调整减速挡块位置来排除。

（5）回参考点时报警，并有报警信息。对于这种故障，可针对报警信息，查看机床说明书，作相应处理。信息提示可能属于编码器"零脉冲"不良、系统光栅尺不良、屏蔽线不良、系统参数设置错误等故障。对于硬件不良，需要维修或更换；对于参数设置错误，需要按备份参数进行重新设置。

　　　　回参考点故障一般也可分为找不到和找不准参考点两种故障，前者主要是回参考点减速开关产生的信号或零标志脉冲信号失效所致，可用示波器检测信号；后者是参考点开关挡块位置设置不当引起的，只要重新调整即可。

　　【例 11-1】　　一台数控铣床采用方式三回参考点故障维修。

　　故障现象： X 轴先正向快速运动，碰到参考点开关后，能以慢速反向运动，但找不到参考点，而一直反向运动，直到碰到限位开关而紧急停止。

　　故障分析与处理： 根据故障现象和返回参考点的方式，可以判断减速信号正常，位置测量装置的零标志信号不正常。通过 CNC 系统的 PLC 接口指示观察，确定参考点开关信号正常，用示波器检测零标志信号，如果有零标志信号输出，可诊断 CNC 系统测量组件有关零标志信号通道有问题，可用互换法进一步确诊。

（三）刀架故障诊断方法

1. 刀架旋转不到位的故障与排除

刀架旋转不到位的故障与排除方法如表 11-2 所示。

表 11-2　　　　　　　　　　刀架旋转不到位的故障与排除方法

序号	故 障 原 因	排 除 方 法
1	液压系统出现问题，油路不畅通或液压阀出现问题	检查液压系统
2	液压马达出现故障	检查液压马达是否正常工作
3	刀库负载过重，或者有阻滞的现象	检查刀库装刀是否合理
4	润滑不良	检查润滑油路是否畅通，并重新润滑

2. 刀架锁不紧的故障与排除

刀架锁不紧的故障与排除方法如表 11-3 所示。

表 11-3　　　　　　　　　　刀架锁不紧的故障与排除方法

序号	故 障 原 因	排 除 方 法
1	刀架反转信号没有输出	检查线路是否有误
2	刀架锁紧时间过短	增加锁紧时间
3	机械故障	重新调整机械部分

3. 刀架电动机不转的故障与排除

刀架电动机不转的故障与排除方法如表 11-4 所示。

表 11-4　　　　　　　　　　　刀架电动机不转的故障与排除方法

序号	故障原因	排除方法
1	电源相序接反（使电动机正反转相反）或电源缺相（适用普通车床刀架）	将电源相序调换
2	PLC 程序出错，换刀信号没有发出	重新调试 PLC

（四）进给传动系统的维护与故障诊断

1. 进给系统机械传动结构

通常，一个典型的数控机床半闭环控制进给系统，由位置比较、放大元件、驱动单元、机械传动装置和检测反馈元件等几部分组成。其中，机械传动装置是指将驱动源的旋转运动变为工作台的直线运动的整个机械传动链，包括联轴器、齿轮装置、丝杠螺母副等中间传动机构，如图 11-6 所示。

图 11-6　进给传动机械装置的构成

2. 滚珠丝杠螺母副调整与维护

滚珠丝杠螺母副克服了普通螺旋传动的缺点，已发展成为一种高精度的传动装置。它采用滚动摩擦螺旋取代了滑动摩擦螺旋，具有磨损小、传动效率高、传动平稳、寿命长、精度高、温升低等优点。但是，它不能自锁，用于升降传动（如主轴箱或工作台升降）时需要另加锁紧装置，结构复杂、成本偏高。

（1）滚珠丝杠螺母副的结构。图 11-7 所示为滚珠丝杠螺母副的结构。在图 11-7（a）中，丝杠1 和螺母 3 之间的螺旋滚道内填入钢珠 2，这就使丝杠与螺母之间的运动成为滚动。丝杠、螺母和钢珠都是由轴承钢制成的，并经淬硬、磨削。螺旋滚道内截面为圆弧，半径略大于钢珠半径，钢珠密填。根据回珠方式，滚珠丝杠可分为两类。在图 11-7（b）中，钢珠从 A 点走向 B 点、C 点、D 点，然后经反向回珠器 4 从螺纹的顶上回到 A 点。螺纹每一圈形成一个钢珠的循环闭路，这种回珠器处于螺母之内的滚珠丝杠螺母副，称为内循环反向器式滚珠丝杠螺母副。在图 11-7（c）中，每一列钢珠转几圈后经插管式回珠器 5 返回，这种插管式回珠器位于螺母之外的滚珠丝杠螺母副，称为外循环插管式滚珠丝杠螺母副。

（2）滚珠丝杠螺母副间隙的调整。滚珠丝杠的传动间隙是轴向间隙，其数值是指丝杠和螺母无相对转动时，两者之间的最大轴向窜动量。除了结构本身的游隙之外，还包括施加轴向载荷后产生的弹性变形所造成的轴向窜动量。

由于存在轴向间隙，当丝杠反向转动时，将产生空回误差，从而影响传动精度和轴向刚度。通常采用预加载荷（预紧）的方法来减小弹性变形所带来的轴向间隙，保证反向传动精度和轴向刚度。但过大的预加载荷会增大摩擦阻力，降低传动效率，缩短使用寿命。所以，一般需要经过多次调整，以保证既消除滚珠丝杠螺母副的间隙，又能使其灵活运转。常用的调整方法有以下 3 种。

① 双螺母齿差消隙结构。如图 11-8 所示，在螺母 1 和螺母 2 的凸缘上分别切出只相差一个齿的齿圈，其齿数分别为 z_1 和 z_2，然后装入螺母座中，分别与固紧在套筒两端的内齿圈相啮合。调整时，先取下内齿圈，让两个螺母相对于套筒同方向都转动一个齿，然后再插入内齿圈，则两个螺母便产生相对角位移，其轴向位移量 $s=(1/z_1-1/z_2)P$，其中 P 为滚珠丝杠导程。这种调整方法精度高，预紧准确可靠，调整方便，多用于高精度的传动。

（a）钢球位置   （b）内循环反向器式结构

（c）外循环插管式结构

1—丝杠 2—钢珠 3—螺母 4—反向回珠器 5—插管式回珠器

图 11-7 滚珠丝杠螺母副的结构   图 11-8 双螺母齿差消隙结构

② 双螺母螺纹消隙结构。如图 11-9 所示，螺母 1 的外端有凸缘，螺母 2 外端有螺纹，调整时只要旋动圆螺母 6 即可消除轴向间隙，并可达到产生预紧力的目的。这种方法结构简单，但较难控制，容易松动，准确性和可靠性均差。

③ 双螺母垫片消隙结构。图 11-10 所示为常用的双螺母垫片消隙结构，通过改变垫片 4 的厚度使左右两螺母产生方向相反的位移，以达到消除间隙和预紧的目的。这种方法结构简单，拆卸方便，工作可靠，刚性好；但使用中不便于调整，精度低。

1、2—螺母 3—丝杠 4—套筒 5—平键 6—圆螺母

图 11-9 双螺母螺纹消隙结构

1—左螺母 2—右螺母 3—螺母座 4—调整垫片

图 11-10 双螺母垫片消隙结构

（3）滚珠丝杠螺母的维护。

① 支承轴承的定期检查。应定期检查丝杠支承与床身的连接是否松动以及支承轴承是否损坏

等。如有以上问题，要及时紧固松动部位并更换支承轴承。

② 滚珠丝杠副的润滑和密封。滚珠丝杠副也可用润滑剂来提高耐磨性及传动效率。润滑剂可分为润滑油和润滑脂两大类。润滑油为一般机油或 90～180＃透平油或 140＃主轴油。润滑脂可采用锂基油脂。润滑脂加在螺纹滚道和安装螺母的壳体空间内，而润滑油则经过壳体上的油孔注入螺母的空间内。

③ 滚珠丝杠副常用防尘密封圈和防护罩。密封圈装在滚珠螺母的两端，接触式的弹性密封圈是用耐油橡皮或尼龙等材料制成的，其内孔制成与丝杠螺纹滚道相配合的形状。接触式密封圈的防尘效果好，但因有接触压力，使摩擦力矩略有增加。非接触式的密封圈是用聚氯乙烯等塑料制成的，其内孔形状与丝杠螺纹滚道相反，并略有间隙。非接触式密封圈又称为迷宫式密封圈。对于暴露在外面的丝杠一般采用螺旋钢带、伸缩套筒、锥形套筒以及折叠式塑料或人造革等形式的防护罩，以防止尘埃和磨粒粘附到丝杠表面。这几种防护罩与导轨的防护罩有相似之处，一端连接在滚珠螺母的端面，另一端固定在滚珠丝杠的支承座上。

滚珠丝杠副常见故障、原因及诊断方法如表 11-5 所示。

表 11-5　　　　　　　　　　滚珠丝杠副故障诊断

序号	故障现象	故障原因	排除方法
1	滚珠丝杠副噪声	丝杠支承的压盖压合情况不好	调整轴承压盖，使其压紧轴承端面
		丝杠支承轴承破损	更换新轴承
		电动机与丝杠联轴器松动	拧紧联轴器锁紧螺母
		丝杠润滑不良	改善润滑条件
		滚珠丝杠副轴承有破损	更换新滚珠
2	滚珠丝杠运动不灵活	轴向预紧力太大	调整轴向间隙和预加载荷
		丝杠与导轨不平行	调整丝杠支座位置
		螺母轴线与导轨不平行	调整螺母位置
		丝杠弯曲变形	校直丝杠
3	滚珠丝杠副润滑不良	检查各滚珠丝杠副润滑	用润滑脂润滑的丝杠，需添加润滑脂

3. 导轨副调整与维护

机床导轨主要用来支承和引导运动部件沿一定的轨道运动。运动的部分称为动导轨，不动的部分称为支承导轨。动导轨相对于支承导轨的运动，通常是直线运动或回转运动。

（1）数控机床常用导轨。数控机床由于结构形式多种多样，采用的导轨也种类众多。机床导轨按运动导轨的轨迹分为直线运动导轨副和旋转运动导轨副。数控机床常用的直线运动滑动导轨的截面形状如图 11-11 所示。根据支承导轨的凸凹状态，又可分为凸形（上）和凹形（下）两类导轨。凸形需要有良好的润滑条件。凹形容易存油，但也容易积存切屑和尘粒，因此适用于具有良好防护的环境。

① 矩形导轨。如图 11-11（a）所示，易加工制造，承载能力较大，安装调整方便。M 面起支承兼导向作用，起主要导向作用的 N 面磨损后不能自动补偿间隙，需要有间隙调整装置。它适用于载荷大且导向精度要求不高的机床。

图 11-11　滑动导轨的截面形状

② 三角形导轨。如图 11-11（b）所示，三角形导轨有两个导向面，同时控制了垂直方向和水平方向的导向精度。这种导轨在载荷的作用下，自行补偿消除间隙，导向精度较其他导轨高。

③ 燕尾槽导轨。如图 11-11（c）所示，它是闭式导轨中接触面最少的结构，磨损后不能自动补偿间隙，需用镶条调整。它能承受颠覆力矩，摩擦阻力较大，多用于高度小的多层移动部件。

④ 圆柱形导轨。如图 11-11（d）所示，这种导轨刚度高，易制造，外径可磨削，内孔可珩磨达到精密配合，但磨损后间隙调整困难。它适用于受轴向载荷的场合，如压力机、珩磨机、攻螺纹机和机械手等。

（2）间隙调整。导轨副的轨面之间间隙过小，则摩擦阻力大，导轨磨损加剧；间隙过大，则运动失去准确性和平稳性，失去导向精度。间隙调整的方法有如下几种。

① 压板调整间隙。图 11-12 所示为矩形导轨上常用的几种压板装置。

压板用螺钉固定在动导轨上，常用钳工配合刮研及选用调整垫片、平镶条等机构，使导轨面与支承面之间的间隙均匀，达到规定的接触点数。对图 11-12（a）所示的压板结构，如间隙过大，应修磨或刮研 B 面；若间隙过小或压板与导轨压得太紧，则可刮研或修磨 A 面。

（a）修复刮研式　　（b）镶条式　　（c）垫片式

图 11-12　压板调整间隙

② 镶条调整间隙。图 11-13（a）所示为一种全长厚度相等、横截面为平行四边形（用于燕尾形导轨）或矩形的平镶条，通过侧面的螺钉调节和螺母锁紧，以其横向位移来调整间隙。由于收紧力不均匀，故在螺钉的着力点有挠曲。图 11-13（b）所示为一种全长厚度变化的斜镶条及 3 种用于斜镶条的调节螺钉，以斜镶条的纵向位移来调整间隙。斜镶条在全长上支承，其斜度为 1∶40 或 1∶100，

由于楔形的增压作用会产生过大的横向压力，因此调整时应细心。

③ 压板镶条调整间隙。如图 11-14 所示，T 形压板用螺钉固定在运动部件上，运动部件内侧和 T 形压板之间放置斜镶条，镶条不是在纵向有斜度，而是在高度方面做成倾斜。调整时，借助压板上几个推拉螺钉，使镶条上下移动，从而调整间隙。

（a）等厚度镶条　　　　　（b）斜镶条

图 11-13　镶条调整间隙　　　　　　　　　　图 11-14　压板镶条调整间隙

三角形导轨的上滑动面能自动补偿，下滑动面的间隙调整和矩形导轨的下压板调整底面间隙的方法相同。圆形导轨的间隙不能调整。

（3）导轨的润滑与防护。

① 滑动导轨的润滑。数控机床滑动导轨的润滑主要采用压力润滑。一般常用压力循环润滑和定时定量润滑两种方式。常用的润滑油为/L-AN10/15/32/42/68、精密机床导轨油 L-HG68、汽轮机油 L-TSA32/46 等。

② 导轨的防护。为了防止切屑、磨粒或切削液散落在导轨面上而引起磨损加快、擦伤和锈蚀，导轨面上应有可靠的防护装置。

（4）导轨副的故障诊断。导轨副故障诊断的方法如表 11-6 所示。

表 11-6　　　　　　　　　　　　　　导轨副故障诊断

序号	故障现象	故障原因	排除方法
1	导轨研伤	机床经长期使用，地基与床身水平变化，使导轨局部单位面积载荷过大	定期进行床身导轨的水平调整或修复导轨精度
		长期加工短工件或承受过集中的负荷，使导轨局部磨损严重	注意合理分布短工件的安装位置，避免负荷过分集中
		导轨润滑不良	调整导轨润滑油量，保证润滑油压力
		导轨材质不佳	采用电镀加热自冷淬火对导轨进行处理，导轨上增加锌铝铜合金板
		刮研质量不符合要求	提高刮研修复的质量
		机床维护不良，导轨内落入脏物	加强机床保养，保护好导轨防护装置

续表

序号	故障现象	故障原因	排除方法
2	导轨上移动部件运动不良或不能移动	导轨面研伤	用 180 # 纱布修磨机床导轨面上的研伤
		导轨压板研伤	卸下压板，调整压板与导轨间隙
		导轨镶条与导轨间隙太小，调得太紧	松开镶条止退螺钉，调整镶条螺栓，使运动部件运动灵活，保证 0.03mm 塞尺不得塞入，然后锁紧止退螺钉
3	加工面在接刀处不平	导轨直线度超差	调整或修刮导轨，公差 0.015/500mm
		工作台塞铁松动或塞铁弯曲太大	调整塞铁间隙，塞铁弯度在自然状态下小于 0.05mm/全长
		机床水平度差，使导轨发生弯曲	调整机床安装水平，保证平行度、垂直度在 0.02/1 000 之内

（五）加工中心换刀装置维护与故障诊断

加工中心的自动换刀是依靠机械手在机床主轴与刀库之间自动交换刀具，刀库结构类型主要有链式、卧盘式、立盘式等。换刀系统的动力多采用电动机、液压马达、气缸、液压缸等。刀库及自动换刀装置的常见故障有刀库运动故障、定位误差过大、机械手夹持刀柄不稳定、机械手动作误差过大等。

1. 刀库与换刀机械手的维护要点

刀库与换刀机械手的维护要点如下。

（1）严禁把非标准的刀柄刀具装入刀库，防止换刀时掉刀或与工件、夹具等发生碰撞。

（2）刀具放置在刀库上的顺序要正确。

（3）用手动方式装刀时要确保装到位、装牢靠。

（4）检查是否回零且换刀点位置是否到位。

（5）要注意保持刀具刀柄和刀套的清洁。

（6）开机时，应先使刀库和机械手空运行，检查各部分工作是否正常，特别是各行程开关和电磁阀能否正常动作。

2. 刀库及自动换刀装置的故障诊断

刀库和自动换刀装置常见的故障、原因及排除方法如表 11-7 所示。

表 11-7　　　刀库和自动换刀装置常见的故障、原因及排除方法

序号	故障现象	故障原因	排除方法
1	刀库不转	连接电动机轴与蜗杆轴的联轴器松动	连接好联轴器
		变频器输入、输出电压不正常	修理或更换变频器
		PLC 无控制输出，接口板中的继电器失效	更换接口板中的继电器
		机械连接研损	修复研损部分或更换零件
		电网电压过低	电网电压不应低于 370V

续表

序号	故障现象	故障原因	排除方法
2	刀库转动不到位	转盘上撞块与选位开关松动	重新调整撞块与选位开关位置并锁紧
		上、下连接盘与中心轴花键间隙过大产生位移偏差大	重新调整连接盘与中心轴位置或更换零件
		转位凸轮与转位盘间隙大	用塞尺测试滚轮与凸轮，将凸轮调至中间位置
		凸轮在轴上窜动	调整并紧固固定转位凸轮的螺母
		转位凸轮轴的轴向预紧力过大或有机械干涉	重新调整预紧力，排除干涉
3	刀套不能夹紧刀具	刀套上的调整螺母松动或弹簧太松，造成夹紧力不足；刀具超重	调节刀套两端的调节螺母，压紧弹簧，顶紧卡紧销
4	刀套不能拆卸或停留一段时间才能拆卸	操纵刀套拆卸的气阀松动，气压不足，刀套的传动轴锈蚀	紧固气阀，改善润滑条件
5	刀具夹不紧	压缩气泵气压不足	调整压缩气泵气压在额定范围内
		增压漏气	关紧增压
		刀具卡紧气压漏气，密封装置失效	更换密封装置
		刀具松开弹簧上的螺母松动	旋紧螺母
6	刀具夹紧后松不开	锁刀的弹簧压合过紧	逆时针旋松锁刀簧上的螺母，使最大载荷不超过额定数值
7	刀具从机械手中脱落	刀具超重或机械手卡紧锁损坏	刀具不得超重，更换机械手卡销
8	刀具交换时掉刀	换刀时主轴箱没有回到换刀点或换刀点漂移，机械手抓刀时没有到位就开始拔刀	重新操作主轴箱运动，使其回到换刀点位置，重新设定换刀点
9	机械手换刀速度过快或过慢	气压太高或太低，换刀气阀节流开口太大或太小	调整气压大小和节流阀口的大小

任务实施

（一）数控车床 Z 轴拆装与精度检测

图 11-15 所示为数控车床的 Z 轴装配图，其拆卸与安装及精度检测步骤如下。

图 11-15　数控车床 Z 轴装配图

1. 数控车床 Z 轴的拆卸步骤

（1）拆卸电动机

① 拆卸电动机插头。

② 松开电动机联轴器。

③ 拆卸电动机螺钉。

④ 脱开电动机联轴器。

⑤ 拿出电动机（轻拿轻放）。

（2）拆卸左端轴承压盖

① 扳手稳住右侧丝杠末端。

② 松开左端丝杠固定螺母上的螺钉。

③ 松开左端丝杠固定螺母（用榔头轻敲或用月牙扳手）。

④ 松开 10029 压盖。

⑤ 放入半圆垫圈。

⑥ 重新上紧 10029 压盖。

⑦ 退出左端固定螺母。

⑧ 退出左端轴承压盖。

（3）拆卸右端轴承座

① 松开右端轴承座固定螺钉。

② 使用拔销器。

③ 取出销钉和螺钉松开右侧轴承座。

④ 拼装拉马。

⑤ 使用拉马拉出右侧轴承座。

⑥ 拆卸右侧轴承座压盖。

⑦ 轻轻退出轴承。

⑧ 放入汽油清洗轴承。

（4）丝杠与左端支撑分离并退出左端轴承

① 在溜板箱与左端支撑之间放入方木。

② 压紧方木，方木与溜板箱端面靠紧，不能有松动。

③ 旋转滚珠丝杠右端。

④ 丝杠与左端支撑分离。

⑤ 拆卸左支撑压盖。

⑥ 用铝棒退出轴承。

（5）抽出滚珠丝杠

① 松开润滑油管接头。

② 松开丝杠螺母端面螺钉。

③ 将丝杠整体抽出。

④ 悬挂滚珠丝杠。

（6）拔出溜板箱销钉

① 松开溜板箱固定螺钉。

② 使用拔销器拔出溜板箱销钉。

2. 数控车床 Z 轴的安装与精度检测步骤

（1）校验溜板箱与电动机座的同轴度

① 准备一套 5 件检棒。

② 在电动机座上装入第一个检套。

③ 在丝杠左端支撑上装入第二个检套。

④ 从电动机座左端插入左端检棒。

⑤ 从溜板箱右端插入右端检棒。

⑥ 调整表座。

⑦ 调整表头检测同轴度。

（2）安装右侧轴承座并与电动机座校验同轴度

① 安装右侧轴承座。

② 插入右侧轴承座的检套。

③ 另一根检棒插入溜板箱。

④ 将桥架从左侧移动到尾座的位置，注意读数。

⑤ 用铜棒调整右侧轴承座的位置，直至与左侧电动机座调平。

（3）安装滚珠丝杠并检测跳动

① 装入滚珠丝杠，套入螺母副两端压板。

② 从左侧电动机座依次装入轴承、挡圈、锁紧螺母。

③ 拉入或敲入左侧轴承、挡圈。

④ 固定左侧支撑的压板和锁紧螺母。

⑤ 重新安装右侧轴承座并用铝棒敲入轴承。

⑥ 松开丝杠螺母，调整后再拧紧。

⑦ 丝杠跳动检测。

（4）检测丝杠的轴向审动

① 将磁力表座吸附于丝杠的左端，调整丝杠端部锁紧螺母。

② 用千分表测量丝杠的端面跳动和轴向审动，直至达到规定要求为止。

（二）主轴或进给轴噪声大、加工精度差的故障与排除

因机械安装、调试及操作使用不当等原因会引起机械传动故障，表现为传动噪声大、加工精度差、运行阻力大。例如，轴向传动链的挠性联轴器松动，齿轮、丝杠与轴承缺油，导轨塞铁调整不当，导轨润滑不良以及系统参数设置不当等原因均可造成以上故障。尤其应引起重视的是，机床各部位标明的注油点（注油孔）须定时、定量加注润滑油（剂），这是机床各传动链正常运行的保证。另外，液压、润滑与气动系统的故障主要是管路阻塞和密封不良，因此数控机床更应加强污染控制和根除"三漏"现象。

1. 主轴部分

故障现象： 数控机床主轴运转噪声大、加工精度差、加工件表面粗糙度差。

（1）原因分析。一般中小规格的数控机床主轴多用滚动轴承，重型数控机床主轴多用液体静压轴承，高精度机床主轴多用气体静压轴承，高速主轴多用磁力轴承或陶瓷滚珠轴承。机床主轴使用变频器控制变频电动机，根据故障现象分析该故障可能原因如下。

① 变频器参数与电动机不匹配，导致电气震荡。

② 主轴传动系统轴承损坏。

③ 主轴轴承润滑脂内混入粉尘和水分。

④ 主轴内锥孔定位表面有少许碰伤，锥孔与刀柄锥面配合不良，有微量偏心。

⑤ 前轴承预紧力下降，轴承游隙变大。

⑥ 主轴自动夹紧机构内部分碟形弹簧疲劳失效，刀具未被完全拉紧，有少许审动。

（2）诊断步骤和维修方法。

① 检查变频器参数是否正常。

② 关断机床电源，用手转动主轴，仔细感觉数控车床主轴运转是否顺畅，有无卡滞感觉。卡滞感觉越明显，轴承损坏越严重。

③ 接通机床电源，启动数控系统，用手动模式启动主轴，以低于 100r/min 的转速旋转，在主轴转动时，可借助延长杆倾听主轴两端轴承的运行声音是否正常，运转噪声大的一端轴承可能损坏。使用百分表测量主轴两端径向跳动，比较确定跳动误差，误差大的一端轴承损坏的可能性大。运行一段时间后，使主轴停止，用手触摸主轴两端轴承位置，感觉轴承温升是否正

常,温升大的位置的轴承可能损坏。经过上面 3 种方式的检查分析,比较确切地定位损坏轴承。经检查并拆检发现,主轴皮带轮侧一只 P4 精度的向心推力球轴承损坏。

④ 按主轴轴承装配要求装入新的同型号轴承,并适当预紧,恢复拆卸的机械零部件后,开机试车,运转噪声正常。

⑤ 更换主轴轴承后,要按规程进行磨合。最高主轴转速 4 000r/min 的磨合规程:低速 200r/min 运转 0.5h, 500r/min 运转 0.5h, 1 000r/min 运转 0.5h, 2 500r/min 运转 0.3h, 4 000r/min 运转 0.1h, 2 500r/min 运转 0.2h, 1 000r/min 运转 0.5h,主轴停止,磨合完毕。在磨合过程中,要密切注意主轴的运行噪声及轴承温升。

⑥ 如轴承本身没有损坏,需更换润滑脂,调整轴承游隙,轴向游隙 0.003mm,径向游隙 ± 0.002mm;自制简易研具,手工研磨主轴内锥孔定位面,用涂色法检查,保证刀柄与主轴定心锥孔的接触面积大于 85%;更换碟形弹簧。将修好的主轴装回主轴箱,用千分表检查径向跳动,近端小于 0.006mm,远端 150mm 处小于 0.010mm。试加工,主轴温升和噪声正常,加工精度满足加工工艺要求,故障排除。

（3）小结。数控机床主轴精度决定机床整机精度,数控机床主轴发生故障的主要部位为轴承。装配质量差、缺润滑油、润滑脂过多过少,都易造成轴承损坏。严格按主轴装配工艺装配主轴轴承后,一定要按磨合规程进行磨合,以便及时发现装配问题立即改正,以延长轴承使用寿命。

2. 进给丝杠部分

进给丝杠的故障主要是丝杠副噪声大,其故障原因及排除方法如表 11-8 所示。

表 11-8　　　　　　　　　　进给丝杠故障原因及排除方法

故 障 原 因	排 除 方 法
滚珠丝杠轴承压盖合不上	调整压盖,使其压紧轴承
滚珠丝杠润滑不良	检查分油器和油路,使润滑油充足
滚珠破损	更换滚珠
电动机与丝杠联轴器松动	拧紧联轴器锁紧螺钉

四、技能拓展

（一）急停功能及其故障排除

数控装置操作面板和手持单元上,均设有急停按钮,用于当数控系统或数控机床出现紧急情况,需要使数控机床立即停止运动或切断动力装置（如伺服驱动器等）的主电源等场合。当数控系统出现自动报警信息后，按下急停按钮；待查看报警信息并排除故障后，再松开急停按钮，使系统复位并恢复正常。按下急停按钮时，数控机床立即停止运动并切断动力装置电源，包括主轴、进给轴、刀架、冷却系统都不能运行。

CAK3665SJ 数控车床急停功能的电气结构如图 11-16 所示。

图 11-16　数控车床急停电气结构图

数控机床发出急停报警的原因一般有以下两种。

（1）电气方面的原因，急停回路断路。

（2）PLC 中规定的系统复位所需要完成的条件未满足要求，如伺服动力电源准备好、主轴驱动准备好等信息未到达。

【例 11-2】　急停按钮引起的故障维修。

故障现象： 某 FANUC 系统加工中心，开机时显示 "NOT READY"，伺服电源无法接通。

故障分析与处理： FANUC 系统引起 "NOT READY" 的原因是数控系统的紧急停止 "*ESP" 信号被输入，这一信号可以通过系统的"诊断"页面进行检查。经检查发现 PMC 到 CNC 急停信号（DGNl21.4）为"0"，证明系统的"急停"信号被输入。再进一步检查，发现系统 I/O 模块的"急停"输入信号为"0"，对照机床电气原理图，检查发现机床刀库侧的手动操纵盒上的急停按钮断线，重新连接，复位急停按钮后，再按［Reset］键，机床即恢复正常工作。

【例 11-3】 液压马达互锁引起的急停故障维修。

故障现象： 某配套 FANUC 0i TC 的数控车床，开机后出现 "NOT READY" 显示，且按下 "液压启动" 按钮后，液压马达不工作，"NOT READY" 无法消除。

故障分析与处理： 经了解，该机床在正常工作情况下，应在液压启动后，CNC 的 "NOT READY" 自动消失，CNC 转入正常工作状态。

对照机床电气原理图检查，机床的 "急停" 输入（X21.4）为 "急停" 开关、X/Z 轴 "超程保护" 开关、液压马达过载保护断路器、伺服电源过载保护断路器这几个开关的常闭触点的串联。经检查这些信号，发现液压马达过载保护的断路器已跳闸。通过测试，确认液压马达无短路，液压系统无故障，合上断路器后，机床正常工作。

【例 11-4】 主轴驱动器报警引起的急停故障维修。

故障现象： 某 FANUC 0i TC 的进口数控车床，开机后 CNC 显示 "NOT READY"，伺服驱动器无法启动。

故障分析与处理： 由机床的电气原理图，可以查得该机床急停输入信号包括急停按钮、机床 X/Z 轴的 "超程保护" 开关以及中间继电器 KA10 的常开触点等。检查急停按钮和 "超程保护" 开关均已满足条件，但中间继电器 KA10 未吸合。进一步检查 KA10 线圈，发现该信号由内部 PLC 控制，对应的 PLC 输出信号为 Y53.1。根据以上情况，通过 PLC 程序检查 Y53.1 的逻辑条件，确认故障是由于机床主轴驱动器报警引起的。通过排除主轴报警，确认 Y53.1 输出为 "1"，在 KA10 吸合后，再次启动机床，故障清除，机床恢复正常工作。

【例 11-5】 立卧转换互锁引起急停的故障维修。

故障现象： 某配套 FANUC 0i MC 的进口 "立卧复合" 加工中心，开机后 CNC 显示 "NOT READY"，伺服驱动器无法启动。

故障分析与处理： 故障分析过程同例 11-4，对照机床电气原理图及 PLC 程序检查，发现机床 "急停" 信号已被输入。进一步检查发现，引起故障的原因是 "立卧转换头" 未到位，导致了机床 "急停"。检查实际机床的情况，立卧转换头位置正确，但转换到位信号为 "0"，检查后确认故障原因是到位检测无触点开关损坏。更换无触点开关后，恢复正常。

【例 11-6】 启动条件不满足引起急停的故障维修。

故障现象： 某配套 FANUC 0i MC 的数控铣床，开机后 CNC 显示 "NOT READY"，伺服驱动器无法启动。

故障分析与处理： 由于机床为二手设备，随机资料均已丢失，为了确定故障原因，维修时从 X21.4 "急停" 信号回路依次分析、检查，确认故障原因是与 X21.4 输入连接的中间继电器未吸合引起的 "急停"。进一步检查机床的控制电路，发现该中间继电器的吸合条件是机床未超程，且按下面板上的 "机床复位" 按钮后，才能自锁保持。据此，再检查以上条件，最终发现故障原因是面板上的 "机床复位" 按钮不良，更换按钮后故障排除，机床可以正常动作。

在发生"急停"或"NOT READY"故障时，主要考虑的因素有以下几点。
① 面板上的"急停"生效；②工作台的超极限保护生效；③伺服驱动器、主轴驱动器、液压马达等主要工作电动机及主回路的过载保护；④24V 控制电源等重要部分的故障。

（二）刀库或机械手换刀时与主轴碰撞故障与排除

加工中心自动换刀装置中，刀库、机械手、主轴三者之间的相互位置精度，直接影响机床自动换刀的准确性和可靠性。使用中常由于碰撞、定位紧固件松动等意外原因，使刀库的换刀位置发生变化，造成换不上刀、撞坏机械手等故障。一些大型加工中心的刀库是独立刀库，其换刀位置发生变化后，恢复起来非常困难。产生碰撞的原因一般有以下两种。

（1）换刀点（第二参考点）设置不对。

（2）拉刀柄没有松到位。

【例 11-7】　一台立式加工中心，采用 FANUC 0i 数控系统，在换刀过程中出现问题，故障表现为当刀库移向主轴时与主轴上的刀柄发生碰撞，然后停止，不能完成换刀过程。

该机床刀库为鼓轮式刀库，无机械手换刀。正常换刀过程：当机床接到换刀指令后，主轴上升至换刀位置并准停，刀库由气缸驱动水平向前平移至主轴，刀库鼓轮上一空缺刀位插入主轴上刀柄凹槽处，鼓轮上的夹刀弹簧将刀柄夹紧，主轴刀具自动夹紧松开机构工作，刀具松开，主轴向上运动，完成拔刀过程；刀具拔出后，刀库回转选刀，刀位选定后，主轴向下移动，将选中的刀具装入主轴锥孔，主轴刀具自动夹紧松开机构工作，完成刀具装夹；刀库水平后移返回原单位，换刀完成。

观察该机床刀库与刀柄碰撞部位，发现主轴上刀柄的键槽与刀库刀座上的键方位不一致，存在一个角度偏差，导致碰撞发生。刀库上的键是对准主轴中心的，可推断，刀座上的键与刀柄键槽不能正常配合是由于主轴定向停止位置偏离了正常位置所致。主轴未拆卸过，估计是主轴传动皮带磨损导致了主轴定位位置发生变化。因此，需要对主轴定位位置进行修调，以恢复到正常位置。

FANUC 0i 提供了方便的参数调节功能，可通过调整参数 4031 和 4077 中任何一个（4031 为位置编码器定向停止位置，4077 为定向停止位置偏离量），使定向位置恢复到原来的正常位置，从而使该机床的换刀故障得以排除。

小结

本项目主要应该识记数控机床机械故障的类型，了解数控机床机械故障诊断与维修的方法，根据数控车床 Z 轴结构图能进行机械部分的拆装实训，对主轴、进给、刀架、刀库、急停、回参考点、机床导轨、滚珠丝杠等部位出现的问题能正确进行诊断和维护。

一、简答题

1. 数控机床机械结构的基本组成有哪些？

2. 数控机床机械故障形式有哪些？

3. 滚珠丝杠螺母副传动有什么特点？轴向间隙的调整方法有几种，各有什么特点？

4. 数控机床开机急停，显示"NOT READY"的原因可能有哪些？

5. 加工中心换刀时碰撞主轴的原因有哪些？

二、实训题

1. 数控车床 Z 轴拆装与精度检测，详细记录和观察数控车床 Z 轴拆装的顺序和过程，并做好精度检测记录。

2. 数控机床出现加工尺寸不稳定，通常维修思路是什么？

附录

FANUC 16/18/21/0i 系统 PMC 信号地址表

表 A-1   FANUC 16/18/21/0i 系统 PMC 信号地址表

（G 信号：PMC→CNC；F 信号：CNC→PMC）

信号	含义	T 系列地址	M 系列地址
ST	自动循环启动	G7/2	G7/2
*SP	进给暂停	G8/5	G8/5
MD1，MD2，MD4	方式选择	G43/0.1.2	G43/0.1.2
+J1，+J2，+J3，+J4 −J1，−J2，−J3，−J4	进给轴方向	G100/0.1.2.3 G102/0.1.2.3	G100/0.1.2.3 G102/0.1.2.3
RT	手动快速进给	G19/7	G19/7
HS1A～HS1D	手摇进给轴选择	G18/0.1.2.3	G18/0.1.2.3
MP1，MP2	手摇/增量进给倍率	G19/4.5	G19/4.5
SBK	单程序段运行	G46/1	G46/1
DRN	空运行	G46/7	G46/7
SRN	程序再启动	G6/0	G6/0
BDT	程序段选跳	G44/0，G45	G44/0，G45
ZRN	零点返回	G43/7	G43/7
*DECX，*DECY， *DECZ，*DEC4	回零点减速	X0009/0.1.2.3(外) X1009/0.1.2.3(内)	X0009/0.1.2.3(外) X1009/0.1.2.3(内)
MLK	机床锁住	G44/1	G44/1

续表

信号	含义	T 系列地址	M 系列地址
*ESP	急停	G8/4	G8/4
SPL	进给暂停灯	F0/4	F0/4
STL	自动循环启动灯	F0/5	F0/5
ZP1，ZP2，ZP3，ZP4	回零点结束	F94/0.1.2.3	F94/0.1.2.3
*FV0～*FV7	自动进给倍率	G12	G12
*JV0～*JV15	手动进给倍率	G10，G11	G10，G11
ROV1，ROV2	快速移动倍率	G14/0.1	G14/0.1
*IT	所有轴锁住	G8/0	G8/0
*ITX，*ITY，*ITZ，*IT4(0 系统)*IT1～*IT4（16）	各轴分别锁住	G130/0.1.2.3	G130/0.1.2.3
(+MIT1)～(+MIT4)(−MIT1)～(−MIT4)	各轴各方向锁住	X004/2.3.4.5 (外)X1004/2.3.4.5(内)	G132/0.1.2.3G134/0.1.2.3
STLK	启动锁住	G7/1	
AFL	辅助功能锁住	G5/6	G5/6
+ED1～+ED4*−ED1～*−ED4	外部减速	G118/0.1.2.3G120/0.1.2.3	G118/0.1.2.3G120/0.1.2.3
M00～M31	M 功能代码	F10～F13	F10～F13
DM00，DM01，DM02，DM30	M 译码信号	F9/7.6.5.4	F9/7.6.5.4
MF	读 M 代码	F7/0	F7/0
DEN	进给分配结束	F1/3	F1/3
S00～S31	S 功能代码	F22～F25	F22～F25
SF	读 S 代码	F7/2	F7/2
T00～T31	T 功能代码	F26～F29	F26～F29
TF	读 T 代码	F7/3	F7/3
FIN	功能结束	G4/3	G4/3
MFIN，SFIN，TFIN，BFIN	MST 结束	用户定义	用户定义
OVC	倍率取消	G6/4	G6/4
ERS	外部复位	G8/7	G8/7
RST	复位	F1/1	F1/1
MA	CNC 准备好	F1/7	F1/7
SA	伺服准备好	F0/6	F0/6
OP	自动方式运行	F0/7	F0/7
KEY	程序保护	G46/3.4.5.6	G46/3.4.5.6
PN1,PN2,PN4,PN8,PN16	外部工件号检索	G9/0.1.2.3.4	G9/0.1.2.3.4

续表

信号	含义	T 系列地址	M 系列地址
+L1～+L4 *−L1～*−L4	进给轴硬超程	G114/0.1.2.3 G116/0.1.2.3	G114/0.1.2.3 G116/0.1.2.3
SVFX, SVFY, SVFZ, SVF4	伺服断开	G126/0.1.2.3	G126/0.1.2.3
*FLWU	位置跟踪	G7/5	G7/5
*ABSM	手动绝对值	G6/2	G6/2
HS1IA～HS1ID	手轮中断轴	G41/0.1.2.3	G41/0.1.2.3
MIRX, MIRY, MIRZ, MIR4	镜像	G106/0.1.2.3	G106/0.1.2.3
AL	系统报警	F1/0	F1/0
BAL	电池报警	F1/2	F1/2
DNCI	DNC 加工方式	G43/5	G43/5
SKIP	跳转	X4/7	X4/7
EAX1～EAX4	PMC 轴选择	G136/0.1.2.3	G136/0.1.2.3
SAR	主轴转速到达	G29/4	G29/4
*SSTP	主轴停止转动	G29/6	G29/6
SOR	换挡时主轴定向	G29/5	G29/5
SOV0～SOV7	主轴转速倍率	G30	G30
GR1, GR2（T）GR1O, GR2O, GR3O（M）	主轴换挡	G28/1.2	F34/0.1.2
SFRA	串行主轴正转	G70/5	G70/5
SRVA	串行主轴反转	G70/4	G70/4
R01O～R12O	S12 位代码输出	F36，F37	F36，F37
R01I～R12I	S12 位代码输入	G32，G33	G32，G33
SIND	主轴电动机速度控制选择	G33/7	G33/7
SSIN	主轴电动机速度指令 极性选择	G33/6	G33/6
SGN	极性方向选择	G33/5	G33/5
MRDY	机床就绪	G70/7	G70/7
*ESPA	主轴急停	G71/1	G71/1
ORCMA	定向指令	G70/6	G70/6
ORARA	定向完成	F45/7	F45/7
CON	CS 轴选择	G27/7	G27/7
RGTAP	刚性攻丝	G61/0	G61/0
CTH1A,CTH2A	齿轮选择	G70/2.3	G70/2.3
UI000～UI015	用户宏程序的输入信号	G54，G55	G54，G55
UO000～UO015	用户宏程序的输出信号	F54，F55	F54，F55

注：标有"*"的信号低电平有效。

FANUC 0i Mate TD 系统梯形图详解

| N00013 | R0000.2 | | | | R0000.4 | AUTO 或 MDI 方式键压下 |
| A　42 | AUTO | | | | AUTOMDIP | |

| B | R0000.3 | | | | | |
| | MDI | | | | | |

| N00014 | G0043.0 | G0043.1 | G0043.2 | G0043.7 | R0000.5 | 手动连续进给方式 |
| C　45 | MD1 | MD2 | MD4 | ZRN | JOG | |

| N00015 | G0043.0 | G0043.1 | G0043.2 | | R0000.6 | 手轮方式 |
| D　50 | MD1 | MD2 | MD4 | | HANDLE | |

| N00016 | R0000.5 | | | | R0000.7 | 手动进给方式键压下 |
| E　54 | JOG | | | | JOGHANP | |

| F | R0000.6 | | | | | |
| | HANDLE | | | | | |

| N00017 | F0003.5 | G0043.5 | | | Y0024.0 | 自动方式指示灯 |
| G　57 | MMEM | DNCI | | | AUTO.L | |

| N00018 | F0003.6 | | | | Y0024.1 | 编辑方式指示灯 |
| H　60 | MEDT | | | | EDIT.L | |

| N00019 | F0003.3 | | | | Y0024.2 | MDI方式指示灯 |
| I　62 | MMDI | | | | MDI.L | |

| N00020 | F0003.4 | G0043.5 | | | Y0024.3 | DNC方式指示灯 |
| J　64 | MRMT | DNCI | | | DNC.L | |

| N00021 | F0004.5 | G0043.7 | | | Y0026.4 | 回零方式指示灯 |
| K　67 | MREF | ZRN | | | ZRN.L | |

| N00022 | F0003.2 | G0043.7 | | | Y0026.5 | JOG方式指示灯 |
| L　70 | MJ | ZRN | | | JOG.L | |

| N00023 | F0003.1 | | | | Y0026.7 | 手轮方式指示灯 |
| M　73 | MH | | | | HND.L | |

| N00024 | X0012.2 | | | | G0100.0 | +X轴进给方向 |
| N　75 | +X | | | | +X KEY | |

| N00025 | X0012.3 | | | | G0102.0 | -X轴进给方向 |
| O　77 | -X | | | | -X KEY | |

| N00026 | X0012.4 | | | | G0100.1 | +Z轴进给方向 |
| P　79 | +Z | | | | +Z KEY | |

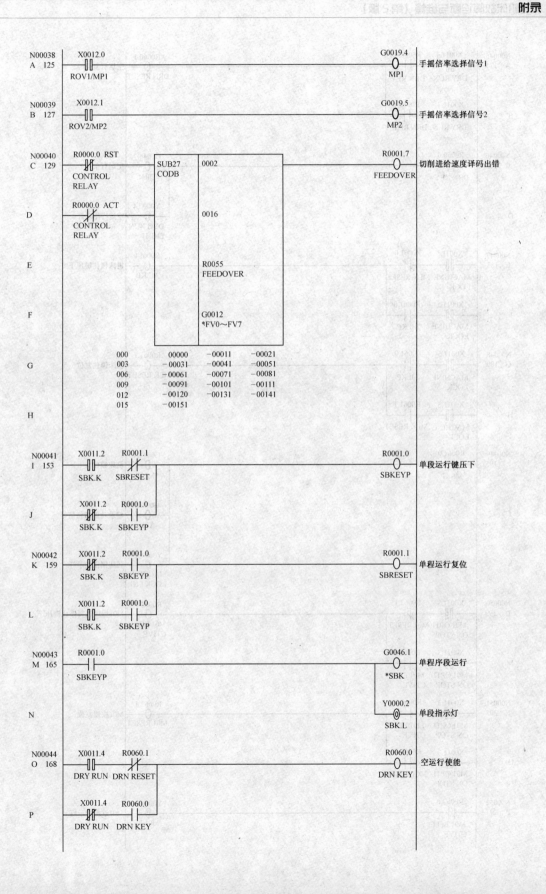

N00038 A 125	X0012.0 ——| |—— ROV1/MP1		G0019.4 ○ MP1 手摇倍率选择信号1
N00039 B 127	X0012.1 ——| |—— ROV2/MP2		G0019.5 ○ MP2 手摇倍率选择信号2

```
N00040   R0000.0 RST    SUB27   0002                      R0001.7
C  129   ——|/|——        CODB                              ○       切削进给速度译码出错
         CONTROL                                          FEEDOVER
         RELAY

D        R0000.0 ACT             0016
         ——|/|——
         CONTROL
         RELAY

E                                R0055
                                 FEEDOVER

F                                G0012
                                 *FV0~FV7

G        000    00000   -00011   -00021
         003   -00031   -00041   -00051
         006   -00061   -00071   -00081
         009   -00091   -00101   -00111
         012   -00120   -00131   -00141
         015   -00151

H
```

```
N00041   X0011.2   R0001.1                                R0001.0
I  153   ——| |————|/|—                                    ○       单段运行键压下
         SBK.K    SBRESET                                 SBKEYP

J        X0011.2   R0001.0
         ——|/|————| |—
         SBK.K    SBKEYP

N00042   X0011.2   R0001.0                                R0001.1
K  159   ——|/|————| |—                                    ○       单程运行复位
         SBK.K    SBKEYP                                  SBRESET

L        X0011.2   R0001.0
         ——| |————| |—
         SBK.K    SBKEYP

N00043   R0001.0                                          G0046.1
M  165   ——| |—                                           ○       单程序段运行
         SBKEYP                                           *SBK

N                                                         Y0000.2
                                                          ○       单段指示灯
                                                          SBK.L

N00044   X0011.4   R0060.1                                R0060.0
O  168   ——| |————|/|—                                    ○       空运行使能
         DRY RUN  DRN RESET                               DRN KEY

P        X0011.4   R0060.0
         ——| |————| |—
         DRY RUN  DRN KEY
```

| N00053
A 213 | X0013.7
KEY MEMORY | | | G0046.3
KEY | 程序保护 |

N00053 A 213 — X0013.7 KEY MEMORY — G0046.3 KEY — 程序保护

N00054 B 215 — X0011.0 CYCLE START — R0099.1 CNC NORMAL — G0007.2 ST — 自动循环启动

N00055 C 218 — F0009.5 M02 — G0008.7 ERS — 外部复位信号

D — F0009.4 M30

N00056 E 221 — F0000.6 SA — F0001.7 MA — F0001.0 AL — Y0000.1 NC NOMAL.L — 系统正常指示灯

N00057 F 225 — F0000.5 STL — Y0000.6 ST.L — 循环启动指示灯

N00058 G 227 — F0000.4 SPL — Y0000.7 FEED HOLD.L — 进给保持指示灯

H — R0031.6 FEED HOLD RE — 进给保持功能信号

N00059 I 230 — F0001.0 AL — Y0000.0 NC TROUBLE.L — 系统故障指示灯

J — R0099.0 TRAN NORMAL — A0000.2 CNC ALARM — 系统报警信息输出

K — R0099.1 CNC NORMAL

L — G0008.4 *ESP

M — R0031.6 FEED HOLD RE

N

O

P

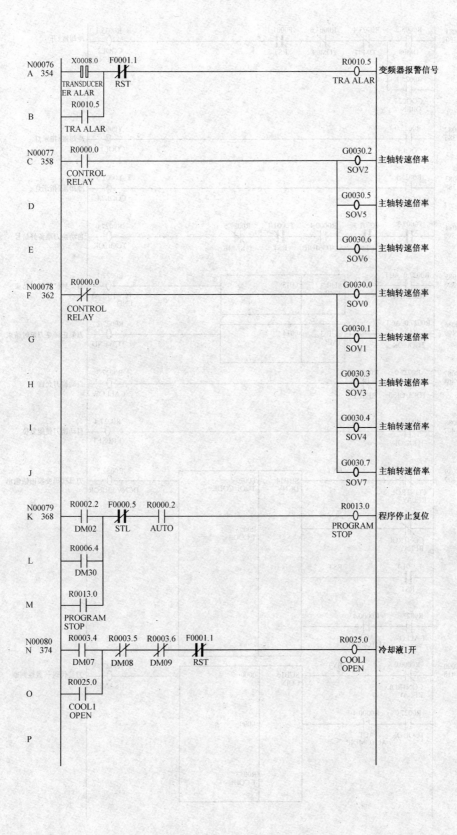

N00076 A 354	X0008.0 TRANSDUCER ER ALAR	F0001.1 RST		R0010.5 TRA ALAR	变频器报警信号
B	R0010.5 TRA ALAR				
N00077 C 358	R0000.0 CONTROL RELAY			G0030.2 SOV2	主轴转速倍率
D				G0030.5 SOV5	主轴转速倍率
E				G0030.6 SOV6	主轴转速倍率
N00078 F 362	R0000.0 CONTROL RELAY			G0030.0 SOV0	主轴转速倍率
G				G0030.1 SOV1	主轴转速倍率
H				G0030.3 SOV3	主轴转速倍率
I				G0030.4 SOV4	主轴转速倍率
J				G0030.7 SOV7	主轴转速倍率
N00079 K 368	R0002.2 DM02	F0000.5 STL	R0000.2 AUTO	R0013.0 PROGRAM STOP	程序停止复位
L	R0006.4 DM30				
M	R0013.0 PROGRAM STOP				
N00080 N 374	R0003.4 DM07	R0003.5 DM08 R0003.6 DM09	F0001.1 RST	R0025.0 COOLI OPEN	冷却液1开
O	R0025.0 COOL1 OPEN				
P					

N00081
A 380   R0003.5 R0003.4 R0003.6 F0001.1   R0025.1   冷却液2开
                                                                               COOL2
         DM08   DM07   DM09   RST   OPEN

B   R0025.1
         COOL2
         OPEN

N00082   R0025.0   Y0001.4   冷却液1指示灯
C 386
         COOL1   COOL1.L
         OPEN

N00083   R0025.1   Y0001.5   冷却液2指示灯
D 388
         COOL2   COOL2.L
         OPEN

N00084   F0007.3 F0001.3 R0000.4 F0001.1 R0027.5   R0027.0   自动换刀准备好信号
E 390
         TF   DEN   AUTOMDIP RST   T SAME   TOOL OK

N00085   R0027.0 ACT   ┌────────┬────────┐   R0027.1   刀架到位后延时结束
F 396   ─┤├───   │ SUB 3 │ 0013   │   TCWDELAY
         TOOL OK   │ TMR   │   │   END
                           └────────┴────────┘

N00086   R0027.0 ACT   ┌────────┬────────┐   R0027.2   刀架正转寻刀延时结束
G 400   ─┤├───   │ SUB 3 │ 0014   │   TCWEND
         TOOL OK   │ TMR   │   │
                           └────────┴────────┘

N00087   R0027.0 R0027.4   R0027.3   自动换刀允许
H 404
         TOOL OK T RESET   T ALLOW

N00088   R0027.0   R0027.4   自动换刀使能复位
I 407
         TOOL OK   T RESET

N00089   R0000.0   BYT   ┌──────┬──────────┐   R0032.7   刀具代码变换出错输出
J 409   ─┤／├───   │SUB14 │ F0026   │   DCNV ERROR
         CONTROL   │DCNV │ TOOL CODE │
         RELAY   │   │   │

K   R0000.0   CNV   │   │ R0053   │
         ─┤├───   │   │ T CODE   │
         CONTROL   │   │   │
         RELAY   │   │   │

L   F0001.1   RST   │   │   │
         ─┤├───   │   │   │
         RST   │   │   │

M   R0027.3 R0000.4   │   │   │
         ─┤├───┤├───   │   │   │
         T ALLOW ACT   └──────┴──────────┘
                 AUTOMDIP

N00090   R0000.0   BYT   ┌──────┬──────────┐   R0027.5   刀具代码一致性判断
N 418   ─┤／├───   │SUB16 │ 0000   │   T SAME
         CONTROL   │COIN │   │
         RELAY   │   │   │

O   R0027.0 R0000.4   │   │ 0000   │
         ─┤├───┤├───   │   │   │
         TOOL OK ACT   │   │   │
                 AUTOMDIP   │   │   │

P   │   │ R0053   │
                             │   │ T CODE   │
                             └──────┴──────────┘

N00091
A 426

R0000.0
CONTROL
RELAY

BYT

SUB15
COMP

0000

R0027.6
T COMPARE

刀具代码值大小比较

B

R0027.0
TOOL OK

R0000.4
AUTOMDIP

ACT

0005

C

R0053
T CODE

N00092
D 434

R0027.5
T SAME

R0027.0
TOOL OK

F0001.1
RST

R0028.0
T CHANGE

自动换刀信号

E

R0027.0
TOOL OK

F

R0028.0
T CHANGE

N00093
G 400

R0000.0
CONTROL
RELAY

BYT

SUB23
NUME

0001

H

X0010.0
TOOL 1

R0027.0
TOOL OK

ACT

R0050
CON

N00094
I 446

R0000.0
CONTROL
RELAY

BYT

SUB23
NUME

0002

J

X0010.1
TOOL 2

R0027.0
TOOL OK

ACT

R0050
CON

N00095
K 452

R0000.0
CONTROL
RELAY

BYT

SUB23
NUME

0003

L

X0010.2
TOOL 3

R0027.0
TOOL OK

ACT

R0050
CON

N00096
M 458

R0000.0
CONTROL
RELAY

BYT

SUB23
NUME

0004

N

X0010.3
TOOL 4

R0027.0
TOOL OK

ACT

R0050
CON

O

P

附录C FANUC 0 系统常见报警表

1. 程序报警（P/S 报警）

表 C-1　　　　　FANUC 系统程序错误报警表（P/S 报警）

号码	信息	内容
000	PLEASE TURN OFF POWER	输入了要求断电源之后才生效的参数，请切断电源
001	TH PARITY ALARM	TH 报警（输入了带有奇偶性错误的字符）。修正程序或纸带
002	TV PARITY ALARM	TV 报警（一个程序段内的字符数为奇数），只有在设定画面上的 TV 校验有效（为 1）时，才产生报警
003	TOO MANY DIGITS	输入了超过允许值的数据
004	ADDRESS NOT FOUND	程序段开头无地址，只输入了数值或符号"–"。修改程序
005	NO DATA AFTER ADDRESS	地址后没有紧随相应的数据，而输入了下一个地址，EOB 代码。修改程序
006	ILLEGAL USE OF NEGATIVE SIGN	负号"–"输入错误（在不能使用"–"符号的地址后输入了该符号，或输入了两个或两个以上的"–"符号）。修改程序
007	ILLEGAL USE OF DECIMAL POINT	小数点"."输入错误（在不能使用"."的地址后输入了小数点，或输入了两个或两个以上的"."）。修改程序
009	ILLEGAL ADDRESS INPUT	在有意义的信息区输入了不可用的地址。修改程序
010	IMPROPER G-CODE	指定了一个不能用的 G 代码或针对某个没有提供的功能指定了某个 G 代码。修改程序
011	NO FEEDRATE COMMANDED	没有指定切削进给速度，或进给速度指令不当。修改程序
014	CAN NOT COMMAND G95（M series）	没有螺纹切削/同步进给功能时指令了同步进给。修改程序
014	ILLEGAL LEAD COMMAND（T series）	可变螺纹切削时，地址 K 指令的螺距增、减量超过了最大指令值，或指令螺距值为负值。修改程序
020	OVER TOLERANCE OF RADIUS	在圆弧插补（G02 或 G03）中，圆弧始点半径值与圆弧终点半径值的差超过了 No.3410 号参数的设定值
021	ILLEGAL PLANE AXES COMMANDED	在圆弧插补中，指令了不在指定平面（G17、G18、G19）的轴。修改程序
022	NO CIRCLE RADIUS	在圆弧插补指令中，没指定圆弧半径 R 或圆弧的起始点到圆心之间的距离的坐标值 I、J 或 K
027	NO AXES COMMANDED IN G43/G44（M series）	在刀具长度补偿 C 中的 G43/G44 程序段中，没有指定轴。刀具长度补偿 C 中，没有取消补偿时，又对其他轴进行补偿
028	ILLEGAL PLANE SELECT	在平面选择指令中，在同一方向指定了两个或两个以上的坐标轴。修改程序

续表

号码	信息	内容
029	ILLEGAL OFFSET VALUE（M series）	用 H 代码选择的偏置量的值过大。修改程序
	ILLEGAL OFFSET VALUE（T series）	用 T 代码选择的偏置量的值过大。修改程序
030	ILLEGAL OFFSET NUMMBER	用 D/H 代码指令的刀具半径补偿、刀具长度补偿、三维刀具补偿的偏置号过大
032	ILLEGAL OFFSET VALUE IN G10	偏置量程序输入（G10）或用系统变量写偏置量时，指定的偏置量过大。修改程序
033	NOSOLUTION AT CRC（M series）	刀具补偿没有求到交点。修改程序
	NO SOLUTION AT CRC（T series）	刀尖半径补偿没有求到交点。修改程序
034	NO CIRC ALLOWED IN ST-UP/EXT BLK	刀具补偿中，在 G02/G03 方式进行起刀或取消刀补
037	CAN NOT CHANGE PLANE IN NRC（T series）	刀尖半径补偿中，切换了补偿平面。修改程序
038	INTERFERENCE IN CIRCULAR BLOCK（M series）	在刀具补偿 C 中，圆弧的始点或终点与圆心一致，可能产生过切。修正程序
039	CHF/CNR NOT ALLOWED IN NRC（T series）	在刀尖半径补偿中，与起始/取消、切换 G41/G42 的同时进行倒角或拐角 R，或程序在进行倒角或拐角处时有可能造成过切。修改程序
040	INTERFERENCE IN G90/G94 BLOCK（T series）	单一型固定循环 G90/G94 中，用刀尖半径补偿时有可能产生过切。修改程序
041	INTERFERENCE IN NRC（M series）	刀尖半径补偿中可能产生过切。在刀尖半径补偿方式中，两个或两个以上的程序段被连续（没有移动）用在一些功能上，如辅助功能和暂停功能。修改程序
044	G27-G30 NOT ALLOWED IN FIXED CYC（M series）	在固定循环方式中，指令了 G27～G30。修改程序
045	ADDRESS Q NOT FOUND（G73/G83）（M series）	在固定循环（G73/G83）中，没有给出每次切削的深度（Q）或者只给出 Q0。修正程序
050	CHF/CNR NOT ALLOWED IN THRD BLK（M series）	在螺纹切削程序段，指令了任意角度的倒角、拐角 R。修改程序
051	MISSING MOVE AFTER CHF/CNR（M series）	指令了任意角度的倒角、拐角 R 程序段的下个程序段的移动或移动量不合适。修改程序
052	CODE IS NOT G01 AFTER CHF/CNR（M series）	在指令了任意角度倒角、拐角 R 的程序段的下一个程序段，指令了 G01、G02、G03 之外的程序段。修改程序
053	TOO MANY ADDRESS COMMANDS（T series）	在倒角、拐角 R 指令中，指令了两个或两个以上的 I、K、R。或者在直接输入图纸尺寸中逗号"，"之后，不是 C 或 R；或者用非指令逗号"，"的方法（PRM3405#4=1）指令了逗号"，"。修改程序
054	NO TAPER ALLOWED AFTER CHF/CNR（T series）	在被指定的角度或拐角 R 处的倒角程序段，指定了包含锥度的指令。修改程序段

续表

号码	信息	内容
055	MISSING MOVE VALUE IN CHF/CNR（M series）	在任意角度倒角、拐角 R 的程序段中指定的移动量比倒角、拐角 R 的量还小。修改程序
060	EQUENCE NUMBER NOFOUND	指定的顺序号在顺序号搜索中未找到，检查顺序号
061	ADDRESS P/Q NOT FOUND IN G70-G73（T series）	在 G70、G71、G72、G73 指令的程序段中，没指令地址 P 或 Q。修改程序
062	ILLEGAL COMMAND IN G71-G76（T series）	① G71、G72 中，切削深度为 0 或负数。 ② 在 G73 中，重复次数为 0 或负数。 ③ 在 G74、G75 中，ΔI、ΔK 为负数。 ④ 在 G74、G75 中，ΔI、ΔK 为 0，但 U、W 不为 0。 ⑤ 在 G74、G75 中，决定了退刀方向，但Δd 指定了负值。 ⑥ 在 G76 中，螺纹高度及第 1 次切削深度指定了 0 或负值。 ⑦ 在 G76 中，最小切削深度比螺纹高度值还大。 ⑧ 在 G76 中，指定了不可使用的刀尖角度。修改程序
064	SHAPE PROGRAM NOT MONOTONOUSLY（T series）	在复合型固定循环（G71、G72）中，指定了非单调增大或单调减少以外的加工形状
065	ILLEGAL COMMAND IN G71-G73（T series）	① 在 G71、G72、G73 中，用 P 指定顺序号的程序段中，没有指令 G00 或 G01。 ② 在 G71、G72 中，在 P 指定的程序段中指令了 Z（W）（G71），或者指令了 X（U）（G72）。修改程序
066	IMPROPER G-CODE IN G71-G73（T series）	在 G71、G72、G73 用 P 指定的程序段间，指令了不允许的 G 代码。修正程序
067	CAN NOT ERROR IN MODE（T series）	在 MDI 方式，指令了含有 P、Q 的 G70、G71、G72、G73。修改程序
069	FORMAT ERRROR IN G70-G73（T series）	G70、G71、G72、G73 的 P、Q 指令的程序段的最后移动指令以倒角或拐角 R 结束。修改程序
070	NO PROGRAM SPACE IN MEMORY	存储器的存储容量不够。删除各种不必要的程序并再试
072	TOO MANY PROGRAMS	登录的程序数超过 200 个。删除不要的程序，再次登录
073	PROGRAM NUMBER ALREADYIN USE	要登录的程序号与已登录的程序号相同。变更程序号或删除旧的程序号后再次登录
074	ILLEGAL PROGRAM NUMBER	程序号为 1～9 999 以外的数字。修改程序号
075	PROTECT	登录了被保护的程序号
076	ADDRESS P NOT DEF INED	在包括 M98、G65 或 G66 指令的程序段中，没有指定地址 P（程序号）。修改程序
077	SUB PROGRAM NESTING ERROR	调用了 5 重子程序。修改程序
078	NUMBER NOT FOUND	M98、M99、G65 或 G66 的程序段中的地址 P 指定的程序号或顺序号未找到；或者 GO TO 语句指定的顺序号未找到；或调用了正在被后台编辑的程序。修改程序或中止后台编辑操作

续表

号码	信息	内容
079	PROGRAM VERIFY ERROR	存储器与程序校对中，存储器中的某个程序与从外部 I/O 设备中读入的不一致。检查存储器中的程序及外部设备中的程序
080	ARRIVAL SIGNAL NOT ASSERTED（T series）	自动刀具补偿功能中（G36、G37），在参数 6254、6255（E 值）设定的区域内测量位置到达信号（XAE、ZAE）没有变为 ON。此报警属设定或操作错误
085	COMMUNICATION ERROR	用阅读机/穿孔机接口进行数据读入时，出现溢出错误、奇偶错误或成帧错误。可能是输入的数据的位数不吻合，或波特率的设定、设备的规格号不对
086	DR SIGNAL OFF	用阅读机/穿孔机接口进行数据输入/输出时，I/O 设备的动作准备信号（DR）断开。可能是 I/O 设备电源没有接通、电缆断线或印制电路板出故障
087	BUFFER OVERFLOW	用阅读机/穿孔机接口读入数据时，虽然指定了读入停止，但超过了 10 个字符后输入仍未停止。I/O 设备或印制电路板出故障
088	LAN FILE TRANS ERROR（CHANNEL-1）	传输出错，经由以太网进行的文件数据传输被停止
090	REFERENCE RETURN INCOMPLETE	因起始点离参考点太近，或速度过低，而不能正常返回参考点。把起始点移到离参考点足够远的距离；再进行参考点返回；或提高返回参考点的速度，再进行参考点返回。 使用绝对位置检测器进行参考点返回时，如出现此报警，除了确认上述条件，还要进行以下操作：在伺服电动机转至少一转后，断电源再开机，再返回参考点
091	REFERENCE RETURN INCOMPLETE	自动运行暂停时，不能进行手动返回参考点
092	AXES NOT ON THE REFERENCE POINT	在 G27（返回参考点检测）中，被指定的轴没有返回到参考点
098	G28 FOUND IN SEQUENCE RETURN	电源接通或紧急停止后没有返回参考点就指令程序再启动，检索中发现了 G28。进行返回参考点
100	PARAMETER WRITE ENABLE	参数设定画面，PWE（参数可定入）被定为"1"。请设为"0"，再使系统复位
101	PLEASE CLEAR MEMORY	用程序编辑改写存储器时，电源断电了。当此报警发生时，同时按下[PROG]键和[RESET]键，只删除编辑中的程序，报警也被解除。再次登录被删除的程序
110	DATA OVERFLOW	固定小数点显示的数据的绝对值超过了允许范围。修正程序
111	CALCULATE DATA OVERFLOW	宏程序功能的宏程序命令的运算结果超出允许范围（$-10^{47}\sim-10^{-29}$，0，$10^{-29}\sim10^{47}$）。修改程序
112	DIVIDED BY ZERO	除数为"0"（包括 tan90°）。修改程序
113	IMPROPER COMMAND	指定了用户宏程序不能使用的功能。修正程序
114	FORMAT ERROR IN MACRO	<公式>以外的格式中有误。修正程序

续表

号码	信息	内容
118	PARENTHESIS NESTING ERROR	括号的嵌套数超过了上限值（5 重）。修正程序
127	NC MACRO STATEMENT IN SAME BLOCK	NC 指令与宏程序指令混用。修正程序
129	ILLEGAL ARGUMENT ADDRESS	指令了<自变量>中不允许的地址。修正程序
135	ILLEGAL ANGLE COMMAND（M series）	分度工作台定位角度指令了非最小角度的整数倍的值。修改程序
	SPINDLE ORIENTATION PLEASE（T series）	主轴一次也没有定向，就进行了主轴分度。进行主轴定向
137	M-CODE & MOVE CMD IN SAME BLK	在有关主轴分度的 M 代码的程序段指令了其他轴移动指令。修改程序
141	CAN NOT COMMAND G51 IN CRC（M series）	刀具补偿方式中，指令了 G51（比例缩放有效）。修改程序
142	ILLEGAL SCALE RATE（M series）	指令的比例缩放倍率值在 1～999 999 之外。修正比例缩放倍率值（G51P$_P$…，或参数 5411、5421）
143	SCALED MOTION DATA OVERFLOW（M series）	比例缩放的结果、移动量、坐标值、圆弧半径等超过了最大指令值。修改程序或比例缩放倍率
144	ILLEGAL PLANE SELECTED （M series）	坐标旋转平面与圆弧或刀具补偿 C 的平面必须一致。修正程序
145	ILLEGAL CONDITIONS IN POLAR COORDINATE INTERPOLATION	极坐标插补开始或取消的条件不正确： ① 在非 G40 方式指令了 G12.1/G13.1。 ② 平面选择错误，参数 5460、5461 设定错。修改程序或参数
150	ILLEGAL TOOL GROUP NUMGER	刀具组号超出允许的最大值。修改程序
154	NOT USING TOOL INLIFE GROUP （M series）	在没有指令刀组时，却指令了 H99 或 D99。修改程序
155	ILLEGAL T-GODE IN M06 （M series）	在加工程序中，M06 程序段的 T 代码与正在使用的组不对应。修改程序
	ILLEGAL T-GODE IN M06 （T series）	加工程序中指令了 T△△88，而组号△△与使用中刀具所属组号不一致。修改程序
199	MACRO WORD UNDEFINED	使用了未定义的宏语句。修改用户宏程序
200	ILLEGALS CODE COMMAND	刚性攻丝中的 S 值超出允许范围，或没指令。修改程序
201	FEEDRATE NOT FOUND IN RIGID TAP	刚性攻丝中，没有指令 F。修改程序
202	POSITION LSI OVERFLOW	刚性攻丝中主轴分配值过大（系统错误）
203	PROGRAM MISS AT RIGID TAPPING	刚性攻丝中 M 代码（M29）或 S 指令位置不对。修改程序

续表

号码	信息	内容
205	RIGID MODE DI SIGNAL OFF	在刚性攻丝中，指令了 M 代码（M29），但当执行 M 系的 G84 或 G74（T 系的 G84 或 G88）的程序段时，刚性方式的 DI 信号（DGN G061.0）没有成为 ON 状态。从 PMC 梯形图中查 DI 信号不为 ON 的原因
206	CAN NOT CHANGE PLANE（RIGID TAP）（M series）	刚性攻丝方式中，指令了平面切换。修改程序
207	RIGID DATA MISMATCH	刚性攻丝方式中，指令的距离太短或太长
222	DNC OP.NOT ALLOWED IN BG.-EDIT（M series）	后台编辑状态，输入和输出同时被执行。执行正确操作
224	RETURN TO REFERENCE POINT（M series）	自动运行开始以前，没有返回参考点（只在参数 1005#0 为 0 时）。进行返回参考点的操作
	TURN TO REFERENCE POINT	循环启动前必须进行参考点返回
232	TOO MANY HELICAL AXIS COMMANDS	在螺旋轴插补模式，指定了 3 个或 3 个以上的轴（一般定向控制模式（M series）为 2 个或 2 个以上的轴）为螺旋轴
240	BP/S ALARM	MDI 运行时，进行了后台编辑
242	ILLEGAL COMMAND IN G02.2/G03.2（M series）	渐开线插补指令中指定了无效的值： ① 开始或结束点在基圆以内。 ② I、J、K 或 R 被设为 0。 ③ 渐开线起始与起点或终点的旋转数超过 100
245	T-CODE NOT ALOWEE IN THIS BLOCK（T series）	T 代码程序段中，指令了不允许指令的 G 代码（G50、G10、G04）
250	Z AXIS WRONG COMMAND（ATC）（M series）	在换刀指令（M06T_）程序段中，指定了 Z 轴径向移动指令（只对钻削中心 ROBODRILL）
251	ATC ERROR（M series）	下列情况发生此报警。 ① M06T_指令中包含一个不可用的 T 代码。 ② Z 轴机械坐标为正时，给出 M06 指令。 ③ 当前刀具号的参数（No.7810）被设为 0。 ④ 固定循环模式中给出了 M06 指令。 ⑤ 参考点返回指令（G27～G44）和 M06 被指定在同一程序段。 ⑥ 刀补模式（G41～G44）中指令了 M06。 ⑦ 在开机或急停解除后，没有进行参考点返回就指令了 M06。 ⑧ 换刀过程中机床锁住信号和 Z 轴忽略信号被接通。 ⑨ 换刀过程中检测到报警。 此状态的判别请参照诊断号 No.530（只对钻削中心）

2. 伺服报警

表 C-2　　　　　　　　　　　伺服报警表

报警号	报警内容
400	伺服放大器或电动机过载
401	速度控制器准备好信号（VRDY）被关断
404	VRDY 信号没有被关断，但位置控制器准备好信号（PRDY）被关断。正常情况下，VRDY 和 PRDY 信号应同时存在
405	位置控制系统错误，由于 CNC 或伺服系统的问题使返回参考点的操作失败。重新进行返回参考点的操作
410	X 轴停止时，位置误差超出设定值
411	X 轴运动时，位置误差超出设定值
413	X 轴误差寄存器中的数据超出极限值，或 D/A 转换器接受的速度指令超出极限值（可能是参数设置的错误）
414	X 轴数字伺服系统错误，检查 720 号诊断参数并参考伺服系统手册
415	X 轴指令速度超出 511875 检测单位/s，检查参数 CMR
416	X 轴编码器故障
417	X 轴电动机参数错误，检查 8120、8122、8123、8124 号参数
420	Y 轴停止时，位置误差超出设定值
421	Y 轴运动时，位置误差超出设定值
423	Y 轴误差寄存器中的数据超出极限值，或 D/A 转换器接受的速度指令超出极限值（可能是参数设置的错误）
424	Y 轴数字伺服系统错误，检查 721 号诊断参数并参考伺服系统手册
425	Y 轴指令速度超出 511875 检测单位/s，检查参数 CMR
426	Y 轴编码器故障
427	Y 轴电动机参数错误，检查 8220、8222、8223、8224 号参数
430	Z 轴停止时，位置误差超出设定值
431	Z 轴运动时，位置误差超出设定值
433	Z 轴误差寄存器中的数据超出极限值，或 D/A 转换器接受的速度指令超出极限值（可能是参数设置的错误）
434	Z 轴数字伺服系统错误，检查 722 号诊断参数并参考伺服系统手册
435	Z 轴指令速度超出 511875 检测单位/s，检查参数 CMR
436	Z 轴编码器故障
437	Z 轴电动机参数错误，检查 8320、8322、8323、8324 号参数

3. 超程报警

表 C-3 超程报警表

报警号	报警内容
510	X 轴正向软极限超程
511	X 轴负向软极限超程
520	Y 轴正向软极限超程
521	Y 轴负向软极限超程
530	Z 轴正向软极限超程
531	Z 轴负向软极限超程

4. 过热报警及系统报警

700 号报警为 CNC 主印制电路板过热报警，704 号报警为主轴过热报警。其他的 6×× 号报警为 PMC 系统报警，9×× 号报警为 CNC 系统报警。

附录D FANUC 16/18/21/0i/0i Mate 系统参数表

表 D-1 SETTING 参数

参数号	符号	意义	T 系列	M 系列
0/0	TVC	代码垂直检验	0	0
0/1	ISO	数据输出时，EIA/ISO 代码的选择	0	0
0/2	INI	输入单位是米制/英制的选择	0	0
0/5	SEQ	编写程序时自动加入程序的段号	0	0
3216		自动加程序段号的间隔	0	0

表 D-2 RS-232-C 接口参数

参数号	符号	意义	T 系列	M 系列
20		系统 I/O 通道（接口板） 0、1：主 CPU 板 JD5A（JD36A-16i/18i） 2：主 CPU 板 JD5B（JD36B-16i/18i） 3：远程缓冲 JD5C 或选择板 1 的 JD6A（RS-422） 4：存储卡 DNC 加工（16i/18i） 5：数据服务器 10：DNC1/DNC2 接口		0
100/3	NCR	程序段结束时的输出码	0	0
100/5	ND3	DNC 运行时，一段一段地读/连续地读直到缓冲器满	0	0

表 D-3 　　　　　　　　　　I/O 通道（I/O=0 时）的参数

参数号	符号	意义	T 系列	M 系列
101/0	SB2	停止位数的选择：1 位/2 位	0	0
101/3	ASII	数据输入代码：EIA 和 ISO 自动转换/ASII	0	0
101/7	NFD	数据输出时数据后的同步孔的输出	0	0
102	I/O CHANNEL	输入/输出设备号 0：普通 RS-232 口设备（使用 DC1～DC4 代码） 3：便携式编程器（3 英寸软盘驱动器）	0	0
103	BAUDRATE	波特率（bit/s） 10：4 800 11：9 600 12：19 200	0	0

表 D-4 　　　　　　　　　　进给伺服驱动参数

参数号	符号	意义	T 系列	M 系列
1001/0	INM	直线轴米制/英制丝杠的选择	0	0
1002/2	SFD	是否使用参考点偏移功能		0
1002/3	AZR	未回参考点是否报警（#90）		0
1006/0，1	ROT，ROS	设定回转轴和回转方式	0	0
1006/3	DLA	指定直径/半径值编程	0	
1006/5	ZMI	回参考点方向	0	0
1007/3	RAA	回转轴的转向（与 1008/1：RAB 合用）	0	0
1008/0	ROA	回转轴的循环功能	0	0
1008/1	RAB	设定绝对指令的回转轴的回转方向	0	0
1008/2	RBL	相对回转指令时，每一转移动量是否取整数控制	0	0
1260		回转轴一转的回转量	0	0
1010		CNC 的控制轴数（不包括 PMC 轴）	0	0
1020		各轴的编程轴名	0	0
1022		基本坐标系的指定	0	0
1023		各轴的伺服轴号	0	0
1401/1	LRP	G00 运动方式（直线/非直线）	0	0
1401/4	RFO	G00 倍率为 0 时停/不停	0	0
1402/0	NPC	无 1024 编码器的每转进给	0	0
1402/4	JRV	JOG 每转进给	0	
1410		空运行速度	0	0
1420		快速移动（G00）速度	0	0

续表

参数号	符号	意义	T 系列	M 系列
1421		快速移动倍率的低速 F_0	0	0
1422		最高进给速度允许值（所有轴一样）	0	0
1424		手动快速移动速度	0	0
1425		回参考点的慢速 FL	0	0
1430		各轴最高进给速度	0	0
1431		G08 进给最高速度	0	0
1432		G08 各轴最高进给速度（分别）	0	0
1620		快速移动 G00 时直线加/减速时间常数	0	0
1622		切削进给时指数加/减速时间常数	0	0
1624		JOG 方式的指数加/减速时间常数	0	0
1626		螺纹切削时的加/减速时间常数	0	0
1815/1	OPT	用分离型编码器	0	0
1815/5	APC	用绝对位置编码器	0	0
1816/4, 5, 6	DM1~3	检测倍乘比 DMR	0	0
1820		指令倍乘比 CMR	0	0
1819/0	FUP	位置跟踪功能生效	0	0
1825		位置环伺服增益	0	0
1826		到位宽度	0	0
1828		运动时的允许位置误差	0	0
1829		停止时的允许位置误差	0	0
1850		各轴参考点的栅格偏移量	0	0
1851		各轴反向间隙补偿量	0	0
1852		各轴快速移动时的反向间隙补偿量	0	0
1800/4	RBK	进给/快移时反向间隙补偿量分开控制选择	0	0

表 D-5　　　　　　　　　　　　坐标系参数

参数号	符号	意义	T 系列	M 系列
1201/0	ZPR	手动回零点后自动设定工件坐标系	0	0
1250		自动设定工件坐标系的坐标值	0	0
1201/2	ZCL	手动回零点后是否取消局部坐标系		
1202/3	RLC	复位时是否取消局部坐标系	0	0
1202	G52	G52 是否考虑刀具补偿		0

续表

参数号	符号	意义	T 系列	M 系列
1240		第一参考点的坐标系	0	0
1241		第二参考点的坐标系	0	0
1242		第三参考点的坐标系	0	0
1243		第四参考点的坐标系	0	0

表 D-6 行程限位参数

参数号	符号	意义	T 系列	M 系列
1300/0	OUT	第二行程限位的禁止区（内/外）	0	0
1320		第一行程限位的正向值	0	0
1321		第一行程限位的反向值	0	0
1322		第二行程限位的正向值	0	0
1323		第二行程限位的反向值	0	0
1324		第三行程限位的正向值	0	0
1325		第三行程限位的反向值	0	0

表 D-7 DI/DO 参数

参数号	符号	意义	T 系列	M 系列
3003/0	ITL	互锁信号的生效	0	0
3003/2	ITX	各轴互锁信号的生效	0	0
3003/3	DIT	各轴各方向互锁信号的生效	0	0
3004/5	OTH	超程限位信号的检测	0	0
3010		MF、SF、TF、BF 滞后的时间	0	0
3011		FIN 宽度	0	0
3017		RST 信号的输出时间	0	0
3030		M 代码位数	0	0
3031		S 代码位数	0	0
3032		T 代码位数	0	0
3033		B 代码位数	0	0

表 D-8 显示和编辑

参数号	符号	意义	T 系列	M 系列
3102/3	CHI	汉语显示	0	0
3104/3	PPD	自动设坐标系时相对坐标系清零	0	0

续表

参数号	符号	意义	T 系列	M 系列
3104/4	DRL	相对位置显示是否包括刀长补偿量	0	0
3104/5	DRC	相对位置显示是否包括刀径补偿量	0	0
3104/6	DRC	绝对位置显示是否包括刀长补偿量	0	0
3104/7	DAC	绝对位置显示是否包括刀径补偿量	0	0
3105/0	DPF	显示实际进给速度	0	0
3105/2	DPS	显示实际主轴速度和 T 代码（必须有螺纹功能），且与#3106/5 冲突	0	0
3106/4	OPH	显示操作履历	0	0
3106/5	SOV	显示主轴倍率值（与#3105/2 冲突）		
3106/7	OHS	操作履历采样	0	0
3107/4	SOR	程序目录按程序号显示	0	0
3107/5	DMN	显示 G 代码显示	0	0
3109/1	DWT	几何/磨损补偿显示 G/W	0	0
3111/0	SVS	显示伺服设定界面		
3111/1	SPS	显示主轴调整界面	0	0
3111/5	OPM	显示操作监控界面	0	0
3111/6	OPS	操作监控界面显示主轴和电动机的速度	0	0
3111/7	NPA	报警时转到报警界面	0	0
3112/0	SGD	波形诊断显示生效（程序图样显示无效）	0	0
3112/5	OPH	操作履历记录生效	0	0
3122		操作履历界面上的时间间隔	0	0
3203/7	MCL	MDI 方式编辑的程序是否能保留	0	0
3290/0	WOF	用 MDI 键输入刀偏量（磨损）	0	0
3290/1	GOF	用 MDI 键输入刀偏量（形状）	0	0
3290/2	MCV	用 MDI 键输入宏程序变量	0	0
3290/3	WZO	用 MDI 键输入工件零点偏移量	0	0
3290/4	IWZ	用 MDI 键输入工件零点偏移量（自动方式）	0	
3209/4	MCM	用 MDI 键输入宏程序变量（MDI 方式）	0	0
3290/7	KEY	程序数据的保护键	0	0
3291/0	WPT	磨损量的输入用 KEY1		0

表 D-9　　　　　　　　　　　　　　　编程参数

参数号	符号	意义	T 系列	M 系列
3202/0	NE8	08000～8999 程序的保护	0	0
3202/4	NE9	09000～9999 程序的保护	0	0
3401/0	DPI	小数点的含义	0	0
3401/4	MAB	MDI 方式 G90/G91 的切换		0
3401/5	ABS	MDI 方式改参数切换 G90/G91	0	

表 D-10　　　　　　　　　　　　　　螺距误差补偿

参数号	符号	意义	T 系列	M 系列
3620		各轴参考点的补偿号	0	0
3621		负方向的最小补偿点号	0	0
3622		正方向的最大补偿点号	0	0
3623		螺距误差补偿量比率	0	0
3624		螺距误差补偿间隔	0	0

表 D-11　　　　　　　　　　　　　　　刀具补偿

参数号	符号	意义	T 系列	M 系列
3190/1	DWT	G、W 分开	0	0
3290/0	WOF	MDI 设磨损值	0	0
3290/1	GOF	MDI 设几何值	0	0
5001/0	TCL	刀长补偿 A、B、C		0
5001/1	TLB	刀长补偿轴		0
5001/2	OFH	补偿号地址 D、H		0
5001/5	TPH	G45～G48 的补偿号地址 D、H		0
5002/0	LD1	刀补值为刀号的哪位数	0	
5002/1	LGN	几何补偿的补偿号/用刀号/磨损号	0	
5002/5	LGC	几何补偿的删除（HO）	0	
5002/7	WNP	刀尖半径补偿号的指定	0	
5003/6	LVC/LVK	复位时删除刀偏量	0	0
5003/7	TGC	复位时删除几何补偿量（#5003/6=1）	0	
5004/1	ORC	刀偏值半径/直径指定	0	
5005/2	PRC	直接输入刀补值用 PRC 信号	0	

续表

参数号	符号	意义	T 系列	M 系列
5006/0	OIM	米制/英制单位转换时自动转换刀补值	0	0
5013		最大的磨损补偿值	0	
5014		最大的磨损补偿增量值	0	

表 D-12　　　　　　　　　主轴参数

参数号	符号	意义	T 系列	M 系列
3701/1	ISI	使用串行主轴/模拟量主轴控制的选择	0	0
3701/4	SS2	是否使用第二串行主轴的选择	0	0
3705/0	ESF	S 和 SF 的输出	0	0
3705/1	GST	SOR 信号用于换挡/定向	0	0
3705/2	SGB	换挡方法 A、B		0
3705/4	EVS	S 和 SF 的输出	0	
3706/4	GTT	主轴速度挡数（T/M 型）		0
3706/6，7	GWM/TCW	M03/M04 的极性	0	0
3708/0	SAR	检查主轴速度到达信号	0	0
3708/1	SAT	螺纹切削开始检查 SAR	0	
3730		主轴模拟输出的增益调整	0	0
3731		主轴模拟输出时电压偏移的补偿	0	0
3732		定向/换挡的主轴速度	0	0
3735		主轴电动机的允许最低速度		0
3736		主轴电动机的允许最高速度		0
3740		检查 SAR 的延迟时间	0	0
3741		第一挡主轴最高转速	0	0
3742		第二挡主轴最高转速	0	0
3743		第三挡主轴最高转速	0	0
3744		第四挡主轴最高转速	0	
3751		第一至第二挡的切换速度		0
3752		第二至第三挡的切换速度		0
3771		G96 的最低主轴转速	0	0
3772		最高主轴转速	0	0
4019/7		主轴电动机初始化	0	0
4133		主轴电动机代码	0	0

FANUC 0i Mate 数控机床电路图

PC信号操作面板送输入

FANUC 0i Mate TD

CNC

0i Mate TD系统

电路图

共 18 页　　第 10 页

铣（车）

0i Mate D 系统

电路图

共18页　第16页

参考文献

[1] FANUC 0i D 连接说明书 B-64303CM_01. 北京：北京 FANUC 有限公司，2009.

[2] FANUC 0i D 维修说明书 B-64305CM_01. 北京：北京 FANUC 有限公司，2009.

[3] FANUC 0i D 参数说明书 B-64310CM_01. 北京：北京 FANUC 有限公司，2009.

[4] 吴国经，杨中力. 数控机床故障诊断与维修[M]. 北京：电子工业出版社，2004.

[5] 徐衡. 数控铣床故障诊断与维护[M]. 北京：化学工业出版社，2005.

[6] 刘永久. 数控机床故障诊断与维修技术[M]. 北京：机械工业出版社，2006.

[7] 刘江. 数控机床故障诊断与维修[M]. 北京：高等教育出版社，2007.

[8] 叶晖. 图解 NC 数控系统—FANUC 0i 系统维修技巧[M]. 北京：机械工业出版社，2007.

[9] 龚仲华. FANUC 0i C 数控系统完全应用手册[M]. 北京：人民邮电出版社，2009.

[10] 李善术. 数控机床及其应用[M]. 北京：机械工业出版社，2009.

[11] 严峻. 数控机床常见故障快速处理 86 问[M]. 北京：机械工业出版社，2010.